U0872549

高等职业教育系列教材

Python编程基础与应用

第2版

主　编　李方园

副主编　周宇杰　万亚勇

参　编　乐　斌　苏　萍　祁　斌　高　强

机械工业出版社

本书以“任务驱动，实战领先”为出发点，通过 200 多个实例详细介绍了 Python 语言的基础知识、语法操作规范和综合解决问题的实战流程。同时，书中还剖析了 12 个综合应用案例，以培养读者解决实际问题的能力。本书将理论和实践融为一体，让读者真正做到学以致用。

本书可以作为高等职业院校计算机类、自动化类、电子信息类、数字经济类等专业的 Python 编程入门课程教材，同时也可作为广大 Python 语言爱好者自学的参考书。

本书配有教学视频，可扫描书中二维码直接观看，还配有授课电子课件、习题答案和代码文件等，需要的教师可登录机械工业出版社教育服务网（www.cmpedu.com）免费注册后下载，或联系编辑索取（微信：13261377872，电话：010-88379739）。

图书在版编目（CIP）数据

Python 编程基础与应用 / 李方园主编. --2 版.
北京 ：机械工业出版社，2025. 1（2025.8 重印）. --（高等职业教育系列教材）. -- ISBN 978-7-111-77069-5

Ⅰ. TP312.8

中国国家版本馆 CIP 数据核字第 2024EF6802 号

机械工业出版社（北京市百万庄大街 22 号　邮政编码 100037）

策划编辑：曹帅鹏　　责任编辑：曹帅鹏　王华庆

责任校对：王　延　李　杉　　责任印制：郜　敏

北京华宇信诺印刷有限公司印刷

2025 年 8 月第 2 版第 2 次印刷

184mm×260mm · 16.5 印张 · 430 千字

标准书号：ISBN 978-7-111-77069-5

定价：68.00 元

电话服务
客服电话：010-88361066
010-88379833
010-68326294

网络服务
机　工　官　网：www.cmpbook.com
机　工　官　博：weibo.com/cmp1952
金　　书　　网：www.golden-book.com
机工教育服务网：www.cmpedu.com

前　言

Python 是一种面向对象的编程语言，其最大的特点就是简单和开源，利用各种丰富而强大的 Python 库，使用者可以把用其他语言实现的各种模块轻松地连接在一起。

党的二十大报告指出“加快实施创新驱动发展战略”，创新之道，唯在得人。本书落实立德树人根本任务，以“任务驱动，实战领先”为出发点，引入拓展阅读、聚焦 200 多个实例、剖析 12 个综合应用案例，由浅入深地阐述了 Python 的基础知识、语法操作规范和综合解决问题的实战流程。本书将理论和实践融为一体，让读者真正做到学以致用。

本书共分 8 章。第 1 章是 Python 编程入门，主要介绍了 Python 语言发展概况，环境配置，包括标识符、缩进和冒号、引号、注释等在内的语法规则，基本数据类型，基本输入输出函数和运算符等入门知识。第 2 章介绍了 Python 序列操作。主要介绍 Python 语言中一类非常有用的数据类型，包括通用操作和内置函数，也针对列表、元组、字符串、字典和集合分别进行详细阐述。第 3 章从结构化程序设计理念出发，阐述了程序设计与算法，同时对选择结构、循环结构的语法和操作进行实例说明。第 4 章介绍了 Python 语言提供的极为丰富的系统函数与模块，以及如何建立自己的函数与模块，此外，还重点讲解了类的声明、对象的创建与使用等内容，并通过实例介绍了子类继承父类的应用。第 5 章介绍了文件及文件夹操作，比如打开文件、读取和追加数据、插入和删除数据、关闭文件、删除文件等，还介绍了 os 模块、shutil 模块及 openpyxl 模块。第 6 章是交互界面设计，阐述了如何创建 tkinter 窗口，通过计算器制作和 BOM 录入界面设计两个综合案例详细介绍了 GUI 的应用。第 7 章介绍了网络爬虫应用，从爬虫的定义与基本流程出发，应用 urllib、BeautifulSoup 来分析网页输出。第 8 章阐述了数据可视化编程，采用 NumPy 库进行数据的生成、整理、存储，并通过 Matplotlib 库做到“一图胜千文”的说明效果。

本书由浙江工商职业技术学院李方园任主编，周宇杰和万亚勇任副主编。本书的出版得到了浙江工商职业技术学院和宁波市自动化学会的大力支持，两家单位在第 1 版教学过程中提出了非常宝贵的意见，在此一并表示感谢。

由于编者水平有限，书中难免有疏漏之处，恳请读者批评指正。

编　者

二维码资源清单

（续）

目　　录

第 1 章　Python 编程入门

导读

Python 是一种面向对象的编程语言，其最大的特点就是简单和开源，利用各种丰富而强大的 Python 库，使用者可以把用其他语言实现的各种模块轻松地连接在一起。在完成了 Python 语言开发环境的配置之后，通过交互式解释执行与脚本式解释运行，相应的 Python 语句就可以输出使用者的预期效果。本章主要介绍包括标识符、缩进和冒号、引号、注释等在内的语法规则，基本数据类型，基本输入输出函数和运算符等入门知识，以及 IDLE、PyCharm、Jupyter 三种不同的编辑器。

1.1　Python 语言概述

1.1.1　Python 语言发展概况与配置

Python 是由荷兰数学和计算机科学研究学会的吉多·范罗苏姆于 20 世纪 90 年代初设计，既能提供高效的高级数据结构，还能简单有效地面向对象编程，近年来已经成为多数平台上写脚本和快速开发应用的编程语言，并逐渐被用于独立的、大型项目的开发。

Python 是一种跨平台的编程语言，目前支持的语言开发环境包括 Windows、Linux、UNIX、IBM i、iOS、OS/390、z/OS、Solaris、HP-UX 等。

在 Windows 系统上安装 Python 和安装普通软件一样简单，推荐从官网下载安装包，下载地址如下。

https://www.python.org/downloads/windows/

本书推荐 Python 3.12 及以上版本，当然本书所有的案例都可以在稳定版的 Python 3.X 环境下运行。

Python 3.X 的特点如下：

1．函数定义限定位置参数

为函数定义指定位置参数以限制函数的使用，这种语法将允许用户严格定义那些纯粹根据特定序列调用的参数。

2．赋值表达式

在表达式中指定值以增强代码的紧凑性和可读性。例如，使用一行代码就可以创建条件表达式，同时分配变量值。

3．变量的“final”限定符

设计类和子类时，通过使用“final”限定符来限制使用方法、类和变量，以避免不必要的继承或覆盖。

4. 在 f 字符串中使用等号

f 字符串现在可以使用“=”同时显示表达式及其值，如使用 f'{expr =}'生成一个字符串，该字符串将显示表达式及其输出。

5. 内联 Python 函数

自动内联 Python 函数，就意味着能够自动重构代码，这样用户就可以确定在完成操作后，代码的行为没有改变。

6. 快速找到重复代码

将这些重复代码快速重构为单个函数。

1.1.2　Python 软件包的安装

官网 Python 软件安装选项包括 Install Now（立即安装）和 Customize installation（定制安装），如图 1-1 所示。

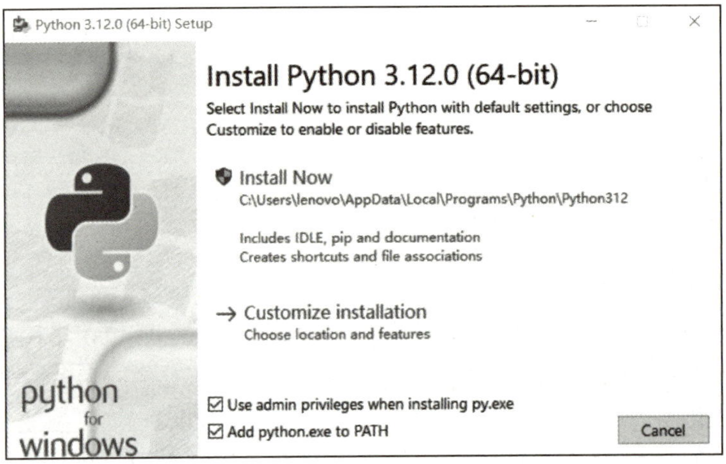

图 1-1　官网 Python 软件安装选项

1-1　Python 的下载与安装

1. 立即安装

立即安装会自动在 C 盘建立 Python 文件夹，安装 IDLE、pip 和文档，并创建快捷方式和文件关联。IDLE 是 Integrated Development and Learning Environment 的简称，是 Python 的开发环境；pip 是 package install for Python 的简称，是 Python 包管理工具，提供了对 Python 包的查找、下载、安装和卸载等功能。

“Add python.exe to PATH”这个选项一定要勾选，这样 cmd 就可以用了。

同时，为了确保不占用 C 盘的内存，也可以选择定制安装并将 Python 安装在其他盘。

2. 定制安装

通过定制安装可以选择安装位置和特征，并推荐为所有用户安装启动器，有以下可选功能：

1）Documentation，即安装 Python 文档文件。

2）pip，即安装 Python 包管理工具。

3）tc/tk and IDLE，即安装 tkinter 和 IDLE 开发环境。

4）Python test suite，即安装标准库测试套件。

5）py launcher，即安装 py 启动器等。

pip 是安装 Python 库的重要工具，当 Python 版本发生变化时，其更新命令为“python -m pip install --upgrade pip”。

1.1.3 交互式解释执行与脚本式解释运行

Python 虽然与 Perl、C 和 Java 等语言有许多相似之处，但是也存在一些差异。Python 程序可以通过交互式解释执行或脚本式解释运行。

1. 交互式解释执行

Python 解释器具有交互模式，在“>>>”提示符右边输入以下命令信息，然后按〈Enter〉键查看运行效果，如图 1-2 所示。

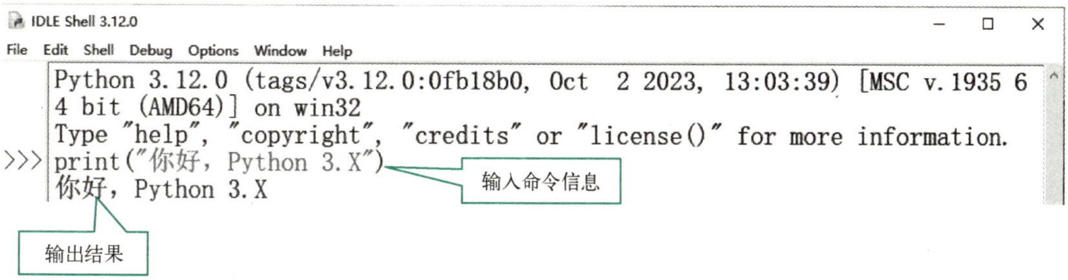

图 1-2 输入命令信息和输出结果示意

本书采用交互式解释执行的语句，统一写成如下格式（其中“↙”用于最后一句输入命令信息，区分输出结果与输入命令信息）：

```
>>> print("你好，Python 3.X")↙
你好，Python 3.X
```

2. 脚本式解释运行

如图 1-3 所示，在 Python IDLE 3.x Shell 中通过菜单“File→New File”建立新文件。

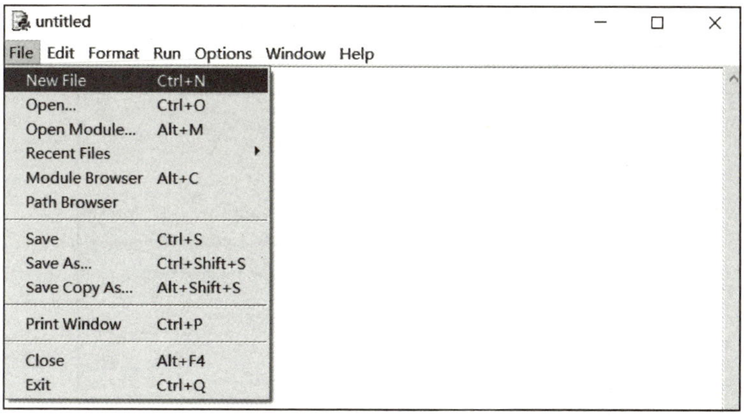

图 1-3 建立新文件

对图 1-4 所示的命令信息进行编辑，通过菜单“File→Save As”将程序保存为“prog1.py”文件。需要注意的是，Python 程序文件是以“.py”为扩展名的。要运行该程序，可以通过“Run→Run Module”或快捷键〈F5〉进行，图 1-5 所示是脚本执行结果。

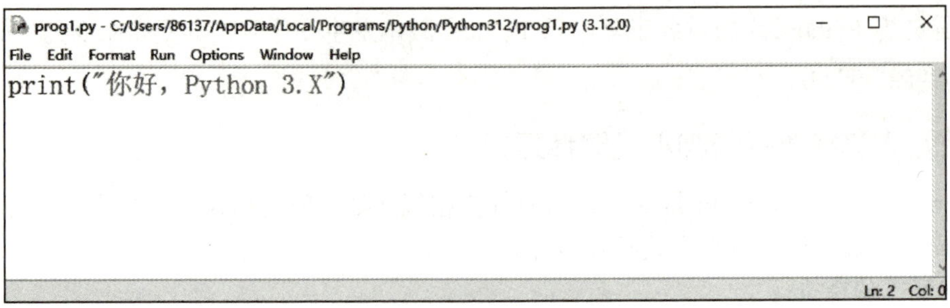

图 1-4　编辑并保存文件

```
>>>
=== RESTART: C:/Users/86137/AppData/Local/Programs/Python/Python312/prog1.py ===
你好，Python 3.X
```

图 1-5　脚本执行结果

本书的实例采用“脚本式解释运行”方式进行，并统一规范成如下的格式。

【例 1-1】 第一个使用 print() 的 Python 语句。

```
print("你好，Python 3.X")
```

运行结果：

```
>>>
你好，Python 3.X
```

print() 函数是大部分编程语言都通用的“输出”命令，这里它的作用就是将字符串显示到屏幕上。

1.1.4　PyCharm 编程环境

PyCharm 是一款功能强大的 Python 编辑器，具有很好的跨平台性。它由 JetBrains 公司开发，下载网址为http://www.jetbrains.com。

图 1-6 所示是 PyCharm 安装选项，包括“64-bit launcher”“Add lauchers dir to the PATH”“Add ‘open Folder as Project’”和“.py”等。

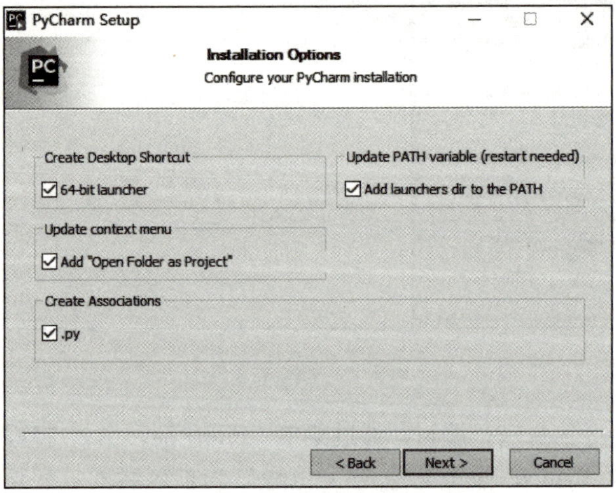

图 1-6　PyCharm 安装选项

图 1-7 所示为 PyCharm 的添加解释器界面，这里选择的是 Python 3.12 版本。

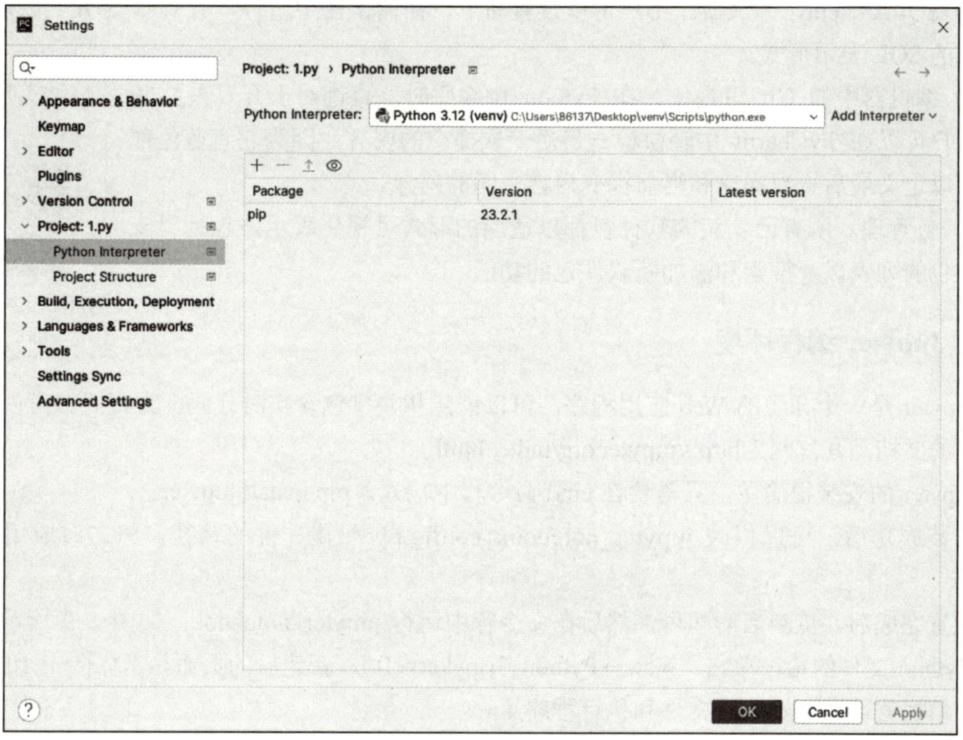

图 1-7　选择 Python 解释器

图 1-8 所示是例 1-1 的程序在 PyCharm 上的编辑与运行。它的编辑界面非常友好，并具有如下优点。

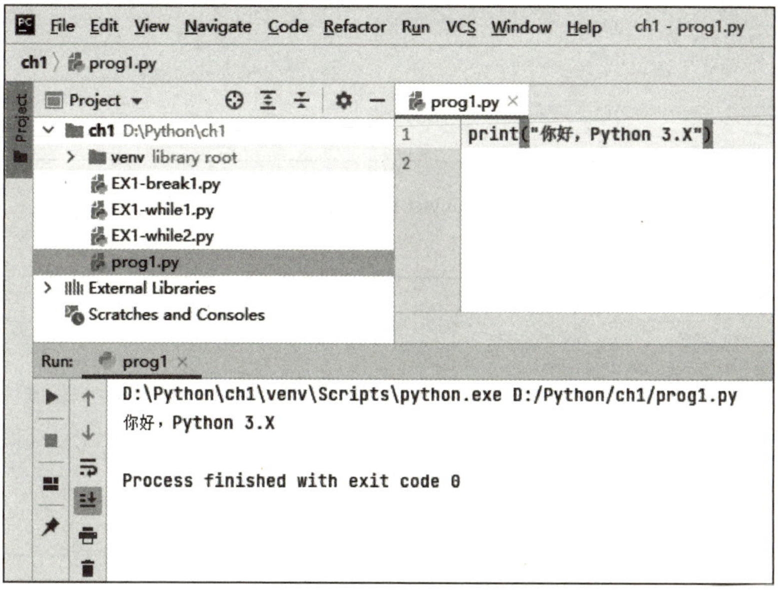

图 1-8　PyCharm 下一个完整的程序的编辑与运行

1）代码运行顺畅。无论是用内置包还是外部包，PyCharm 都可以使代码运行更顺畅。

2）SQLAlchemy 调试器。用户可以设置断点，在调试器中暂停，并查看 SQL 代码的用户表达式的 SQL 表示形式。

3）编辑器中的 Git 可视化。在 Python 中编码时，查询对于开发人员来说是经常使用的功能。用户可以在 PyCharm 中轻松检查最后一次提交的内容，因为它有蓝色部分，可以定义最后一次提交和当前提交内容之间的差异。

4）包管理。所有已安装的软件包都以适当的形式可视化表示，包括已安装软件包的列表以及搜索和添加新软件包的功能。

1-2　第一个 Python 语句

1.1.5　Jupyter 编程环境

Jupyter 是一个开源的 Web 应用程序，可以创建和共享包含实时代码、方程式、可视化和说明文本的文档，其官网为http://jupyter.org/index.html。

Jupyter 的安装很简单，只需要在 cmd 命令行中输入：pip install jupyter。

安装成功后，可以修改 jupyter_notebook_config.py 配置文件的路径，将之改成用户工作目录。

配置完成后，重新启动即可，然后在命令行中运行 jupyter notebook，如图 1-9 所示。需要新建 Python 文件的话，单击“New→Python 3(ipykernel)”，新建后的页面显示如图 1-10 所示，通过菜单栏就可以开始编写文件和执行程序了。

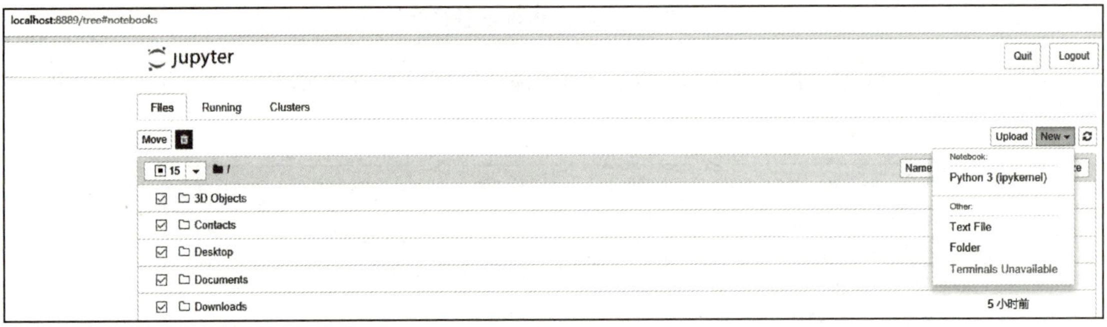

图 1-9　jupyter notebook 新建菜单

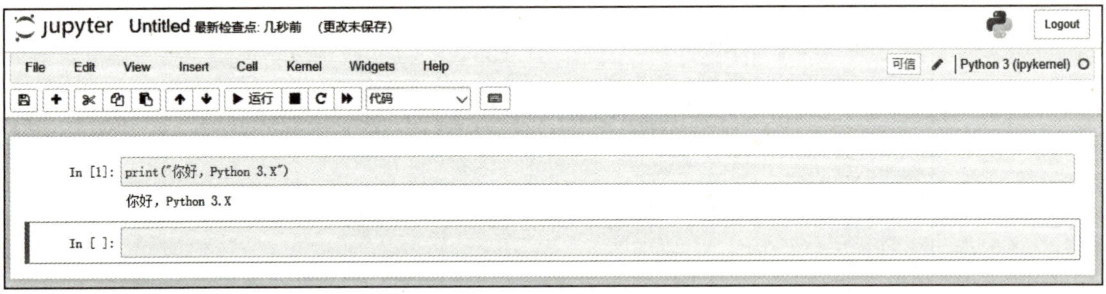

图 1-10　jupyter notebook 程序编辑与执行

1.2　Python 语法介绍

1.2.1　程序结构特点

1-3　程序结构特点

Python 程序由包（对应文件夹）、模块（即一个 Python 文件）、函数和类（存在于 Python 文件中）等组成，如图 1-11 所示。包是由一系列模块组成的集合，模块是处理某一类问题的函数和类等的集合。需要注意的是，包中必须至少含有一个“__init__.py”文件，该文件的内容可以为空，用于标识当前文件夹是一个包。

1. Python 程序的构架

Python 程序构架是指将一个程序分割为源代码文件的集合以及将这些部分连接在一起的方法。Python 程序的构架示意如图 1-12 所示。

图 1-11　Python 包结构示意图

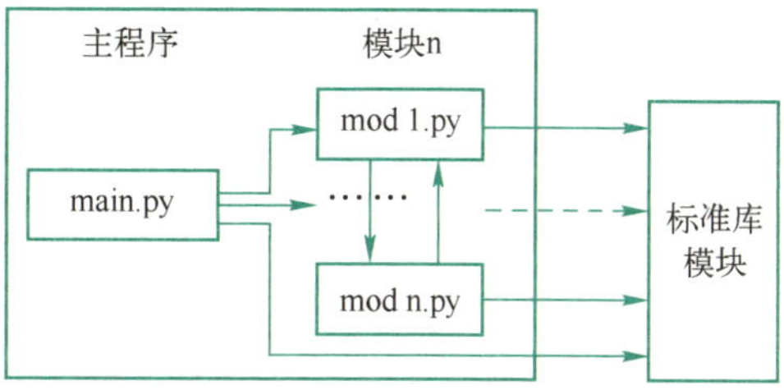

图 1-12　Python 程序的构架示意图

拓展阅读：航天器中的 SpaceOS 产品

SpaceOS-天卓是一个可以满足我国各类航天器在轨应用需求的空间嵌入式实时操作系统，并且是由中国航天科技集团有限公司空间技术研究院北京控制工程研究所完全自主研制的第三代 SpaceOS 产品。目前，该操作系统已经应用于 300 多个航天器。

2. 模块

模块是 Python 中最高级别的组织单元，它将程序代码和数据封装起来以便重用。其实，每一个以扩展名“.py”结尾的 Python 文件都是一个模块。

模块具有以下 3 个作用。

1）代码重用。

2）系统命名空间的划分（模块可理解为变量名封装，即模块就是命名空间）。

3）实现共享服务和共享数据。

图 1-13 描述了模块内的情况以及与其他模块的交互，即模块的执行环境。模块可以被导入，也会导入和使用其他模块，而这些模块可以用 Python 或其他语言（如 C 语言）编写。

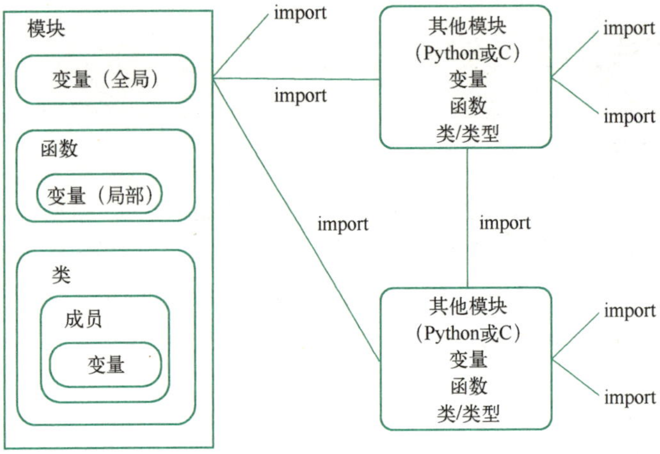

图 1-13　模块及其交互

3. import（导入）

import（导入）是 Python 程序结构的重点所在。一个文件可通过导入一个模块（文件）读取这个模块的内容，导入从本质上讲，就是在一个文件中载入另一个文件，并且能够读取那个文件的内容。一个模块内的内容可以通过 object.attribute 的方式被外界使用。

模块共有 4 种 import 方式，分别如下所示。

（1）import X

导入模块 X，并在当前命名空间（Namespace）创建该模块的引用。

（2）from X import *

导入模块 X，并在当前命名空间创建该模块中所有公共对象（名字不以__开头）的引用。

（3）from X import a, b, c

导入模块 X，并在当前命名空间创建该模块给定对象的引用。

（4）X=__import__('X')

类似（1），但本方式显式指定了 X 为当前命名空间中的变量。

导入（import）模块时，Python 解释器首先会检查 module registry（sys.modules）部分，查看该模块先前是否就已经导入，如果 sys.modules 中已经存在（即已注册），则使用当前存在的模块对象即可。如果 sys.modules 中不存在，则分以下步骤来执行：

第一步，创建一个新的、空的模块对象（本质上是一个字典）。

第二步，在 sys.modules 字典中插入该模块对象。

第三步，加载该模块代码所对应的对象。

最后，在新的模块命名空间执行该模块代码对象（Code Object）。所有由该代码指定的变量均可以通过该模块对象引用。

导入（import）模块时，模块搜索路径顺序一般如下。

1）程序的主目录：即程序（顶层）文件所在的目录[有时候不同于当前工作目录（指启动程序时所在目录）]。

2）PYTHONPATH （环境变量）预设置的目录。

3）标准链接库目录。

4）任何 .pth 文件的内容（如果存在）：从安装目录下找到该文件，以行的形式加入所需要的目录即可。

1.2.2 语法规则

1-4 语法规则

1. Python 标识符

在 Python 语言中，变量名、函数名和对象名等都是通过标识符来命名的。标识符的第一个字符必须是英文字母或下画线“_”，标识符的其他部分由字母、数字和下画线组成。Python 中的标识符是区分大小写的。在 Python 3.x 中，非 ASCII 标识符也是允许的，例如：“data_人数=100”中的“data_人数”为含汉字的标识符。

标识符的命名规则解释如下：

1）标识符是由字符（A～Z 和 a～z）、下画线和数字组成的，但第一个字符不能是数字。

2）标识符不能和 Python 中的保留字相同。

保留字即关键字，保留字不能用作常量或变量，也不能用作任何其他标识符名称。

Python 的标准库提供了一个 keyword 模块，可以采用如下语句输出当前版本的所有关键字：

```
>>> import keyword
>>> keyword.kwlist↙
['False', 'None', 'True', 'and', 'as', 'assert', 'async', 'await', 'break', 'class', 'continue', 'def', 'del', 'elif', 'else', 'except', 'finally', 'for', 'from', 'global', 'if', 'import', 'in', 'is', 'lambda', 'nonlocal', 'not', 'or', 'pass', 'raise', 'return', 'try', 'while', 'with', 'yield']
```

常用保留字，如表 1-1 所示。

表 1-1 Python 保留字一览表

and	as	assert	async	await	break
class	continue	def	del	elif	else
except	finally	for	from	False	global
if	import	in	is	lambda	nonlocal
not	None	or	pass	raise	return
try	True	while	with	yield	

由于 Python 是严格区分大小写的，保留字也不例外。所以，“if”是保留字，但“IF”就不是保留字。在实际开发中，如果使用 Python 中的保留字作为标识符，则解释器会提示“invalid syntax”的错误信息，图 1-14 所示就是将保留字 if 当变量而报错。

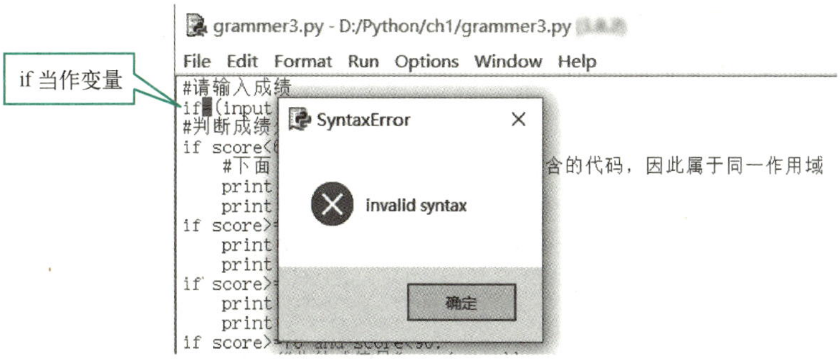

图 1-14 保留字 if 当作变量

3）标识符中不能包含空格、@、% 以及 $ 等特殊字符。

例如，下面所列举的标识符是合法的：

```
UserID
name
mode12
user_age
```

但以下命名的标识符不合法：

```
4word          #不能以数字开头
try            #try 是保留字，不能作为标识符
$money         #不能包含特殊字符
```

4）标识符中的字母是严格区分大小写的，即使两个同样的单词，如果大小写不一样，其代表的意义也是完全不同的。

例如，下面这 3 个变量就是毫无关系的，它们是相互独立的个体。

```
number = 0
Number = 0
NUMBER = 0
```

5）以下画线开头的标识符有特殊含义，例如：

以单下画线开头的标识符（如_width），表示不能直接访问的类属性，其无法通过 from module import * 的方式导入。

以双下画线开头的标识符（如__add）表示类的私有成员。

以双下画线开头和结尾的标识符（如__init__），是专用标识符。

因此，除非特定场景需要，应避免使用以下画线开头的标识符。

2. 缩进和冒号

和许多程序设计语言（如 Java、C 语言）采用大括号“{}”分隔代码块不同，Python 采用代码缩进和冒号（:）来区分代码块之间的层次。对于类定义、函数定义、流程控制语句、异常处理语句等，行尾的冒号和下一行的缩进，表示下一个代码块的开始，而缩进的结束则表示此代码块的结束。

Python 中可以使用空格或者〈Tab〉键实现代码的缩进。但无论是手动敲空格，还是使用〈Tab〉键，通常情况下都是采用 4 个空格长度作为一个缩进量，因为在默认情况下一个〈Tab〉键就表示 4 个空格。

【例 1-2】 体会代码块的缩进规则。

```
#请输入成绩
score=int(input("请输入成绩："))
#判断成绩处于哪个级别
if score<60:
    #下面两行同属于 if 分支语句中包含的代码，因此属于同一作用域
    print("你的成绩是"+str(score))
    print(":不及格")
```

```
if score>=60 and score<68:
    print("你的成绩是"+str(score))
    print(":及格")
if score>=68 and score<78:
    print("你的成绩是"+str(score))
    print(":中等")
if score>=78 and score<90:
    print("你的成绩是"+str(score))
    print(":良好")
if score>=90:
    print("你的成绩是"+str(score))
    print(":优秀")
```

运行结果：

```
>>>
请输入成绩：78↙
你的成绩是 78
:良好
```

Python 对代码的缩进要求非常严格，同一个级别代码块的缩进量必须一样，否则解释器会报 SyntaxError 语法错误。

例如，对上面代码做错误改动，如图 1-15 所示，将位于同一作用域中的两行代码的缩进量分别设置为 4 个空格和 3 个空格，可以看到，手动修改了各自的缩进量会导致 SyntaxError 语法错误。

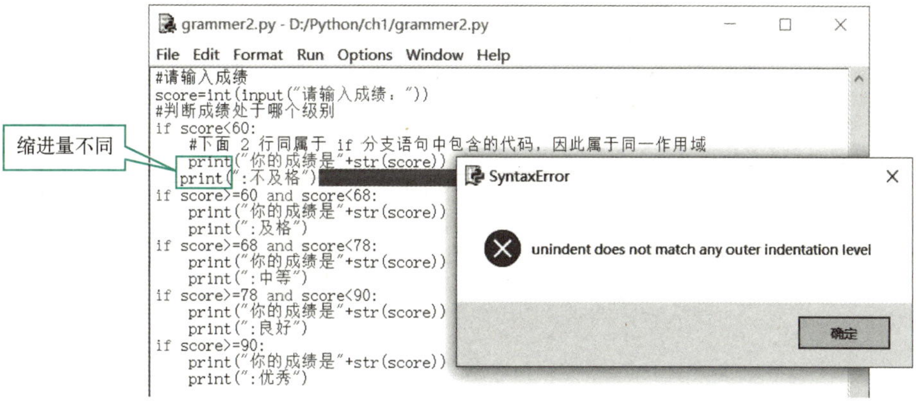

图 1-15　缩进规则不符导致的 SyntaxError 语法错误

在 IDLE 开发环境中，默认是以 4 个空格作为代码的基本缩进单位。不过，这个值是可以手动改变的，在图 1-16 所示的菜单栏中选择“Options→Configure IDLE”命令，会弹出图 1-17 所示的缩进规则对话框，在 Windows 选项卡中，设置 Indent spaces 后面的数字框，先单击“Apply”按钮，后单击“Ok”按钮，即可完成设置。

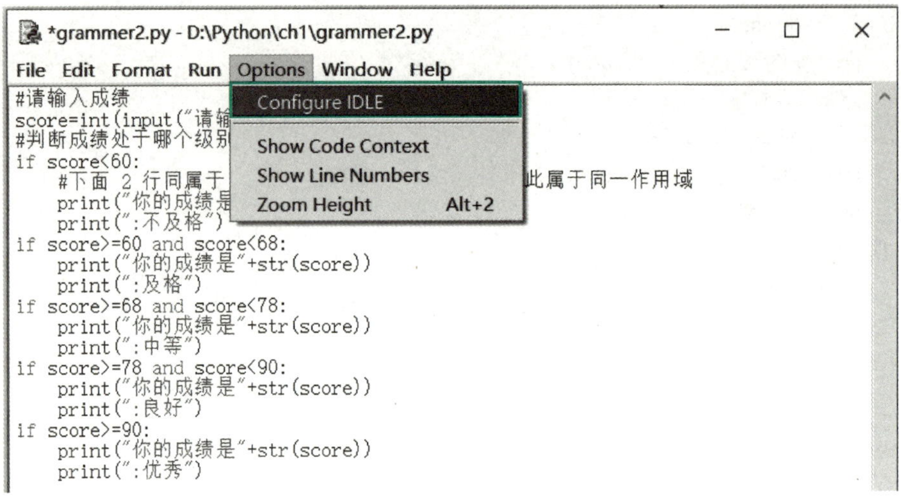

图 1-16　菜单栏

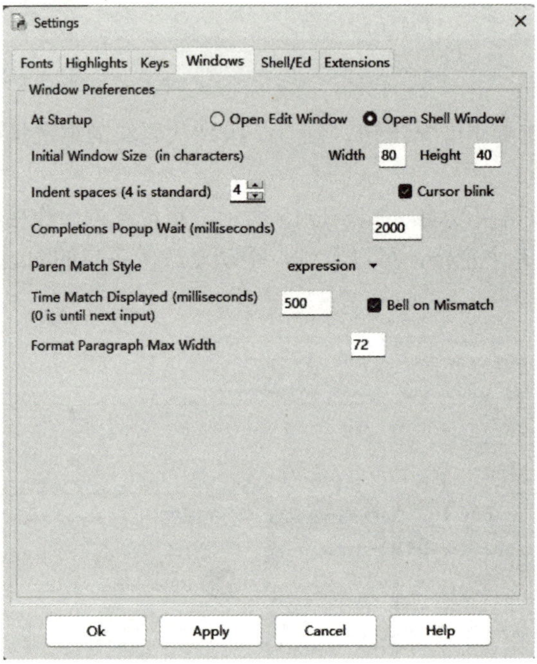

图 1-17　缩进规则对话框

不仅如此，在使用 IDLE 开发环境编写 Python 代码时，如果想设置多行代码的缩进量，可以使用〈Ctrl+]〉和〈Ctrl+[〉快捷键，此快捷键可以使所选多行代码快速缩进（或反缩进）。

3. Python 引号

Python 接收单引号（'）、双引号（"）、三引号（"""）来表示字符串，引号的开始与结束必须是相同种类的引号。其中两个三引号之间可以由多行文本组成，是编写多行文本的快捷语法。

```
word = 'word'
sentence = "This is a sentence."
paragraph = """This is a paragraph. It is
```

```
made up of multiple lines and sentences."""
```

三引号常用于文档字符串，在文件的特定位置，被当作注释，具体见下文。

4. Python 注释

注释（Comments）是用来向用户提示或解释某些代码的作用和功能，它可以出现在代码中的任何位置。Python 解释器在执行代码时会忽略注释，不做任何处理，就好像它不存在一样。

注释的最大作用是提高程序的可读性，还可以用来临时移除无用的代码。在一般情况下，合理的代码注释应该占源代码的 1/3 左右。

Python 支持两种类型的注释，分别是单行注释和多行注释。

（1）单行注释

Python 使用井号（#）作为单行注释的符号，语法格式为：

```
# 注释内容
```

从#标注开始，直到这行结束为止的所有内容都是注释。

【例 1-3】 说明多行代码的功能时一般将单行注释放在代码的上一行。

```
#使用 print 输出字符串
print("Hello! Python!")
print("人工智能")
print("https://www.python.org")
#使用  print 输出数字
print(22)
print( 5 + 22 *5)
print( (5 + 22) * 5 )
```

运行结果：

```
>>>
Hello! Python !
人工智能
https://www.python.org
22
115
135
```

【例 1-4】 说明单行代码的功能时一般将单行注释放在本行代码的右侧。

```
print("https://www.python.org")  #输出 Python 官网地址
print( 12.1 * 9.1 )  #输出乘积
print( 102 % 6 )  #输出余数
```

运行结果：

```
>>>
https://www.python.org
110.11
0
```

（2）多行注释

多行注释指的是一次性注释程序中多行的内容（包含一行）。Python 使用 3 个连续的单引号'''或者三个连续的双引号"""注释多行内容。

无论是多行注释还是单行注释，当注释符作为字符串的一部分出现时，就不能再将它们视为注释标记，而应该看作正常代码的一部分。

【例 1-5】 注释符作为字符串的一部分。

```
print('''Hello,Python!''')
print("""https://www.python.org""")
print("#用来进行注释")
```

运行结果：

```
>>>
Hello,Python!
https://www.python.org
#用来进行注释
```

例中，第 1 行和第 2 行代码，Python 没有将这里的 3 个引号看作多行注释符，而是将它们看作字符串的开始和结束标志；对于第 3 行代码，Python 也没有将#看作单行注释符，而是将它看作字符串的一部分。

1.3　Python 基本数据类型

1.3.1　数据类型概述

Python 中主要的内置数据类型如下：

1．数值 numeric

包括 int（整型）、float（浮点型）、bool（布尔型）、complex（复数型）等。

2．序列 sequence

包括 list（列表）、tuple（元组）、range（范围）、str（字符串）、bytes（字节串）、set（集合）等。

3．映射 mapping

包括 dict（字典）等。

4．类 class

5．实例 instance

6．异常 exception

1.3.2　变量与常量

任何编程语言都需要处理数据，如数字、字符串、字符等，用户可以直接使用数据，也可以将数据保存到变量中，方便以后使用。

变量（Variable）可以看成一个小箱子，专门用来“盛装”程序中的数据。每个变量都拥有独一无二的名字，通过变量的名字就能找到变量中的数据。从底层看，程序中的数据最终都要存储到内存中，变量其实就是这块内存的名字。图 1-18 所示是变量 age 的示意。

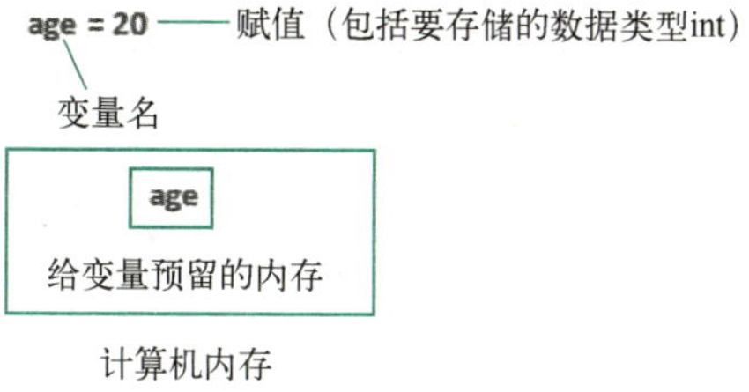

图 1-18　变量示意

和变量对应的是常量（Constant），它们都是用来“盛装”数据的小箱子，不同的是：变量保存的数据可以被多次修改，而常量一旦保存某个数据之后就不能修改了。

1．变量的赋值

在编程语言中，将数据放入变量的过程叫作赋值（Assignment）。Python 使用等号“=”作为赋值运算符，具体格式为：

```
name = value
```

其中，name 表示变量名；value 表示值，也就是要存储的数据。

例如，下面的语句将整数 22 赋值给变量 num：

```
num = 22
```

在程序的其他地方，num 就代表整数 22，使用 num 也就是使用 22。

【例 1-6】 变量赋值。

```
e = 2.71828   #将自然对数的底数赋值给变量 e
url = "https://www.python.org"   #将 Python 官网地址赋值给变量 url
bool1 = False   #将布尔值赋值给变量 bool1
```

变量的值不是一成不变的，它可以随时被修改，只要重新赋值即可。另外，用户也不用关心数据的类型，可以将不同类型的数据赋值给同一个变量。

【例 1-7】 变量赋值的变化。

```
num = 1   #将 1 赋值给变量 num
num = 34   #将 34 赋值给变量 num
num = 134   #将 134 赋值给变量 num
print(num)
web1 = 12.5   #将小数赋值给变量 web1
web1 = 85   #将整数赋值给变量 web1
web1 = "https://www.python.org"   #将字符串赋值给变量 web1
print(web1)
```

运行结果：

```
>>>
134
```

```
https://www.python.org
```

除了赋值单个数据，用户也可以将表达式的运行结果赋值给变量。

【例 1-8】 将表达式的运行结果赋值给变量。

```
sum1 = 123 - 2  #将减法的结果赋值给变量
rem1 = 13 * 22 % 5  #将余数赋值给变量
str1 = "Python 官网" + "https://www.python.org"  #将字符串拼接的结果赋值给变量
print(sum1,rem1,str1)
```

运行结果：

```
>>>
121 1 Python 官网 https://www.python.org
```

2. 下画线、双下画线开始的特殊变量及特殊方法专用标识

Python 用下画线和双下画线作为变量前缀和后缀指定的特殊变量。

（1）_xxx 变量名

_xxx 被看作是“私有的”变量，在模块或类外不可以使用。当变量是私有的时候，用_xxx 来表示变量是很好的习惯。_xxx 变量是不能用“from module import *”导入的。在类中，单下画线开始的成员变量或类属性叫作保护变量，意思是只有类对象和子类对象自己能访问这些变量。

（2）__xxx 类中的私有变量名

双下画线开始的变量是私有成员变量，意思是只有类对象自己能访问，连子类对象也不能访问这个数据。

（3）__xxx__特殊方法专用标识

以双下画线开头和结尾代表 Python 里的特殊方法，如__init__(self,...)代表类的构造函数。这样的系统特殊方法还有许多，如：

```
__new__(cls[, ...])、__del__(self)、__str__(self)、__lt__(self,other)、__getitem__(self,key)、__len__(self)、__repr__(s)、_cmp__(s, o)、__call__(self, *args)等等。
```

因此，要注意避免用下画线作为一般变量名的开始。

3. 常量、内置常量

变量是变化的量，常量则是不变的量。Python 中没有使用语法强制定义常量。但是 Python 有少数的常量存在于内置命名空间中，称为内置常量，具体如下：

（1）False

bool 类型的假值。给 False 赋值是非法的并会引发 SyntaxError。

（2）True

bool 类型的真值。给 True 赋值是非法的并会引发 SyntaxError。

（3）None

NoneType 类型的唯一值。None 经常用于表示因为默认参数未传递给函数时的值。需要注意的是，给 None 赋值是非法的，并会引发 SyntaxError。

（4）NotImplemented

二元运算特殊方法如__eq__()、__lt__()、__add__()、__rsub__()等，应返回的特殊值，

表示操作没有针对其他类型实现。为了相同的目的，可以通过就地二元运算特殊方法，如将 __imul__()、__rightnd__() 等作为返回值，它们的逻辑值为真。

（5）Ellipsis

与省略号的字面意思相同。该特殊值主要与用户定义的容器数据类型的扩展切片语法结合使用。

（6）__debug__

如果 Python 没有以 -O 选项启动，则此常量为真值。

（7）quit(code=None)、exit(code=None)

当打印此对象时，会打印出一条消息，例如“Use quit() or Ctrl-D (i.e. EOF) to exit”，当调用此对象时，将使用指定的退出代码来引发 SystemExit。

（8）copyright、credits

打印或调用的对象分别打印版权或作者的文本。

（9）license

当打印此对象时，会打印出一条消息“Type license() to see the full license text”。当调用此对象时，将以分页形式显示完整的许可证文本（每次显示一屏）。

当然，用模块和类可以实现真正的常量，这在本书第 4 章进行详细介绍。

1-5　整数类型

1.3.3　整数类型

1. 整数运算

整数就是没有小数部分的数字，Python 的整数数据类型包括正整数、0 和负整数，取值范围则是无限的，无论多大或者多小的数字，Python 都能轻松处理。当所用数值超过计算机自身的计算能力时，Python 会自动转用高精度计算。

【例 1-9】 整数运算。

```
#将 75 赋值给变量 num1
num1 = 75
print(num1)
print( type(num1) )
#给 shu1 赋值一个很大的整数
shu1=6666666666666666
print(shu1)
print( type(shu1) )
#给 shu2 赋值一个很小的整数
shu2 = -5555555555555555
print(shu2)
print( type(shu2) )
```

运行结果：

```
>>>
75
<class 'int'>
6666666666666666
<class 'int'>
```

```
-5555555555555555
<class 'int'>
```

从例中可以看出，shu1 是一个很大的整数，shu2 是一个很小的整数，Python 都能正确输出，不会发生溢出，这说明 Python 对整数的处理能力非常强大。

2．整数的不同进制

整数可以使用多种进制来表示，常见的有十进制、二进制、八进制和十六进制等形式。

（1）十进制形式

平时常见的整数就是十进制形式，它由 0～9 共 10 个数字组成。需要注意的是：使用十进制形式的整数不能以 0 作为开头，除非这个数值本身就是 0。

（2）二进制形式

由 0 和 1 两个数字组成，书写时以 0b 或 0B 开头。例如，0b101 对应十进制数是 5。

（3）八进制形式

八进制整数由 0～7 共 8 个数字组成，以 0o 或 0O 开头。注意，第一个符号是数字 0，第二个符号是字母 O 的大写或小写。

（4）十六进制形式

由 0～9 共 10 个数字以及 A～F（或 a～f）共 6 个字母组成，书写时以 0x 或 0X 开头。

【例 1-10】 十六进制、二进制、八进制整数的使用。

```
#十六进制
hex1 = 0x31
hex2 = 0x2Be
print("十六进制数 1: ", hex1)
print("十六进制数 2: ", hex2)
#二进制
bin1 = 0b1101
bin2 = 0B111
print('二进制数 1: ', bin1)
print('二进制数 2: ', bin2)
#八进制
oct1 = 0o37
oct2 = 0O214
print('八进制数 1: ', oct1)
print('八进制数 2: ', oct2)
```

运行结果：

```
>>>
十六进制数 1:   49
十六进制数 2:   702
二进制数 1:   13
二进制数 2:   7
八进制数 1:   31
八进制数 2:   140
```

本例的输出结果都是十进制整数。

3．数字分隔符

为了提高数字的可读性，允许使用下画线“_”作为数字（包括整数和小数）的分隔符。通常每隔三个数字添加一个下画线，类似于英文数字中的逗号。下画线不会影响数字本身的值。

【例 1-11】 数字分隔符的使用。

```
renkou = 17_641_327
r1 = 6_371_000
print("人口出生数（人）：", renkou)
print("地球半径（m）：", r1)
```

运行结果：

```
>>>
人口出生数（人）：  17641327
地球半径（m）：  6371000
```

1.3.4　小数、浮点数类型

在高级编程语言中，小数通常以浮点数的形式存储。浮点数和定点数是相对的，存储过程中如果小数点发生移动，就称为浮点数；如果小数点不动，就称为定点数。Python 只有一种小数类型，就是浮点数（float）。

Python 中的小数有两种书写形式，即十进制形式和指数形式。

（1）十进制形式

就是平时看到的小数形式，例如 231.5、23.1、0.231。书写小数时必须包含一个小数点，否则会被 Python 当作整数处理。

（2）指数形式

Python 小数的指数形式的写法为：

```
aEn 或 aen
```

其中，a 为尾数部分，是一个十进制数；n 为指数部分，是一个十进制整数；E 或 e 是固定的字符，用于分割尾数部分和指数部分。整个表达式等价于 $a\times10^n$。

指数形式的小数举例：

1.8E4 = 1.8×10^4，其中 1.8 是尾数，4 是指数。

2.5E-3 = 2.5×10^{-3}，其中 2.5 是尾数，-3 是指数。

0.3E4 = 0.3×10^4，其中 0.3 是尾数，4 是指数。

只要写成指数形式就是小数，即使它的最终值看起来像一个整数。如 12E2 等价于 1200，但它是一个小数。

【例 1-12】 浮点数的赋值和类型输出。

```
float1 = 32.1
print("float1 值: ", float1)
print("float1 类型: ", type(float1))
float2 = 0.2199307756
print("float2 值: ", float2)
```

```
print("float2 类型: ", type(float2))
float3 = 0.00000000000000000000000321
print("float3 值: ", float3)
print("float3 类型: ", type(float3))
float4 = 7345836453423388853.35007
print("float4 值: ", float4)
print("float4 类型: ", type(float4))
float5 = 34e7
print("float5 值: ", float5)
print("float5 类型: ", type(float5))
float6 = 77.5 * 0.05
print("float6 值: ", float6)
print("float6 类型: ", type(float6))
float7 = 77.5 / 2.05
print("float7 值: ", float7)
print("float7 类型: ", type(float7))
```

运行结果：

```
>>>
float1 值:  32.1
float1 类型:  <class 'float'>
float2 值:  0.2199307756
float2 类型:  <class 'float'>
float3 值:  3.21e-26
float3 类型:  <class 'float'>
float4 值:  7.345836453423389e+18
float4 类型:  <class 'float'>
float5 值:  340000000.0
float5 类型:  <class 'float'>
float6 值:  3.875
float6 类型:  <class 'float'>
float7 值:  37.80487804878049
float7 类型:  <class 'float'>
```

从例中可以看出，使用 print 函数输出浮点数时，Python 会根据浮点数的长度和大小进行四舍五入或截断小数位数，或者采用科学计数法来表示。

1.3.5　复数类型

复数（Complex）是 Python 的内置类型，直接书写即可，不依赖于标准库或者第三方库。复数由实部（real）和虚部（imag）构成，在 Python 中，复数的虚部以 j 或者 J 作为后缀，具体格式为：

```
a + bj
```

其中，a 表示实部，b 表示虚部。

【例 1-13】 复数运算。

```
c1 = 3 + 1.5j
print("c1 值: ", c1)
print("c1 类型", type(c1))
c2 = 7 - 0.9j
print("c2 值: ", c2)
c3 = 5 + 1.3j
print("c3 值: ", c3)
#对复数进行简单计算
print("c1+c2-c3=: ", c1+c2-c3)
print("c1*c2/c3=: ", c1*c2/c3)
```

运行结果：

```
>>>
c1 值:  (3+1.5j)
c1 类型  <class 'complex'>
c2 值:  (7-0.9j)
c3 值:  (5+1.3j)
c1+c2-c3=:  (5-0.7000000000000001j)
c1*c2/c3=:  (4.566878980891 72+0.3726114649681527j)
```

从例中可以发现，Python 默认支持对复数的简单加减乘除计算。

1.3.6 字符串及其基本操作

1-6 字符串及其基本操作

字符串（String）是由若干个字符按顺序组成的序列，Python 中的字符串必须由双引号（" "）或者单引号（' '）包围，其双引号和单引号没有任何区别，具体格式为：

```
"字符串内容"
'字符串内容'
```

字符串的内容可以包含字母、标点、特殊符号、中文、日文、英文等文字。

下面都是合法的字符串：

```
"Python.org"
"官网可以下载软件"
" https://www.python.org "
"3456239"
```

1. 处理字符串中的引号

当字符串内容中出现引号时，用户需要进行特殊处理，否则 Python 会解析出错，例如：

```
'I'm a great coder!'
```

由于上面字符串中包含了单引号，此时 Python 会将字符串中的单引号与第一个单引号配对，这样就会把'I'当成字符串，而后面的 m a great coder!'就变成了多余的内容，从而导致语法错误。

对于这种情况，一般有以下两种处理方案。

（1）对引号进行转义

在引号前面添加反斜杠“\”就可以对引号进行转义，让 Python 把它作为普通文本对待。

【例 1-14】 反斜杠“\”的使用。

```
str1 = 'I\'m a teacher!'
str2 = "英文双引号是一对\"\"，中文双引号是“”"
print(str1)
print(str2)
```

运行结果：

```
>>>
I'm a teacher!
英文双引号是一对""，中文双引号是“”
```

（2）使用不同的引号包围字符串

如果字符串内容中出现了单引号，那么可以使用双引号包围字符串，反之亦然。

【例 1-15】 不同引号的使用。

```
str1 ="I'm a teacher!"
str2 = '英文双引号是一对""，中文双引号是“”'
print(str1)
print(str2)
```

运行结果：

```
>>>
I'm a teacher!
英文双引号是一对""，中文双引号是“”
```

2. 字符串的换行

Python 不是格式自由的语言，它对程序的换行、缩进都有严格的语法要求。要想换行书写一个比较长的字符串，必须在行尾添加反斜杠“\”。Python 也支持表达式添加反斜杠“\”的换行。

3. 长字符串

Python 长字符串由三个双引号（""""）或者 3 个单引号（'''）包围，语法格式如下：

```
"""长字符串内容"""
'''长字符串内容'''
```

在长字符串中放置单引号或者双引号不会导致解析错误。

4. 转义字符

对于 ASCII 编码来说，0～31（十进制）范围内的字符为控制字符，它们都是看不见的，不能在显示器上显示，甚至无法从键盘输入，只能用转义字符的形式来表示。不过直接使用

ASCII 码记忆不方便，也不容易理解，所以针对常用的控制字符，Python 语言定义了转义字符方式，如表 1-2 所示。

表 1-2　Python 支持的转义字符

转义字符	说　明
\n	换行符，将光标位置移到下一行开头
\r	回车符，将光标位置移到本行开头
\t	水平制表符，即〈Tab〉键，一般相当于四个空格
\a	响铃（注意，现在的计算机很多都不带蜂鸣器了，所以响铃不一定有效）
\b	退格（Backspace），将光标位置移到前一列
\\	反斜线
\'	单引号
\"	双引号
\	位于字符串行尾的续行符，即一行未完，转到下一行继续写

转义字符在书写形式上由多个字符组成，但 Python 将它们看作是一个整体，表示一个字符。

【例 1-16】 使用转义字符来打印表格。

```
#使用\t（即 Tab 键）排版
str1 = '品名\t\t 规格\t\t 单位\t\t 单价（元）'
str2 = '吊灯\t\tTD320t\t\t 盏\t\t2730'
str3 = '台灯\t\tCW12\t\t 盏\t\t122'
str4 = 'LED 灯管\t\tP12Y\t\t 支\t\t13'
print(str1)
print("----------------------------------------------------------")
print(str2)
print(str3)
print(str4)
print("----------------------------------------------------------")
```

运行结果：

```
>>>
品名        规格        单位    单价（元）
----------------------------------------------------------
吊灯        TD320t      盏      2730
台灯        CW12        盏      122
LED 灯管    P12Y        支      13
----------------------------------------------------------
```

此外，转义字符以“\”或者“\x”开头，前者表示后跟八进制形式的编码值，后者表示后跟十六进制形式的编码值，具体格式如下：

```
\ddd
\xhh
```

其中，ddd 表示八进制数字，hh 表示十六进制数字。由于 ASCII 编码共收录了 128 个字符，所以可以通过转义字符\后跟八进制数字（1～3 位）或转义字符\x 后跟十六进制数字（2 位）来表示。

【例 1-17】 使用八进制、十六进制来显示 ASCII 码。

```
str1 = "八进制: \064\065\066"
str2 = "十六进制: \x42\x44\x46\x48\x4A\x4C"
print(str1)
print(str2)
```

运行结果：

```
>>>
八进制: 456
十六进制: BDFHJL
```

从例中可以看出，字符 4、5、6 对应的 ASCII 码八进制形式分别是 64、65、66，字符 B、D、F、H、J、L 的十六进制形式分别是 42、44、46、48、4A、4C。

1.3.7 数据类型转换

Python 提供了多种可实现数据类型转换的函数，如表 1-3 所示。需要注意的是，在使用数据类型转换函数时，提供给它的数据必须是有意义的。

表 1-3 常用数据类型转换函数

函　数	作　用
int(x)	将 x 转换成整数类型
float(x)	将 x 转换成浮点数类型
complex(real[,imag])	创建一个复数
str(x)	将 x 转换为字符串
repr(x)	将 x 转换为表达式字符串
eval(str)	计算在字符串中的有效 Python 表达式，并返回一个对象
chr(x)	将整数 x 转换为一个字符
ord(x)	将一个字符 x 转换为它对应的整数值
hex(x)	将一个整数 x 转换为一个十六进制字符串
oct(x)	将一个整数 x 转换为一个八进制的字符串

1.4 基本输入输出函数

1-7 input()函数

1.4.1 input() 函数

input() 是 Python 的内置函数，用于从控制台读取用户输入的内容。input() 函数总是以字符串的形式来处理用户输入的内容，所以用户输入的内容可以包含任何字符。

input() 函数的用法为：

```
str = input([tipmsg])
```

其中，str 表示一个字符串类型的变量，input( )函数会将读取到的字符串放入 str 中；tipmsg 表示提示信息，它会显示在控制台上，告诉用户应该输入什么样的内容；如果不写 tipmsg，就不会有任何提示信息。

可以使用 1.3.7 节所述的 Python 内置函数将输入字符串转换成想要的类型，如 int(string) 将字符串转换成 int 类型，float(string) 将字符串转换成 float 类型，bool(string) 将字符串转换成 bool 类型等。

【例 1-18】 使用 input() 输入数字，并转化为 int 类型。

```
num1 = input("请输入第一个数: ")
num2= input("请输入第二个数: ")
num3= input("请输入第三个数: ")
print("num1 类型: ", type(num1))
sum1 = int(num1) + int(num2)+int(num3)
print("连加=: ", sum1)
print("sum1 类型: ", type(sum1))
```

运行结果如下，其中 type() 为类型输出。

```
>>>
请输入第一个数: 5↙
请输入第二个数: 6↙
请输入第三个数: 7↙
num1 类型:  <class 'str'>
连加=:  18
sum1 类型:  <class 'int'>
```

1.4.2 print() 函数

1-8 print()函数

1. 多变量输出

前面章节中使用 print() 函数时，都只输出了一个变量，但实际上 print() 函数完全可以同时输出多个变量，而且它具有更多丰富的功能。

print() 函数的详细语法格式如下：

```
print (value,...,sep='',end='\n',file=sys.stdout,flush=False)
```

其中，value 参数可以接受任意多个变量或值，因此 print() 函数完全可以输出多个值。

【例 1-19】 print() 的多变量输出。

```
user1= '张三'
sub1='英语'
score1 = 95
#同时输出多个变量和字符串
print("学生姓名：",user1,"课程：",sub1,"成绩：",score1)
```

运行结果：

```
>>>
```

```
学生姓名: 张三 课程: 英语 成绩: 95
```

从本例的输出结果来看，使用 print() 函数输出多个变量时，print() 函数默认以空格隔开多个变量。如果希望改变默认的分隔符，可通过 sep 参数进行设置，如 sep='|' 等。

2. 格式化字符串（格式化输出）

print() 函数使用以%开头的转换说明符对各种类型的数据进行格式化输出，如表 1-4 所示。转换说明符是一个占位符，它会被后面表达式（变量、常量、数字、字符串、加减乘除等各种形式）的值代替。

表 1-4　格式化输出转换说明符

转换说明符	解　释
%d、%i	转换为带符号的十进制整数
%o	转换为带符号的八进制整数
%x、%X	转换为带符号的十六进制整数
%e	转化为科学计数法表示的浮点数（e 小写）
%E	转化为科学计数法表示的浮点数（E 大写）
%f、%F	转化为十进制浮点数
%g	智能选择使用 %f 或 %e 格式
%G	智能选择使用 %F 或 %E 格式
%c	格式化字符及其 ASCII 码
%r	使用 repr() 函数将表达式转换为字符串
%s	使用 str() 函数将表达式转换为字符串

【例 1-20】 使用格式化输出。

```
company = "A 公司"
person = 200
url = "http://www.aaa.com"
print("%s 人员规模%d 人，它的网址是%s。" % (company, person, url))
```

运行结果：

```
>>>
A 公司人员规模 200 人，它的网址是 http://www.aaa.com。
```

3. 指定最小输出宽度

可以使用下面的格式指定最小输出宽度（至少占用多少个字符的位置）：

```
%10d 表示输出的整数宽度至少为 10；
%20s 表示输出的字符串宽度至少为 20。
```

【例 1-21】 指定最小输出宽度。

```
num = 34009
print("整数宽度(12):%12d" % num)
print("整数宽度(4):%4d" % num)
url = "https://www.python.org"
```

```
print("字符串宽度(36):%36s" % url)
print("字符串宽度(8):%8s" % url)
```

运行结果：

```
>>>
整数宽度(12):        34009
整数宽度(4):34009
字符串宽度(36):                  https://www.python.org
字符串宽度(8):https://www.python.org
```

从本例的运行结果可以发现，对于整数和字符串，当数据的实际宽度小于指定宽度时，会在左侧以空格补齐；当数据的实际宽度大于指定宽度时，会按照数据的实际宽度输出，即 num 宽度为 5，指定为 %4d 时，还是会按照数据的实际宽度 5 进行输出。

4. 指定对齐方式

在默认情况下，print() 输出的数据总是右对齐的。也就是说，当数据不够宽时，数据总是靠右侧输出，而在左侧补充空格以达到指定的宽度。Python 允许在最小宽度之前增加一个标志来改变对齐方式，Python 支持的标志如表 1-5 所示。

表 1-5　Python 支持的标志

标　志	说　明
-	指定左对齐
+	表示输出的数字总要带着符号；整数带+，负数带-
0	表示宽度不足时补充 0，而不是补充空格

另外需要说明的如下：

1）对于整数，指定左对齐时，在右侧补 0 是没有效果的，因为这样会改变整数的值。

2）对于小数，以上 3 个标志可以同时存在。

3）对于字符串，只能使用“-”标志。

【例 1-22】 指定对齐方式。

```
num1 = 32500
# %09d 表示最小宽度为 9，左边补 0
print("最小宽度(09):\t\t%09d" % num1)
# %+9d 表示最小宽度为 9，带上符号
print("最小宽度(+9):\t\t%+9d" % num1)
num2 = 76.8
# %-+010f 表示最小宽度为 10，左对齐，带上符号
print("最小宽度(-+0):\t\t%-+010f" % num2)
str1 = "Python"
# %-10s 表示最小宽度为 10，左对齐
print("最小宽度(-10):\t\t%-10s" % str1)
```

运行结果：

```
>>>
最小宽度(09):        000032500
```

```
最小宽度(+9):          +32500
最小宽度(-+0):      +76.800000
最小宽度(-10):      Python
```

5. 指定小数精度

对于小数（浮点数），print() 允许指定小数点后的数字位数，即指定小数的输出精度。精度值需要放在最小宽度之后，中间用点号“.”隔开；也可以不写最小宽度，只写精度。具体格式如下：

```
%m.nf
%.nf
```

其中，m 表示最小宽度，n 表示输出精度，“.”是必须存在的。

【例 1-23】 指定小数精度。

```
float1 =2.762345975
# 最小宽度为 8，小数点后保留 3 位
print("%8.3f" % float1)
# 最小宽度为 8，小数点后保留 3 位，左侧补 0
print("%08.3f" % float1)
# 最小宽度为 8，小数点后保留 3 位，左侧补 0，带符号
print("%+08.3f" % float1)
```

运行结果：

```
>>>
   2.762
0002.762
+002.762
```

1.5 运算符

1-9　算术运算符

1.5.1 算术运算符

算术运算符即数学运算符，主要用来对数字进行数学运算，例如加减乘除。表 1-6 列出了 Python 支持的所有基本算术运算符。

表 1-6　常用算术运算符及功能说明

运 算 符	说　明	实　例	结　果
+	加	7.41 + 11	18.41
-	减	5.03 - 0.11	4.92
*	乘	4 * 2.9	11.6
/	除法（和数学中的规则一样）	18 / 5	3.6
//	整除（只保留商的整数部分）	9 // 4	2
%	取余，即返回除法的余数	8 % 2	0
**	幂运算/次方运算，即返回 x 的 y 次方	3** 3	27，即 3^3

【例 1-24】 典型的算术运算。

```
#数字加法运算
num1 = 10
num2= 97.21
sum1=num1+num2
print("和=%.2f" % sum1 )
#字符串拼接运算
str1 = "Python"
str2= "官网"
info = str1+str2
print(info)
#减法运算
num3 = 45.4
num4 = -num3
print(num4)
#数字乘法运算
num5 = 4.3 * 2
print(num5)
#重复字符串拼接运算
str3 = "科学"
print(str3 * 4)
#整数不能除尽
print("27/7 =", 27/7)
print("27//7 =", 27//7)
print("27.0//7 =", 27.0//7)
#小数除法
print("17.2/4.1 =", 17.2/4.1)
print("17.2//4.1 =", 17.2//4.1)
```

运行结果：

```
>>>
和=107.21
Python 官网
-45.4
8.6
科学科学科学科学
27/7 = 3.857142857142857
27//7 = 3
27.0//7 = 3.0
17.2/4.1 = 4.195121951219512
17.2//4.1 = 4.0
```

从本例中可以看出如下几个运算特点：

1）当“+”用于数字时表示加法，但是当“+”用于字符串时，它还有拼接字符串（将两个字符串连接为一个）的作用。

2）“-”除了可以用于减法运算之外，还可以用于求相反数运算（正数变负数，负数变正数）。

3）“*”除了可以用于乘法运算，还可以用于重复字符串拼接，即将 n 个同样的字符串连接起来。

4）Python 支持“/”和“//”两种除法运算符，但它们之间是有区别的。

“/”表示普通除法，使用它计算出来的结果和数学中的计算结果相同。

“//”表示整除，只保留结果的整数部分，直接丢掉小数部分，而不是四舍五入。

【例 1-25】 求余和乘方（开方）运算。

```
#整数和小数求余
print("22.1%3 =", 22.1%3)
print("22.1%3.5 =", 22.1%3.5)
print("22.1%-3 =", 22.1%-3)
print("-22.1%3.5 =", -22.1%3.5)
print("-22.1%-3.5 =", -22.1%-3.5)
#乘方和开方运算
print('4**5 =', 4**5)
print('2.5**3 =', 2.5**3)
print('256**(1/8) =', 256**(1/8))
print('26**(1/3) =', 26**(1/3))
```

运行结果：

```
>>>
22.1%3 = 1.1000000000000014
22.1%3.5 = 1.1000000000000014
22.1%-3 = -1.8999999999999986
-22.1%3.5 = 2.3999999999999986
-22.1%-3.5 = -1.1000000000000014
4**5 = 1024
2.5**3 = 15.625
256**(1/8) = 2.0
26**(1/3) = 2.9624960684073702
```

从例中可以看出，“%”运算符用来求得两个数相除的余数，包括整数和小数。使用第一个数字除以第二个数字，得到一个整数的商，剩下的值就是余数。只有当第二个数字是负数时，求余的结果才是负数，即求余结果的正负和第一个数字没有关系，只由第二个数字决定。“%”两边的数字都是整数时，求余的结果也是整数；但是只要有一个数字是小数，求余的结果就是小数。此外，由于开方是乘方的逆运算，所以也可以使用“**”运算符间接地实现开方运算。

1.5.2 赋值运算符

赋值运算符用来把右侧的值传递给左侧的变量（或者常量）；可以直接将右侧的值交给左侧的变量，也可以进行某些运算后再交给左侧的变量，例如加减乘除、函数调用、逻辑判断等。

Python 中最基本的赋值运算符是等号“=”；结合其他运算符，“=”还能扩展出更强大的赋值运算符。

1. 基本赋值运算符

“=”是 Python 中最常见、最基本的赋值运算符，用来将一个表达式的值赋给另一个变量。

2. 连续赋值

Python 中的赋值表达式也是有值的，它的值等同于左侧变量的值；如果将赋值表达式的值再赋值给另外一个变量，就构成了连续赋值。举例如下：

```
a = b = c = 100
```

“=”具有右结合性，从右到左分析这个表达式：

“c = 100”表示将 100 赋值给 c，所以 c 的值是 100；同时，“c = 100”这个子表达式的值也是 100。

“b = c = 100”表示将 c = 100 的值赋给 b，因此 b 的值也是 100。

以此类推，a 的值也是 100。

最终结果就是，a、b、c 三个变量的值都是 100。

需要注意的是“=” 和“==”是两种不同的运算符，前者用来赋值，而后者用来判断两边的值是否相等，千万不要混淆。

3. 扩展后的赋值运算符

“=”可与其他运算符（包括算术运算符、位运算符和逻辑运算符）相结合，扩展成为功能更加强大的赋值运算符，如表 1-7 所示。

表 1-7　赋值运算符及功能说明

运 算 符	说　明	用 法 举 例	等 价 形 式
=	最基本的赋值运算	x = y	x = y
+=	加赋值	x += y	x = x + y
-=	减赋值	x -= y	x = x - y
*=	乘赋值	x *= y	x = x * y
/=	除赋值	x /= y	x = x / y
%=	取余数赋值	x %= y	x = x % y
**=	幂赋值	x **= y	x = x ** y
//-	取整数赋值	x //= y	x = x // y
&=	按位与赋值	x &= y	x = x & y
|=	按位或赋值	x |= y	x = x | y
^=	按位异或赋值	x ^= y	x = x ^ y
<<=	左移赋值	x <<= y	x = x << y，这里的 y 指的是左移的位数
>>=	右移赋值	x >>= y	x = x >> y，这里的 y 指的是右移的位数

扩展后的赋值运算符将使赋值表达式的书写更加优雅和方便。当然这种赋值运算符只能针对已经存在的变量赋值，因为赋值过程中需要变量本身参与运算，如果变量没有提前定义，它的值就是未知的，将无法参与运算。

【例 1-26】 扩展后的赋值运算。

```
num1 = 93
num2 = 0.3
num1 -= 30   #等价于 num1=num1-30
```

```
num2 *= num1 - 60 #等价于 num2=num2*( num1 - 60 )
print("num1=%d" % num1)
print("num2=%.2f" % num2)
```

运行结果：

```
>>>
num1=63
num2=0.90
```

1.5.3 位运算符

1-10 位运算符

位运算按照数据在内存中的二进制位（bit）进行操作，它一般用于算法设计、驱动、图像处理、单片机等底层开发。位运算符只能用来操作整数类型，它按照整数在内存中的二进制形式进行计算。Python 支持的位运算符如表 1-8 所示。

表 1-8 位运算符及功能说明

位运算符	说明	使用形式	举例
&	按位与	a & b	4 & 5
|	按位或	a | b	4 | 5
^	按位异或	a ^ b	4 ^ 5
~	按位取反	~a	~4
<<	按位左移	a << b	4 << 2，表示整数 4 按位左移 2 位
>>	按位右移	a >> b	4 >> 2，表示整数 4 按位右移 2 位

位运算指令使用“0”“1”两个布尔操作数（bool）对位状态进行逻辑操作，逻辑操作的结果送入存储器 Y 中。表 1-9～表 1-12 为对应的逻辑“与”“或”“异或”和“取反”运算。

表 1-9 逻辑“与”运算

A	B	Y
0	0	0
0	1	0
1	0	0
1	1	1

表 1-10 逻辑“或”运算

A	B	Y
0	0	0
0	1	1
1	0	1
1	1	1

表 1-11 逻辑“异或”运算

A	B	Y
0	0	0
0	1	1
1	0	1
1	1	0

表 1-12 逻辑“取反”运算

A	Y
0	1
1	0

左移运算符“<<”用来把操作数的各个二进制位全部左移若干位，高位丢弃，低位补 0。例如，9<<3 可以转换为如下的运算：

```
<< 0000 0000 -- 0000 0000 -- 0000 0000 -- 0000 1001   （9 在内存中的存储）
------------------------------------------------------------------------
   0000 0000 -- 0000 0000 -- 0000 0000 -- 0100 1000   （72 在内存中的存储）
```

右移运算符“>>”用来把操作数的各个二进制位全部右移若干位，低位丢弃，高位补 0 或 1。如果数据的最高位是 0，那么就补 0；如果最高位是 1，那么就补 1。

例如，9>>3 可以转换为如下的运算：

```
>> 0000 0000 -- 0000 0000 -- 0000 0000 -- 0000 1001   （9 在内存中的存储）
------------------------------------------------------------------------
   0000 0000 -- 0000 0000 -- 0000 0000 -- 0000 0001   （1 在内存中的存储）
```

【例 1-27】 位运算。

```
#按位与
print("%X" % (7&4) )
print("%X" % (-7&4) )
#按位或
print("%X" % (7|4) )
print("%X" % (-7|4) )
#按位异或
print("%X" % (7^4) )
print("%X" % (-7^4) )
#左移
print("%X" % (7<<3) )
print("%X" % ((-7)<<3) )
#右移
print("%X" % (7>>3) )
print("%X" % ((-7)>>3) )
```

运行结果：

```
>>>
4
0
7
-3
3
-3
38
-38
0
-1
```

例中出现的-7，其 8 位二进制补码的写法是“各位取反，再加一”，即 11111001。

1.5.4 比较运算符（关系运算符）

比较运算符，也称关系运算符，用于对常量、变量或表达式的结果进行比较。如果这种比较是成立的，则返回 True（真），反之则返回 False（假）。True 和 False 都是 bool 类型，它们专门用来表示一件事情的真假，或者一个表达式是否成立。表 1-13 所示是比较运算符及功能说明。

表 1-13 比较运算符及功能说明

比较运算符	说　明
>	大于，如果>前面的值大于后面的值，则返回 True，否则返回 False
<	小于，如果<前面的值小于后面的值，则返回 True，否则返回 False
==	等于，如果==两边的值相等，则返回 True，否则返回 False
>=	大于或等于（等价于数学中的≥），如果>=前面的值大于或等于后面的值，则返回 True，否则返回 False
<=	小于或等于（等价于数学中的≤），如果<=前面的值小于或等于后面的值，则返回 True，否则返回 False
!=	不等于（等价于数学中的 ≠），如果!=两边的值不相等，则返回 True，否则返回 False
is	判断两个变量所引用的对象是否相同，如果相同则返回 True，否则返回 False
is not	判断两个变量所引用的对象是否不相同，如果不相同则返回 True，否则返回 False

【例 1-28】 比较运算。

```
print("4.5 是否小于 4.4999：", 4.5 < 4.4999)
print("0.5 是否等于 1/2：", 0.5 == 1/2)
print("字符串是否相等：", 'aaa'== 'aaa')
```

运行结果：

```
>>>
4.5 是否小于 4.4999:   False
0.5 是否等于 1/2:   True
字符串是否相等:   True
```

1.5.5 逻辑运算符

跟位运算类似，逻辑运算也有与、或、非，具体如表 1-14 所示。

表 1-14 逻辑运算符及功能说明

逻辑运算符	含　义	基 本 格 式	说　明
and	逻辑与运算，等价于数学中的“与”	a and b	当 a 和 b 两个表达式都为真时，a and b 的结果才为真，否则为假
or	逻辑或运算，等价于数学中的“或”	a or b	当 a 和 b 两个表达式都为假时，a or b 的结果才是假，否则为真
not	逻辑非运算，等价于数学中的“非”	not a	如果 a 为真，那么 not a 的结果为假；如果 a 为假，那么 not a 的结果为真。相当于对 a 取反

【例 1-29】 逻辑运算。

```
score1 = int(input("请输入语文成绩："))
```

```
score2 = int(input("请输入数学成绩："))
if score1>=60 and score2>=60 :
    print("恭喜，你符合考试报名条件！")
else:
    print("抱歉，你不符合考试报名条件！")
```

运行结果：

```
>>>
请输入语文成绩：67↙
请输入数学成绩：76↙
恭喜，你符合考试报名条件！
```

1.5.6　三目运算符

使用 if else 实现三目运算（条件运算）的格式如下：

```
exp1 if condition else exp2
```

其中，condition 是判断条件，exp1 和 exp2 是两个表达式。如果 condition 成立（结果为真），就执行 exp1，并把 exp1 的结果作为整个表达式的结果；如果 condition 不成立（结果为假），就执行 exp2，并把 exp2 的结果作为整个表达式的结果。

语句 max = a if a>b else b 的含义是：

如果 a>b 成立，就把 a 作为整个表达式的值，并赋给变量 max；

如果 a> b 不成立，就把 b 作为整个表达式的值，并赋给变量 max。

三目运算符支持嵌套，从而可以构成更加复杂的表达式。在嵌套时需要注意 if 和 else 的配对，例如：

```
a if a>b else c if c>d else d
```

应该理解为：

```
a if a>b else ( c if c>d else d )
```

【例 1-30】 三目运算。

```
num1 = float( input("输入 num1: ") )
num2 = float( input("输入 num2: ") )
print("num1 大于 num2") if num1>num2 else ( print("num1 小于 num2") if num1<num2 else print("num1 等于 num2") )
```

运行结果：

```
>>>
输入 num1: 56↙
输入 num2: 44.9↙
num1 大于 num2
```

1.5.7　运算符优先级

运算符优先级决定了当多个运算符同时出现在一个表达式中时哪个运算符操作优先执行。

例如，对于表达式“d = a + b * c”，Python 会先计算乘法再计算加法。假设 a=16，b=2，c=4，b * c 的结果为 8，a + 8 的结果为 24，所以 d 最终的值也是 24。先计算 * 再计算 +，说明 * 的优先级高于 +。

Python 将支持的几十种运算符划分成 19 个优先级，有的运算符优先级不同，有的运算符优先级相同，具体如表 1-15 所示。

表 1-15　运算符优先级和结合性一览表

运算符说明	运算符	优先级	结合性	优先级顺序
小括号	( )	19	无	高
索引运算符	x[i] 或 x[i1: i2 [:i3]]	18	左	↑
属性访问	x.attribute	17	左	
乘方	**	16	左	
按位取反	~	15	右	
符号运算符	+（正号）、-（负号）	14	右	
乘除	*、/、//、%	13	左	
加减	+、-	12	左	
位移	>>、<<	11	左	
按位与	&	10	右	
按位异或	^	9	左	
按位或	|	8	左	
比较运算符	==、!=、>、>=、<、<=	7	左	
is 运算符	is、is not	6	左	
in 运算符	in、not in	5	左	
逻辑非	not	4	右	
逻辑与	and	3	左	
逻辑或	or	2	左	
逗号运算符	exp1, exp2	1	左	低

拓展阅读：潜力巨大的超级计算机

超级计算，是指利用高性能计算机上的强大计算能力，解决科学与工程领域复杂计算问题的方法和过程。2010 年，我国的天河一号超级计算机首次登上世界超级计算机排行榜第一名。此外，天河二号、“神威 · 太湖之光”等国产超级计算机也曾拿下多个世界第一。其中，利用“神威 · 太湖之光”超级计算机每秒 10 亿亿次的超强计算力，研发出的有关气候模拟、地震模拟、工业仿真、生物医药等领域的一系列国产应用软件，助力我国基础研究和工程创新，展示了国产超级计算机硬件与软件相结合的巨大潜力。

思考与练习

1.1 选择题

1. 以下选项中不符合 Python 语言变量命名规则的是（ ）。

A. I　　B. 3_1　　C. _AI　　D. TempStr

2. 关于 Python 语言的注释，以下选项中描述错误的是（ ）。

A. Python 语言的单行注释以#开头

B. Python 语言的单行注释以单引号 ' 开头

C. Python 语言的多行注释以 '''（三个单引号）开头和结尾

D. Python 语言有两种注释方式：单行注释和多行注释

3. 下面代码的输出结果是（ ）。

```
x = 12.78
print(type(x))
```

A. <class 'int'>　　B. <class 'complex'>

C. <class 'bool'>　　D. <class 'float'>

4. 关于 Python 的复数类型，以下选项中描述错误的是（ ）。

A. 复数的虚数部分通过后缀“J”或者“j”来表示

B. 对于复数 z，可以用 z.real 获得它的实数部分

C. 对于复数 z，可以用 z.imag 获得它的实数部分

D. 复数类型表示数学中的复数

5. 以下选项中不是 Python 语言保留字的是（ ）。

A. except　　B. do　　C. pass　　D. while

6. 下面代码的输出结果是（ ）。

```
x = 0o1010
print(x)
```

A. 520　　B. 1024　　C. 32768　　D. 10

1.2 变量 a 为 10，变量 b 为 20，请用 Python 编程输出 a 和 b 之间的任意 8 种运行结果。

1.3 请键盘输入 a、b、c 三个数字，在 a、b、c 之间进行任意 5 种位逻辑运算，并输出结果。

1.4 请键盘输入整数，赋值到变量 int1，对该变量进行任意 3 种变量操作，并输出结果。

第 2 章　Python 序列操作

导读

序列是指各个元素有序排列，并且可以通过下标偏移量访问其中一个或几个元素的类型统称。序列是 Python 语言中一类非常有用的数据类型，它可以简单地看成是其他语言中数组、结构体、字符串等类型构建出的复合类型。为此，使用序列类型数据会非常便捷与实用。Python 序列可以包含大量复合数据类型，用于构成其他数据结构。

2.1　序列及通用操作

2.1.1　序列概述

序列（sequence）是 Python 中的重要数据结构，是通过某种方式组织在一起的数据元素的集合，例如对元素进行编号，这些数据元素可以是数字或者字符，也可以是其他数据结构。

本章所介绍的序列主要包括列表（list）、元组（tuple）、字符串（string）、字典（dict）和集合（set）五种，至于其他书籍中也包括的一种序列——范围（range）则在第 3 章中进行介绍。

2.1.2　序列的通用操作

2-1　序列的通用操作

1. 序列索引

序列中的每个元素会被分配一个序号：即元素的位置，也称为索引。第一个索引是 0，第二个则是 1，以此类推，如图 2-1 所示。

元素1	元素2	元素3	元素4	元素 ……	元素n	
0	1	2	3	……	n−1	← 索引（下标）

图 2-1　序列索引值示意

索引值可以是负数，此类索引是从右向左计数，换句话说，从最后一个元素开始计数，从索引值 −1 开始，如图 2-2 所示。需要注意的是，负值索引（下标）不是从 0 开始。

元素1	元素2	元素3	元素 ……	元素n−1	元素n	
−n	−(n−1)	−(n−2)	……	−2	−1	← 索引（下标）

图 2-2　负值索引值示意

【例 2-1】 字符串的正负索引实例。

```
str="Python 中文学习"
```

```
print(str[0],"==",str[-10])
print(str[6],"==",str[-4])
```

运行结果：

```
>>>
P == P
中 == 中
```

本例中，中文字符跟英文字符一样，都是占据 1 个索引。

2．序列切片

切片操作是访问序列中元素的另一种方法，它可以访问一定范围内的元素，通过切片操作，可以生成一个新的序列。

序列实现切片操作的语法格式如下：

```
sname[start : end : step]
```

其中，各个参数的含义如下。

1）sname：表示序列的名称。

2）start：表示切片的开始索引位置（包括该位置），此参数也可以不指定，会默认为 0，也就是从序列的开头进行切片。

3）end：表示切片的结束索引位置（不包括该位置），如果不指定，则默认为序列的长度。

4）step：表示在切片过程中，隔几个存储位置（包含当前位置）取一次元素，也就是说，如果 step 的值大于 1，则在进行切片取序列元素时，会"跳跃式"地取元素。如果省略设置 step 的值，则最后一个冒号就可以省略。

【例 2-2】 字符串的序列切片及显示。

```
str="Python 基础入门"
#取索引区间为[0,2]之间（不包括索引 2 处的字符）的字符串
print(str[:2])
#隔 1 个字符取一个字符，区间是整个字符串
print(str[::2])
#取整个字符串，此时 [] 中只需一个冒号即可
print(str[:])
```

运行结果：

```
>>>
Py
Pto 基入
Python 基础入门
```

3．序列"相加"

在 Python 中，支持两种类型相同的序列使用"+"运算符做"相加"操作，它会将两个序列进行连接，但不会去除重复的元素。这里所说的"类型相同"，指的是"+"运算符的两侧序列要么都是序列类型，要么都是元组类型，要么都是字符串。

【例 2-3】 字符串的序列“相加”。

```
str="http://www.xinhuanet.com/"
print("新华网"+"网址是:"+str)
```

运行结果：

```
>>>
新华网网址是:http://www.xinhuanet.com/
```

4. 序列“相乘”

在 Python 中，使用数字 n 乘以一个序列会生成新的序列，其内容为原来序列重复 n 次的结果。

【例 2-4】 字符串的序列“相乘”。

```
str="Python 序列"
print(str*3)
```

运行结果：

```
>>>
Python 序列 Python 序列 Python 序列
```

5. 序列成员检测

在 Python 中，可以使用 in 关键字检查某元素是否为序列的成员，其语法格式为：

```
value in sequence
```

其中，value 表示要检查的元素，sequence 表示指定的序列。

和 in 关键字用法相同，但功能恰好相反的是 not in 关键字，用于检查某个元素是否不包含在指定的序列中。

【例 2-5】 检查元素是否包含在序列中。

```
str="新华网网址是:http://www.xinhuanet.com/"
print('x'in str)
print('www'in str)
print('新' not in str)
```

运行结果：

```
>>>
True
True
False
```

2.1.3 和序列相关的内置函数

Python 提供了几个内置函数可用于实现与序列相关的一些常用操作，如表 2-1 所示。

表 2-1　序列相关的内置函数

函　数	功　能
len()	计算序列的长度，即返回序列中包含多少个元素
max()	找出序列中的最大元素
min()	找出序列中的最小元素
list()	将序列转换为列表
str()	将序列转换为字符串
sum()	计算元素和。注意，对序列使用 sum()函数时，做加法操作的必须都是数字，不能是字符或字符串，否则该函数将报异常，因为解释器无法判定是要做连接操作（+ 运算符可以连接两个序列），还是做加法操作
sorted()	对元素进行排序
reversed()	反向序列中的元素
enumerate()	将序列组合为一个索引序列，多用在 for 循环中

【例 2-6】 综合应用多个函数的序列运算。

```
str="PythonProgramming"
#字符数量
print(len(str))
#找出最小的字符
print(min(str))
#找出最大的字符
print(max(str))
#对字符串中的元素进行排序
print(sorted(str))
```

运行结果：

```
>>>
17
P
y
['P', 'P', 'a', 'g', 'g', 'h', 'i', 'm', 'm', 'n', 'n', 'o', 'o', 'r', 'r', 't', 'y']
```

2.2　列表及操作

2.2.1　列表及其创建

在实际开发中，经常需要将一组（不止一个）数据存储起来，以便后边的代码使用。很多高级语言都有数组（array），可以把多个数据连续存储到一起，通过数组下标可以访问数组中的每个元素。需要明确的是，Python 中没有数组，但是加入了更加强大的列表。如果把数组看作是一个集装箱，那么 Python 的列表就是一个工厂的仓库。

从形式上看，列表会将所有的元素都放在一对中括号“[ ]”里面，相邻元素之间用逗号“,”分隔，如下所示：

```
[element1, element2, element3, …, elementn]
```

其中，element1～elementn 表示列表中的元素，个数没有限制，只要是 Python 支持的数据类型就可以。

从内容上看，列表可以存储整数、小数、字符串、列表、元组等任何类型的数据，并且同一个列表中元素的类型也可以不同，例如：

```
["Python 中文编程", 1, [2,3,4] , 3.0]
```

可以看到，列表中同时包含字符串、整数、列表、浮点数这些数据类型。在使用列表时，虽然可以将不同类型的数据放到同一个列表中，但通常情况下同一列表中只放入同一类型的数据，这样可以提高程序的可读性。

在 Python 中，创建列表的方法可分为以下两种。

（1）使用“[ ]”直接创建列表

使用“[ ]”创建列表后，一般使用“=”将它赋值给某个变量，具体格式如下：

```
listname = [element1 , element2 , element3 , … , elementn]
```

其中，listname 表示变量名，element1～elementn 表示列表元素。

【例 2-7】 定义合法的列表。

```
num = [1, 2, 3, 4, 5, 6, 7]
name = ["Python 网址", "https://www.python.org/downloads/windows/"]
program = ["Python 语言", "Python"]
emptylist = [ ]
```

例中，emptylist 是一个空列表。

（2）使用 list() 函数创建列表

除了使用“[ ]”创建列表外，Python 还提供了一个内置的函数 list()，使用它可以将其他数据类型转换为列表类型。

【例 2-8】 使用 list() 函数创建多个列表。

```
#将字符串转换成列表
list1 = list("Python 中文")
print(list1)
#将元组转换成列表
tuple1 = ('Python', 'VB', 'JavaScript')
list2 = list(tuple1)
print(list2)
#将字典转换成列表
dict1 = {'a':90, 'b':32, 'c':67}
list3 = list(dict1)
print(list3)
#将区间转换成列表
range1 = range(2, 9)
list4 = list(range1)
print(list4)
```

```
#创建空列表
print(list())
```

运行结果：

```
>>>
['P', 'y', 't', 'h', 'o', 'n', '中', '文']
['Python', 'VB', 'JavaScript']
['a', 'b', 'c']
[2, 3, 4, 5, 6, 7, 8]
[]
```

2.2.2　列表的基本操作与方法

2-2　列表的基本操作与方法

1．通用操作

作为序列的一员，列表可使用“+”和“*”操作符，前者用于组合列表，后者用于重复列表。

与列表相关的函数有：①len() 返回列表元素个数；②max() 返回列表元素最大值；③min() 返回列表元素最小值。

【例 2-9】 列表操作符、函数在表达式或语句中的使用。

```
#+操作，列表组合作用
list1=[11, 12,13]+[14,15,16,17]
print(list1)
#*操作，列表重复作用
list2=['Python']* 2
print(list2)
# 取元素个数
print(len(['Python', '2', '中文']))
#判断元素是否存在于列表中
print('w' in['ww','w','www'])
```

运行结果：

```
>>>
[11, 12, 13, 14, 15, 16, 17]
['Python', 'Python']
3
True
```

2．删除列表

对于已经创建的列表，如果不再使用，可以使用 del 关键字将其删除。

del 关键字的语法格式为：

```
del listname
```

其中，listname 表示要删除列表的名称。

【例 2-10】 删除列表。

```
intlist = [201, 3, 12, 22]
print(intlist)
del intlist
print(intlist)
```

运行结果：

```
>>>
[201, 3, 12, 22]
Traceback (most recent call last):
  File "D:/Python/ch3/list4.py", line 4, in <module>
    print(intlist)
NameError: name 'intlist' is not defined
```

在实际开发中并不经常使用 del 来删除列表，因为 Python 自带的垃圾回收机制会自动销毁无用的列表，即使开发者不手动删除，Python 也会自动将其回收。

3. append() 方法添加元素

append() 方法用于在列表的末尾追加元素，该方法的语法格式如下：

```
listname.append(obj)
```

其中，listname 表示要添加元素的列表；obj 表示要添加到列表末尾的数据，它可以是单个元素，也可以是列表、元组等。

【例 2-11】 用 append() 方法添加元素。

```
a1= ['上海', '是', '中国金融中心']
#追加元素
a1.append('！')
print(a1)
#追加元组，整个元组被当成一个元素
t = ('深圳', '是', '中国创新中心！')
a1.append(t)
print(a1)
#追加列表，整个列表也被当成一个元素
a1.append(['北京', '是', '中国政治中心！'])
print(a1)
```

运行结果：

```
>>>
['上海', '是', '中国金融中心', '！']
['上海', '是', '中国金融中心', '！', ('深圳', '是', '中国创新中心！')]
['上海', '是', '中国金融中心', '！', ('深圳', '是', '中国创新中心！'), ['北京', '是', '中国政治中心！']]
```

从本例可以看出，当给 append() 方法传递列表或者元组时，此方法会将它们作为一个元素添加到列表中，从而形成包含列表和元组的新列表。

4．extend() 方法添加元素

extend() 和 append() 的不同之处在于：extend() 不会把列表或者元组视为一个整体，而是把它们包含的元素逐个添加到列表中。

extend() 方法的语法格式如下：

```
listname.extend(obj)
```

其中，listname 指的是要添加元素的列表；obj 表示要添加到列表末尾的数据，它可以是单个元素，也可以是列表、元组等。

【例 2-12】 用 extend() 方法添加元素。

```
a1= ['大城市', '中等城市', '小城市']
#追加元素
a1.extend('乡村')
print(a1)
#追加元组，元组被拆分成多个元素
tt = ('新农村', '新市场', '新城镇')
a1.extend(tt)
print(a1)
#追加列表，列表也被拆分成多个元素
a1.extend(['现代农业', '乡村旅游'])
print(a1)
```

运行结果：

```
>>>
['大城市', '中等城市', '小城市', '乡', '村']
['大城市', '中等城市', '小城市', '乡', '村', '新农村', '新市场', '新城镇']
['大城市', '中等城市', '小城市', '乡', '村', '新农村', '新市场', '新城镇', '现代农业', '乡村旅游']
```

5．insert() 方法插入元素

append() 和 extend() 方法只能在列表末尾插入元素，如果希望在列表中间某个位置插入元素，那么可以使用 insert() 方法。

insert() 的语法格式如下：

```
listname.insert(index , obj)
```

其中，index 表示指定位置的索引值。insert() 会将 obj 插入到 listname 列表第 index 个元素的位置。

当插入元素为列表或者元组时，insert() 也会将它们视为一个整体，作为一个元素插入到列表中，这一点和 append() 是一样的。

【例 2-13】 用 insert() 方法插入元素。

```
a1 = ['北京', '广州', '深圳']
#插入元素
a1.insert(1, '上海')
print(a1)
```

```
#插入元组，整个元组被当成一个元素
t = ('浙江', '杭州')
a1.insert(2, t)
print(a1)
#插入列表，整个列表被当成一个元素
a1.insert(3, ['山东', '青岛'])
print(a1)
#插入字符串，整个字符串被当成一个元素
a1.insert(0, "中国经济发达地区")
print(a1)
```

运行结果：

```
>>>
['北京', '上海', '广州', '深圳']
['北京', '上海', ('浙江', '杭州'), '广州', '深圳']
['北京', '上海', ('浙江', '杭州'), ['山东', '青岛'], '广州', '深圳']
['中国经济发达地区', '北京', '上海', ('浙江', '杭州'), ['山东', '青岛'], '广州', '深圳']
```

6. del 删除元素

del 是 Python 中的关键字，专门用来执行删除操作，它不仅可以删除整个列表，还可以删除列表中的某些元素。

del 可以删除列表中的单个元素，格式为：

```
del listname[index]
```

其中，listname 表示列表名称，index 表示元素的索引值。

del 也可以删除中间一段连续的元素，格式为：

```
del listname[start : end]
```

其中，start 表示起始索引，end 表示结束索引。del 会删除从索引 start 到 end 之间的元素，不包括 end 位置的元素。

【例 2-14】 使用 del 删除列表中的单个元素。

```
city = ["伦敦", "纽约", "巴黎", "东京", "北京", "胡志明市"]
#使用正数索引
del city[5]
print(city)
#使用负数索引
del city[-4]
print(city)
```

运行结果：

```
>>>
['伦敦', '纽约', '巴黎', '东京', '北京']
['伦敦', '巴黎', '东京', '北京']
```

【例 2-15】 使用 del 删除一段连续的元素。

```
city = ["伦敦", "纽约", "巴黎", "东京", "北京", "胡志明市"]
del city[1:3]
print(city)
city.extend(["曼谷", "新德里", "莫斯科"])
del city[-5:-2]
print(city)
```

运行结果：

```
>>>
['伦敦', '东京', '北京', '胡志明市']
['伦敦', '东京', '新德里', '莫斯科']
```

7. pop() 删除元素

用 pop() 方法删除列表中指定索引处的元素，具体格式如下：

```
listname.pop(index)
```

其中，listname 表示列表名称，index 表示索引值。如果不写 index 参数，默认会删除列表中的最后一个元素，类似于数据结构中的“出栈”操作。

至于数据结构中的“入栈”操作，Python 并没有提供相应的 push() 方法，这时可以使用 append() 来代替。

【例 2-16】 根据索引值删除元素。

```
num1 = [21, 16, 9, 12, 63, 60, 77]
num1.pop(3)
print(num1)
num1.pop()
print(num1)
```

运行结果：

```
>>>
[21, 16, 9, 63, 60, 77]
[21, 16, 9, 63, 60]
```

8. remove() 删除

除了 del 关键字，Python 列表还提供了 remove() 方法，该方法会根据元素本身的值来进行删除操作。需要注意的是，remove() 方法只会删除第一个和指定值相同的元素，而且必须保证该元素是存在的，否则会引发 ValueError 错误。

【例 2-17】 remove() 的使用。

```
num1= [12,23,89,23,44,10,777]
#第一次删除 23
num1.remove(23)
print(num1)
#第二次删除 23
```

```
num1.remove(23)
print(num1)
#删除 777
num1.remove(777)
print(num1)
```

运行结果：

```
>>>
[12, 89, 23, 44, 10, 777]
[12, 89, 44, 10, 777]
[12, 89, 44, 10]
```

9. clear() 删除列表所有元素

clear() 用来删除列表的所有元素，即清空列表。

【例 2-18】 清空列表。

```
city = list("上海中心城市")
city.clear()
print(city)
```

运行结果：

```
>>>
[]
```

10. 修改列表元素

有两种修改列表元素的方法，可以每次修改单个元素，也可以每次修改一组元素（多个）。

（1）修改单个元素

修改单个元素非常简单，直接对元素赋值即可。

【例 2-19】 修改列表的单个元素。

```
num1 = [12, 31, 22, 136, 70, 7]
#使用正数索引
num1[2] = -26
#使用负数索引
num1[-3] = -6.9
print(num1)
```

运行结果：

```
>>>
[12, 31, -26, -6.9, 70, 7]
```

使用索引得到列表元素后，通过“=”赋值就改变了元素的值。

（2）修改一组元素

Python 支持通过切片语法给一组元素赋值。在进行这种操作时，如果不指定步长（step 参数），Python 就不会要求新赋值的元素个数与原来的元素个数相同；这意味着该操作既可以为列表添加元素，也可以为列表删除元素。

【例 2-20】 修改列表的一组元素。

```
num1 = [22, 31, 14, 12, 46, 0, 2]
#修改第 1~4 个元素的值（不包括第 4 个元素）
num1[1: 4] = [4.7, -22, -3]
print(num1)
```

运行结果：

```
>>>
[22, 4.7, -22, -3, 46, 0, 2]
```

【例 2-21】 使用字符串赋值时自动把字符串转换成每个字符都是一个元素的序列。

```
s1 = list("上海是个大都市")
s1[2:4] = "XYZ"
print(s1)
```

运行结果：

```
>>>
['上', '海', 'X', 'Y', 'Z', '大', '都', '市']
```

【例 2-22】 使用切片语法并指定步长（step 参数）。

```
num1 = [14, 12, 88, 42, 21, 70, 187]
#步长为 2，为第 1、3、5 个元素赋值
num1[1: 6: 2] = [0.5, -9, 33.3]
print(num1)
```

运行结果：

```
>>>
[14, 0.5, 88, -9, 21, 33.3, 187]
```

本例中，使用切片语法指定步长时，要求所赋值的新元素个数与原有元素的个数相同。

11. count() 方法

count() 方法用来统计某个元素在列表中出现的次数，基本语法格式为：

```
listname.count(obj)
```

其中，listname 代表列表名，obj 表示要统计的元素。

如果 count() 返回 0，表示列表中不存在该元素，所以 count() 也可以用来判断列表中的某个元素是否存在。

【例 2-23】 count() 方法用于判断元素存在与否和统计元素个数。

```
Chars = ['A', 'B', 'T', 'A', 'R', 'M', 'A', 'F', 'X']
#统计元素出现的次数
print("A 出现了%d 次" % Chars.count('A'))
```

```
#判断一个元素是否存在
if Chars.count('D'):
    print("列表中存在 D 这个元素")
else:
    print("列表中不存在 D 这个元素")
```

运行结果：

```
>>>
A 出现了 3 次
列表中不存在 D 这个元素
```

12. index() 方法

index() 方法用来查找某个元素在列表中出现的位置（也就是索引），如果该元素不存在，则会导致 ValueError 错误，所以在查找之前最好使用 count() 方法判断一下。

index() 的语法格式为：

```
listname.index(obj, start, end)
```

其中，listname 表示列表名称，obj 表示要查找的元素，start 表示查找的起始位置，end 表示查找的结束位置。

start 和 end 参数用来指定检索范围：

1）start 和 end 可以都不写，此时会检索整个列表。

2）如果只写 start 不写 end，那么表示检索从 start 到末尾的元素。

3）如果 start 和 end 都写，那么表示检索 start 和 end 之间的元素。

index() 方法会返回列表中元素的索引值。

【例 2-24】 返回列表中元素的索引值。

```
num1 = [12, 23, 78, 32, 6, 50, 88, -2.4, -3]
#检索列表中的所有元素
print( num1.index(23) )
#检索 2~6 之间的元素
print( num1.index(32, 2, 6) )
#检索 5 之后的元素
print( num1.index(88, 5) )
#检索一个不存在的元素
print( num1.index(45) )
```

运行结果：

```
>>>
1
3
6
Traceback (most recent call last):
  File "D:\Python\ch3\list20.py", line 9, in <module>
    print( num1.index(45) )
ValueError: 45 is not in list
```

2.3　元组及操作

2-3　元组及其创建

2.3.1　元组及其创建

元组（tuple）与列表一样，也是一种序列，唯一的不同就是元组不能修改（包括修改元素值、删除和插入元素），而列表的元素是可以更改的列表，是可变序列。元组也可以看作是不可变的列表，在通常情况下，元组用于保存无须修改的内容。

从形式上看，元组的所有元素都放在一对小括号“()”中，相邻元素之间用逗号“，”分隔，如下所示：

```
(element1, element2, … , elementn)
```

其中 element1～elementn 表示元组中的各个元素，这些元素个数没有限制，且每个元素可以是 Python 支持的任何数据类型。

从存储内容上看，元组可以存储实数、字符串、列表、元组等任何类型的数据，并且在同一个元组中，元素的类型可以不同。

Python 提供了两种创建元组的方法。

（1）使用“( )”直接创建

通过“( )”创建元组后，一般使用“=”将它赋值给某个变量，具体格式为：

```
tuplename = (element1, element2, …, elementn)
```

其中，tuplename 表示变量名，element1～elementn 表示元组的元素。

在 Python 中，元组通常都是使用一对小括号将所有元素包围起来的，但小括号不是必需的，只要将各元素用逗号隔开，Python 就会将其视为元组。在显示只有 1 个元素的元组时，需要加一个逗号，如 t = (1,)，以免误解成数学计算中的括号。

【例 2-25】 使用“()”创建多个元组。

```
num = (6, 20, 28, 48, 95)
abc = ( "Python", 11, [1,2], ('c',2.0) )
course = ("Python 编程", "https://www.python.org")
```

需要注意的是，当创建的元组中只有一个字符串类型的元素时，该元素后面必须加一个逗号，否则 Python 解释器会将它视为字符串。

【例 2-26】 仅包含一个字符串类型元素的元组。

```
#字符串类型元素最后加上逗号
a =("https://www.python.org",)
print(type(a))
print(a)
#字符串类型元素最后不加逗号
b = ("https://www.python.org")
print(type(b))
print(b)
```

运行结果：

```
>>>
<class 'tuple'>
('https://www.python.org',)
<class 'str'>
https://www.python.org
```

本例中可以看出，只有变量 a 才是元组，后面的变量 b 是一个字符串。

（2）使用 tuple() 函数创建元组

除了使用“( )”创建元组外，Python 还提供了一个内置的函数 tuple()，用来将其他数据类型转换为元组类型。

tuple() 的语法格式如下：

```
tuple(data)
```

其中，data 表示可以转化为元组的数据，包括字符串、列表、字典及 range 对象等。

【例 2-27】 使用 tuple() 函数创建多个元组。

```
#将字符串转换成元组
tup1 = tuple("Python")
print(tup1)
#将列表转换成元组
list1 = ['Python', 'VB', 'JavaScript']
tup2 = tuple(list1)
print(tup2)
#将字典转换成元组
dict1 = {'a':45, 'b':177, 'c':0}
tup3 = tuple(dict1)
print(tup3)
#将 range 对象转换成元组
range1 = range(1, 4)
tup4 = tuple(range1)
print(tup4)
#创建空元组
print(tuple())
```

运行结果：

```
>>>
('P', 'y', 't', 'h', 'o', 'n')
('Python', 'VB', 'JavaScript')
('a', 'b', 'c')
(1, 2, 3)
()
```

2.3.2　元组的基本操作与方法

1. 通用操作

作为序列的一员，元组可使用“+”和“*”等操作符，其中“+”用于组合元组，“*”用于重复元组。对元组操作的函数基本是可以参照表 2-1 所示的函数。

【例 2-28】 元组操作符、函数在表达式或语句中的使用。

```
#+操作，元组连接形成新元组
tup1=(10,20,30)+ ("四十","五十","六十")
print(tup1)
#*操作，元组重复
tup2= ('中国人!') * 4
print(tup2)
#计算元素个数
print(len((10, 20, 30,40)))
#判断元素是否存在于元组中
print("www" in ("www1","www", "ww"))
```

运行结果：

```
>>>
(10, 20, 30, '四十', '五十', '六十')
中国人!中国人!中国人!中国人!
4
True
```

2. 访问元组元素

和列表一样，可以使用索引（index）访问元组中的某个元素（得到的是一个元素的值），也可以使用切片访问元组中的一组元素（得到的是一个新的子元组）。

使用索引访问元组元素的格式为：

```
tuplename[i]
```

其中，tuplename 表示元组名字，i 表示索引值。元组的索引可以是正数，也可以是负数。

使用切片访问元组元素的格式为：

```
tuplename[start : end : step]
```

其中，start 表示起始索引，end 表示结束索引，step 表示步长。

【例 2-29】 访问元组中的某个元素或某组元素。

```
url = tuple("https://www.python.org")
#使用索引访问元组中的某个元素
#使用正数索引
print(len(url))
print(url[3])
print(url[21])
#使用负数索引
print(url[-4])
#使用切片访问元组中的一组元素
#使用正数切片
```

```
print(url[9: 21])
#指定步长
print(url[9: 18: 3])
#使用负数切片
print(url[-6: -1])
```

运行结果：

```
>>>
22
p
g
.
('w', 'w', '.', 'p', 'y', 't', 'h', 'o', 'n', '.', 'o', 'r')
('w', 'p', 'h')
('o', 'n', '.', 'o', 'r')
```

3．对元组重新赋值

元组是不可变序列，其中的元素不能修改，如果要修改，只能给元组重新赋值，新元组替代旧的元组。

【例 2-30】 对元组变量进行重新赋值。

```
tup = (4, 6.8, -3.6, 12)
print(tup)
#对元组进行重新赋值
tup = ('Python 官网',"https://www.python.org")
print(tup)
```

运行结果：

```
>>>
(4, 6.8, -3.6, 12)
('Python 官网', 'https://www.python.org')
```

【例 2-31】 连接多个元组（使用“+”）。

```
tup1 = (660, 5.3, -3)
tup2 = (4+16j, -5, 9.3)
print(tup1+tup2)
print(tup1)
print(tup2)
```

运行结果：

```
>>>
(660, 5.3, -3, (4+16j), -5, 9.3)
(660, 5.3, -3)
((4+16j), -5, 9.3)
```

4. 删除元组

当创建的元组不再使用时，可以用 del 关键字将其删除。

【例 2-32】 删除元组。

```
tup = ("Python 官网","https://www.python.org")
print(tup)
del tup
print(tup)
```

运行结果：

```
>>>
('Python 官网', 'https://www.python.org')
Traceback (most recent call last):
  File "D:/Python/ch3/tuple8.py", line 4, in <module>
    print(tup)
NameError: name 'tup' is not defined
```

Python 自带垃圾回收功能，会自动销毁不用的元组，所以一般不需要通过 del 来手动删除。

5. 其他操作与方法

除了以上操作与方法外，Python 元组还包含了以下内置函数。

1）cmp(tuple1, tuple2)：比较两个元组元素。

2）len(tuple)：计算元组元素个数。

3）max(tuple)：返回元组中元素最大值。

4）min(tuple)：返回元组中元素最小值。

5）tuple(seq)：将序列转换为元组。

2-4 “可变的”元组

2.3.3 “可变的”元组

【例 2-33】 元组“可变”实例。

```
t = ('a', 'b', ['A', 'B'])
print("t=",t)
t[2][0] = 'X'
t[2][1] = 'Y'
print("t=",t)
```

运行结果：

```
>>>
t= ('a', 'b', ['A', 'B'])
t= ('a', 'b', ['X', 'Y'])
```

这个元组定义的时候有 3 个元素，分别是'a'、'b'和一个列表，当把列表的元素'A'和'B'修改为'X'和'Y'后，元组就“变化”了，如图 2-3 所示。

表面上看，元组的元素内容确实变了，但其实变的不是元组的元素，而是元组中存储的列表对象的内容。元组一开始指向的列表并没有指向其他对象，所以，元组所谓的“不变”是说，元组的每个元素，指向永远不变。即指向'a'，就不能改成指向'b'，指向一个列表，就不能改成指向其他对象，但指向的这个列表本身是可变的。

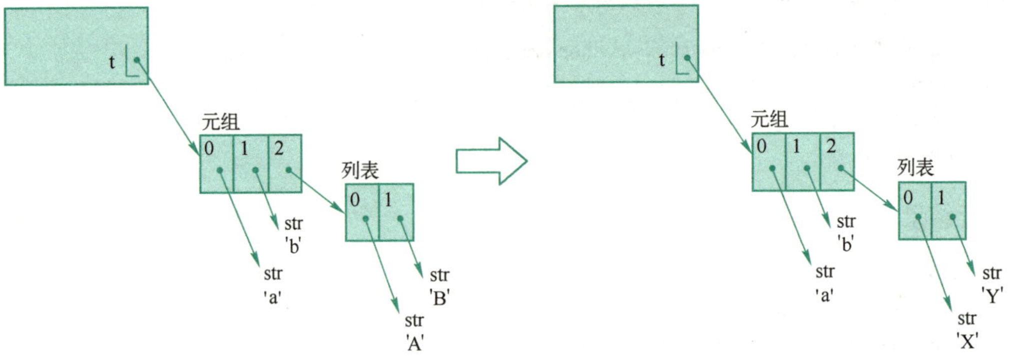

图 2-3 元组“变化”过程

2.4 字符串及操作

2.4.1 字符串概述

字符串可以使用所有通用的序列操作，字符串与元组一样，同样是不可变的序列。创建字符串很简单，只要为变量分配一个值，即使用引号来创建字符串。Python 不支持单字符类型，对于单字符，Python 也是将其作为一个字符串使用。

2.4.2 字符串的基本操作与方法

1. 访问字符串元素

Python 访问子字符串，可以使用方括号来截取字符串。

具体的语法格式为：

```
strname[index]
```

其中，strname 表示字符串名字，index 表示索引值。

Python 允许从字符串的两端使用索引，符合序列的特点。

1）当以字符串的左端（字符串的开头）为起点时，索引是从 0 开始计数的；字符串的第一个字符的索引为 0，第二个字符的索引为 1，第三个字符的索引为 2 ……

2）当以字符串的右端（字符串的末尾）为起点时，索引是从-1 开始计数的；字符串的倒数第一个字符的索引为-1，倒数第二个字符的索引为-2，倒数第三个字符的索引为-3……

【例 2-34】 访问字符串的单个元素。

```
str1 = '你好！ Python!'
str2 = "入门编程"
print("str1[0]: ", str1[0])
print("str2[1:3]: ", str2[1:3])
```

运行结果：

```
>>>
str1[0]:  你
str2[1:3]:  门编
```

从例中可以知道，在方括号[ ]中使用索引即可访问对应的字符。

使用[ ]除了可以获取单个字符外，还可以指定一个范围来获取多个字符，也就是一个子串或者片段，具体格式为：

```
strname[start : end : step]
```

其中，strname 是要截取的字符串；start 表示要截取的第一个字符所在的索引（截取时包含该字符），如果不指定，默认为 0，也就是从字符串的开头截取；end 表示要截取的最后一个字符所在的索引（截取时不包含该字符），如果不指定，默认为字符串的长度；step 指的是从 start 索引处的字符开始，每隔 step 个距离获取一个字符，直至 end 索引处的字符，step 默认值为 1，当省略该值时，最后一个冒号也可以省略。

【例 2-35】 字符串的访问或字符串的切片。

```
str1 = '人工智能 Python 编程基础'
#获取索引从 2 处到 12（不包含 12）的子串
print(str1[2: 12])
#获取索引从 3 处到-3 的子串
print(str1[3: -3])
#从索引 3 开始，每隔 2 个字符取出一个字符，直到索引 13 为止
print(str1[3: 13: 2])
#获取从索引 3 开始，直到末尾的子串
print(str1[3: ])
#获取从索引-12 开始，直到末尾的子串
print(str1[-12: ])
#每隔 2 个字符取出一个字符
print(str1[::2])
```

运行结果：

```
>>>
智能 Python 编程
能 Python 编
能 yhn 程
能 Python 编程基础
智能 Python 编程基础
人智 Pto 编基
```

2. 获取字符串长度或字节数

字符串的长度一般用 len() 函数，其基本语法格式为：

```
len（string）
```

其中，string 用于指定要进行长度统计的字符串。

字符串长度不等于字节数，后者需要使用 encode() 方法对字符串进行编码后再获取它的字节数。

【例 2-36】 统计字符串的长度与字节数。

```
str1='人工智能 Python 编程基础'
print(len(str1))
print(len(str1.encode()))  #获取采用 UTF-8 编码的字符串的长度
print(len(str1.encode('gbk')))  #获取采用 GBK 编码的字符串的长度
```

运行结果：

```
>>>
14
30
22
```

从例中可以看到，1 个汉字，其字符长度就是 1，但中英文字符在编码时所占的字节数不同，导致其占用字节数不同。一个汉字可能占 2～4 个字节，具体占多少个，取决于采用的编码方式。例如，汉字在 GBK/GB2312 编码中占用 2 个字节，而在 UTF-8 编码中一般占用 3 个字节。

2-5　分割字符串

3. 分割字符串

split() 方法可以实现将一个字符串按照指定的分隔符切分成多个子串，这些子串会被保存到列表中（不包含分隔符），并作为方法的返回值反馈回来。该方法的基本语法格式如下：

```
str.split(sep,maxsplit)
```

其中，str 表示要进行分割的字符串；sep 用于指定分隔符，可以包含多个字符，此参数默认为 None，表示所有空字符，包括空格、换行符“\n”、制表符“\t”等；maxsplit 是可选参数，用于指定分割的次数，最后列表中子串的个数最多为 maxsplit+1，如果不指定或者指定为 -1，则表示分割次数没有限制。

在 split() 方法中，如果不指定 sep 参数，那么也不能指定 maxsplit 参数。

【例 2-37】 字符串的分割。

```
str1 = "新华网网址 >>> http://www.xinhuanet.com"
list1 = str1.split() #采用默认分隔符进行分割
list2 = str1.split('>>>') #采用多个字符进行分割
list3 = str1.split('.') #采用 . 号进行分割
list4 = str1.split(' ',4) #采用空格进行分割，并规定最多只能分割成 4 个子串
print(list1)
print(list2)
print(list3)
print(list4)
```

运行结果：

```
>>>
['新华网网址', '>>>', 'http://www.xinhuanet.com']
['新华网网址  ', ' http://www.xinhuanet.com']
['新华网网址  >>> http://www', 'xinhuanet', 'com']
['新华网网址', '>>>', 'http://www.xinhuanet.com']
```

4. 合并字符串

使用 join() 方法合并字符串时，它会将列表（或元组）中多个字符串采用固定的分隔符连接在一起。

join() 方法的语法格式如下：

```
newstr = str.join(iterable)
```

其中，newstr 表示合并后生成的新字符串；str 用于指定合并时的分隔符；iterable 表示做合并操作的源字符串数据，允许以列表、元组等形式提供。

【例 2-38】 字符串的合并。

```
list1 = ['新华网','网址','http://www.xinhuanet.com']
list2=':'.join(list1)
print(type(list1),list1)
print(type(list2),list2)
```

运行结果：

```
>>>
<class 'list'> ['新华网', '网址', 'http://www.xinhuanet.com']
<class 'str'>  新华网:网址:http://www.xinhuanet.com
```

5. 统计字符或字符串出现的次数

count() 方法用于检索指定字符或字符串在另一字符串中出现的次数，如果检索的字符串不存在，则返回 0，否则返回出现的次数。

count() 方法的语法格式如下：

```
str.count(sub[,start[,end]])
```

其中，str 表示原字符串；sub 表示要检索的字符串；start 指定检索的起始位置，也就是从什么位置开始检测，如果不指定，默认从头开始检索；end 指定检索的终止位置，如果不指定，则表示一直检索到结尾。

【例 2-39】 统计字符出现的次数。

```
#统计字符 n 与.的出现次数
str1 = "http://www.xinhuanet.com"
print(str1.count('n'))
print(str1.count('.',2,-3))
```

运行结果：

```
>>>
```

```
2
2
```

6. 检测字符串中是否包含目标字符串

find() 方法用于检索字符串中是否包含目标字符串，如果包含，则返回第一次出现该字符串的索引；反之，则返回-1。

find() 方法的语法格式如下：

```
str.find(sub[,start[,end]])
```

其中，str 表示原字符串；sub 表示要检索的目标字符串；start 表示开始检索的起始位置。如果不指定，则默认从头开始检索；end 表示结束检索的结束位置。如果不指定，则默认一直检索到结尾。

Python 还提供了 rfind() 方法，与 find() 方法最大的不同在于，rfind() 是从字符串右边开始检索。

【例 2-40】 检索字符串中是否包含目标字符串。

```
str1 = "http://www.xinhuanet.com"
print(str1.find('.'))
print(str1.find('.',2,-4))
print(str1.rfind('.'))
```

运行结果：

```
>>>
10
10
20
```

同 find() 方法类似，index() 方法也可以用于检索是否包含指定的字符串，不同之处在于，当指定的字符串不存在时，index() 方法会抛出异常。

index() 方法的语法格式如下：

```
str.index(sub[,start[,end]])
```

其中，str 表示原字符串；sub 表示要检索的子字符串；start 表示检索开始的起始位置，如果不指定，默认从头开始检索；end 表示检索的结束位置，如果不指定，默认一直检索到结尾。

和 index() 方法类似，rindex() 方法的作用是从右边开始检索。

【例 2-41】 用 index() 检索字符串中是否包含目标字符串。

```
str1 = "http://www.xinhuanet.com"
print(str1.index('.'))
print(str1.index('wwww'))
```

运行结果：

```
>>>
10
Traceback (most recent call last):
```

```
    File "D:/Python/ch2/string8.py", line 3, in <module>
      print(str1.index('wwww'))
ValueError: substring not found
```

startswith() 方法用于检索字符串是否以指定字符串开头，如果是，返回 True；反之返回 False。此方法的语法格式如下：

```
str.startswith(sub[,start[,end]])
```

其中，str 表示原字符串；sub 表示要检索的子串；start 表示指定检索开始的起始位置索引，如果不指定，则默认从头开始检索；end 表示指定检索的结束位置索引，如果不指定，则默认一直检索到结束。

endswith() 方法则用于检索字符串是否以指定字符串结尾，如果是则返回 True；反之则返回 False。该方法的语法格式如下：

```
str.endswith(sub[,start[,end]])
```

7. 字符串对齐

2-6 字符串对齐

Python 提供了 3 种可用来进行文本对齐的方法，分别是 ljust()、rjust() 和 center() 方法。

ljust() 方法的功能是向指定字符串的右侧填充指定字符，从而达到左对齐文本的目的，基本格式如下：

```
S.ljust(width[, fillchar])
```

其中，S 表示要进行填充的字符串；width 表示包括 S 本身长度在内，字符串要占的总长度；fillchar 作为可选参数，用来指定填充字符串时所用的字符，默认情况使用空格。

rjust() 和 ljust() 方法类似，唯一的不同在于，rjust() 方法是向字符串的左侧填充指定字符，从而达到右对齐文本的目的，其基本格式如下：

```
S.rjust(width[, fillchar])
```

center() 方法与 ljust() 和 rjust() 的用法类似，它让文本居中，而不是左对齐或右对齐，其基本格式如下：

```
S.center(width[, fillchar])
```

【例 2-42】 字符串的对齐。

```
url= 'http://www.xinhuanet.com'
print(url.ljust(40,'-'))     #左对齐
print(url.rjust(40,'-'))      #右对齐
print(url.center(40,'-'))  #居中对齐
```

运行结果：

```
>>>
http://www.xinhuanet.com----------------
----------------http://www.xinhuanet.com
--------http://www.xinhuanet.com--------
```

8．字符串的其他方法

1）为了方便对字符串中的字母进行大小写转换，字符串变量提供了 3 种方法，分别是 title()、lower() 和 upper()。

title() 方法用于将字符串中每个单词的首字母转为大写，其他字母全部转为小写；

lower() 方法用于将字符串中的所有大写字母转换为小写字母；

upper() 方法用于将字符串中的所有小写字母转换为大写字母。

2）strip() 方法用于删除字符串前后（左右两侧）的空格或特殊字符。

3）lstrip() 方法用于删除字符串前面（左边）的空格或特殊字符。

4）rstrip() 方法用于删除字符串后面（右边）的空格或特殊字符。

拓展阅读：数字化赋予三星堆“新生命”

在三星堆遗址祭祀区新馆的陈列中，共展出了 1500 余件（套）最具代表性的三星堆文物，全面、系统地展示了三星堆考古发掘及最新研究成果。同时，合理运用 AI 算法、三维数据复原、3D 打印新出土重器，结合 360° 全景高模、青铜贴图演示数字化修复重器等数字化技术，让观众能够更深入地了解文物的细节和背后的故事。尤其在新馆陈列“天地人神”展区，采用了数字化修复演示的新展陈方式。利用对文物的扫描、拼对和 AI 算法的辅助，实现了跨坑文物的拼对和复原。此外还借助数字化技术手段，增强观众的沉浸式体验，如在“世纪逐梦”展区，运用裸眼 3D 技术还原了一个考古方舱，让观众能够身临其境地感受文物出土的过程；在“巍然王都”展区，通过实时融合投影矩阵的画面，再现三星堆古城的宏伟和壮观。

2.5　字典

2.5.1　字典及其创建

2-7　字典及其创建

字典（dict）由键和对应值成对组成，也被称作关联数组或散列表。字典类型是 Python 中唯一的映射类型。“映射”是数学中的术语，简单理解，它指的是元素之间相互对应的关系，即通过一个元素，可以唯一找到另一个元素，如图 2-4 所示。

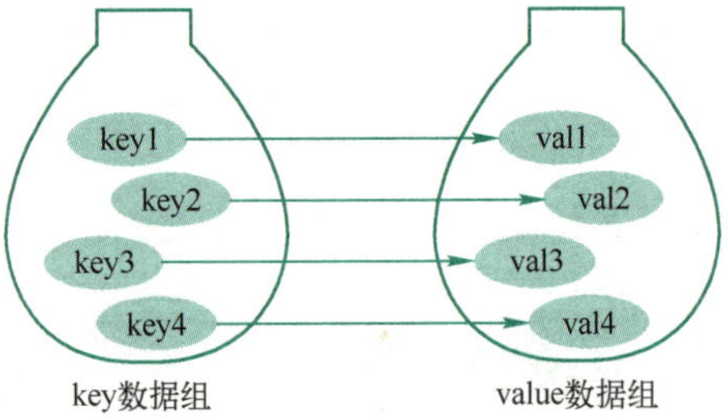

图 2-4　字典的映射关系

字典是一种通过名字引用值的数据结构，字典中的值并没有特殊的顺序，但是都存储在一个特定的键（key）里，键可以是数字、字符串或者元组等。例如：

```
dict = {'Alice': '2341', 'Beth': '9102', 'Cecil': '3258'}
```

字典中，习惯将各元素对应的索引称为键（key），各个键对应的元素称为值（value），键及其关联的值称为"键值对"。字典类型很像学生时代常用的《新华字典》。通过《新华字典》中的音节表，可以快速找到想要查找的汉字。其中，字典里的音节表就相当于字典类型中的键，而键对应的汉字则相当于值。总的来说，字典类型所具有的主要特征与解释如表 2-2 所示。

表 2-2　字典类型的主要特征与解释

主 要 特 征	解　　释
通过键而不是通过索引来读取元素	字典类型有时也称为关联数组或者散列表（hash）。它是通过键将一系列的值联系起来的，这样就可以通过键从字典中获取指定项，但不能通过索引来获取
字典是任意数据类型的无序集合	和列表、元组不同，字典中的元素是无序的，不能通过索引直接访问
字典是可变的，并且可以任意嵌套	字典可以在原处增长或者缩短（无须生成一个副本），并且它支持任意深度的嵌套，即字典存储的值也可以是列表或其他的字典
字典中的键必须唯一	字典中，不支持同一个键出现多次，否则只会保留最后一个键值对
字典中的键必须不可变	字典中的键是不可变的，只能使用数字、字符串或者元组，不能使用列表

字典的创建有以下 3 种方式。

1. 使用"{}"创建字典

由于字典中每个元素都包含两部分，分别是键（key）和值（value），因此在创建字典时，键和值之间使用冒号（:）分隔，相邻元素之间使用逗号（,）分隔，所有元素放在大括号{ }中。

使用{ }创建字典的语法格式如下：

```
dictname = {'key1':value1, 'key2':value2, …, 'keyn':valuen}
```

其中，dictname 表示字典变量名，'keyn' : valuen 表示各个元素的键值对。需要注意的是，同一字典中的各个键必须唯一，不能重复。

【例 2-43】 用"{}"创建字典。

```
#使用字符串作为 key
renkou = {'重庆': 3100, '上海': 2400, '北京': 2100}
print(renkou)
#使用元组和数字作为 key
dict1 = {(10, 20): '好', 1: [5,4,3]}
print(dict1)
#创建空字典
dict2 = {}
print(dict2)
```

运行结果：

```
>>>
{'重庆': 3100, '上海': 2400, '北京': 2100}
{(10, 20): '好', 1: [5, 4, 3]}
{}
```

可以看到，字典的键可以是整数、字符串或者元组，只要符合唯一和不可变的特性就行；字典的值可以是 Python 支持的任意数据类型。

2. 通过 fromkeys() 方法创建字典

在 Python 中，还可以使用 dict 字典类型提供的 fromkeys() 方法创建带有默认值的字典，具体格式为：

```
dictname = dict.fromkeys(list，value=None)
```

其中，list 参数表示字典中所有键的列表（list）；value 参数表示默认值，如果不写，则为空值 None。

【例 2-44】 用 fromkeys() 方法创建字典。

```
city = ['重庆', '上海', '北京']
renkou = dict.fromkeys(city, 2000)
print(renkou)
```

运行结果：

```
>>>
{'北京': 2000, '上海': 2000, '重庆': 2000}
```

可以看到，city 列表中的元素全部作为了 renkou 字典的键，而各个键对应的值都是 2000。这种创建方式通常用于初始化字典，设置 value 的默认值。

3. 通过 dict() 映射函数创建字典

通过 dict() 函数创建字典时，可以向 dict() 函数传入列表或元组，而它们中的元素又各自是包含两个元素的列表或元组，其中第一个元素作为键，第二个元素作为值。

【例 2-45】 用 4 种方式创建同一个字典。

```
#方式 1
demo1 = [('二',2), ('一',1), ('三',3)]
a1=dict(demo1)
print(a1)
#方式 2
demo2 = [['二',2], ['一',1], ['三',3]]
a2=dict(demo2)
print(a2)
#方式 3
demo3 = (('二',2), ('一',1), ('三',3))
a3=dict(demo3)
print(a3)
#方式 4
demo4 = (['二',2], ['一',1], ['三',3])
a4=dict(demo4)
```

运行结果：

```
>>>
{'二': 2, '一': 1, '三': 3}
{'二': 2, '一': 1, '三': 3}
{'二': 2, '一': 1, '三': 3}
{'二': 2, '一': 1, '三': 3}
```

2.5.2 字典的基本操作与方法

1. 访问字典

列表和元组是通过下标来访问元素的，而字典则是通过键来访问对应的值。因为字典中的元素是无序的，每个元素的位置都不固定，所以字典也不能像列表和元组那样，采用切片的方式一次性访问多个元素。

Python 访问字典元素的具体格式为：

```
dictname[key]
```

其中，dictname 表示字典变量的名字，key 表示键名。注意，键必须是存在的，否则会报异常。

【例 2-46】 通过键访问字典。

```
tup1 = (['No.2',2300], ['No.1',3100], ['No.3',1800], ['No.4',1200])
dic1 = dict(tup1)
#键存在
print(dic1['No.2'])
#键不存在
print(dic1['No.5'])
```

运行结果：

```
>>>
2300
Traceback (most recent call last):
  File "D:/Python/ch3/dict4.py", line 6, in <module>
    print(dic1['No.5'])
KeyError: 'No.5'
```

除了上面这种方式外，Python 也推荐使用 dict 类型提供的 get() 方法来获取指定键对应的值。当指定的键不存在时，get() 方法不会抛出异常。

get() 方法的语法格式为：

```
dictname.get(key[,default])
```

其中，dictname 表示字典变量的名字；key 表示指定的键；default 用于指定要查询的键不存在时，此方法返回的默认值，如果不手动指定，会返回 None。

【例 2-47】 通过 get() 方法访问字典。

```
tup1 = (['No.2',2300], ['No.1',3100], ['No.3',1800], ['No.4',1200])
dic1 = dict(tup1)
print(dic1.get('No.4'))
print(dic1.get('No.5'),"该键不存在")
```

运行结果：

```
>>>
1200
None 该键不存在
```

本例中可以看到，当键不存在时，get() 返回空值 None，如果想明确地提示用户该键不存在，那么可以手动设置 get() 的第二个参数。

2. 删除字典

和删除列表、元组一样，手动删除字典也可以使用 del 关键字。

【例 2-48】 通过 del 删除字典。

```
tup1 = (['No.2',2300], ['No.1',3100], ['No.3',1800], ['No.4',1200])
dic1 = dict(tup1)
print(dic1)
del dic1
print(dic1)
```

运行结果：

```
>>>
{'No.2': 2300, 'No.1': 3100, 'No.3': 1800, 'No.4': 1200}
Traceback (most recent call last):
  File "D:/Python/ch3/dict6.py", line 5, in <module>
    print(dic1)
NameError: name 'dic1' is not defined
```

3. 添加键值对

为字典添加新的键值对很简单，直接给不存在的 key 赋值即可，具体语法格式如下：

```
dictname[key] = value
```

其中，dictname 表示字典名称，key 表示新的键，value 表示新的值，只要是 Python 支持的数据类型都可以。

【例 2-49】 添加字典键值对。

```
GDP= {'第一名':9.73}
print(GDP)
#添加新键值对
GDP['第二名'] = 9.26
print(GDP)
#再次添加新键值对
GDP['第三名'] = 7.65
print(GDP)
```

运行结果：

```
>>>
{'第一名': 9.73}
{'第一名': 9.73, '第二名': 9.26}
{'第一名': 9.73, '第二名': 9.26, '第三名': 7.65}
```

4. 修改键值对

字典中键（key）的名字不能修改，只能修改值（value）。字典中各元素的键必须是唯一的，因此，如果新添加元素的键与已存在元素的键相同，那么键所对应的值就会被新的值替换掉，以此达到修改元素值的目的。

【例 2-50】 修改字典键值对。

```
GDP= {'第一名':9.73,'第二名':9.26,'第三名':7.65}
print(GDP)
#修改键值对
GDP['第三名'] = 8.13
print(GDP)
```

运行结果：

```
>>>
{'第一名': 9.73, '第二名': 9.26, '第三名': 7.65}
{'第一名': 9.73, '第二名': 9.26, '第三名': 8.13}
```

例中可以看到，字典中没有再添加一个键值对{'第三名': 8.13}，而是对原有键值对{'第三名': 7.65}中的值做了修改。

5. 删除键值对

如果要删除字典中的键值对，还可以使用 del 语句。

【例 2-51】 使用 del 语句删除键值对。

```
sales= {'A 公司': 320, 'B 公司': 450, 'C 公司': 279}
del sales['A 公司']
print(sales)
del sales['C 公司']
print(sales)
```

运行结果：

```
>>>
{'B 公司': 450, 'C 公司': 279}
{'B 公司': 450}
```

6. 判断字典中是否存在指定键值对

如果要判断字典中是否存在指定键值对，首先应判断字典中是否有对应的键（key）。判断字典是否包含指定键值对的键，可以使用 in 或 not in 运算符。

需要指出的是，对于 dict 而言，in 或 not in 运算符都是基于 key 来判断的。

通过 in 或 not in 运算符，可以很容易地判断出现有字典中是否包含某个键，如果存在，由于通过键可以很容易获取对应的值，因此可以进一步判断出字典中是否有指定的键值对。

【例 2-52】 判断指定键值对是否存在。

```
sales= {'A 公司': 320, 'B 公司': 450, 'C 公司': 279}
# 判断是否包含名为'B 公司'的 key
print('B 公司' in sales)
# 判断是否包含名为'D 公司'的 key
print('D 公司' in sales)
```

运行结果:

```
>>>
True
False
```

7. keys()、values() 和 items() 方法

3 个方法都可以用来获取字典中的特定数据:

1）keys() 方法用于返回字典中的所有键（key）。

2）values() 方法用于返回字典中所有键对应的值（value）。

3）items() 方法用于返回字典中所有的键值对（key-value）。

2-8 获取字典中的特定数据

【例 2-53】 获取字典中的键、值及键值对数据。

```
sales= {'A 公司': 320, 'B 公司': 450, 'C 公司': 279}
print(sales.keys())
print(sales.values())
print(sales.items())
```

运行结果:

```
>>>
dict_keys(['A 公司', 'B 公司', 'C 公司'])
dict_values([320, 450, 279])
dict_items([('A 公司', 320), ('B 公司', 450), ('C 公司', 279)])
```

从例中可以发现，keys()、values() 和 items() 返回值的类型分别为 dict_keys、dict_values 和 dict_items，并不是常见的列表或者元组类型。如果需要转换为列表类型，则使用 list() 函数将它们返回的数据转换成列表或使用 for in 循环遍历它们的返回值。

【例 2-54】 获取字典中的键、值及键值对数据后返回列表类型。

```
sales= {'A 公司': 320, 'B 公司': 450, 'C 公司': 279}
#使用 list() 函数，将它们返回的数据转换成列表
print(list(sales.keys()))
print(list(sales.values()))
print(list(sales.items()))
print("\n---------------")
#使用 for in 循环遍历它们的返回值
for k in sales.keys():
    print(k,end=' ')
print("\n")
for v in sales.values():
    print(v,end=' ')
print("\n")
for k,v in sales.items():
    print("key:",k," value:",v)
```

运行结果：

```
>>>
['A 公司', 'B 公司', 'C 公司']
[320, 450, 279]
[('A 公司', 320), ('B 公司', 450), ('C 公司', 279)]

---------------
A 公司 B 公司 C 公司

320 450 279

key: A 公司    value: 320
key: B 公司    value: 450
key: C 公司    value: 279
```

8. copy() 方法

copy() 方法用来返回一个字典的副本，即返回一个具有相同键值对的新字典。

【例 2-55】 字典的 copy() 方法应用。

```
a = {'第一名': 1, '第二名': 2, '第三名并列': [3,4,5]}
b = a.copy()
#向 a 中添加新键值对，由于 b 已经将 a 中所有键值对全部复制过来，因此不会影响 b
a['第六名']=100
print(a)
print(b)
#由于 b 和 a 只部分共享[1,2,3]，因此移除 a 列表中的元素，也会影响 b
a['第三名并列'].remove(5)
print(a)
print(b)
```

运行结果：

```
>>>
{'第一名': 1, '第二名': 2, '第三名并列': [3, 4, 5], '第六名': 100}
{'第一名': 1, '第二名': 2, '第三名并列': [3, 4, 5]}
{'第一名': 1, '第二名': 2, '第三名并列': [3, 4], '第六名': 100}
{'第一名': 1, '第二名': 2, '第三名并列': [3, 4]}
```

从运行结果不难看出，对 a 增加新键值对，b 不变；而修改 a 的某键值对中列表内的元素，b 也会相应改变。

9. update() 方法

update() 方法可以使用一个字典所包含的键值对来更新已有的字典。在执行 update() 方法时，如果被更新的字典中已包含对应的键值对，那么原 value 会被覆盖；如果被更新的字典中不包含对应的键值对，则该键值对被添加进去。

【例 2-56】 字典的 update() 方法应用。

```
tup1 = (['No.2',2300], ['No.1',3100], ['No.3',1800], ['No.4',1200])
```

```
dic1 = dict(tup1)
dic1.update({'No.2':2250,'No.5':1150})
print(dic1)
```

运行结果：

```
>>>
{'No.2': 2250, 'No.1': 3100, 'No.3': 1800, 'No.4': 1200, 'No.5': 1150}
```

从运行结果可以看出，由于被更新的字典中已包含 key 为“No.2”的键值对，因此更新时该键值对的 value 将被改写；而被更新的字典中不包含 key 为“No.5”的键值对，所以更新时会为原字典增加一个新的键值对。

10. pop() 和 popitem() 方法

pop() 和 popitem() 都可以用来删除字典中的键值对，不同的是，pop() 用来删除指定的键值对，而 popitem() 用来随机删除一个键值对，它们的语法格式如下：

```
dictname.pop(key)
dictname.popitem()
```

其中，dictname 表示字典名称，key 表示键。

【例 2-57】 指定删除与随机删除。

```
weights = {'汽车': 0.5, '石化': 0.7, '食品': 0.1, '塑料':0.23}
print(weights)
weights.pop('食品')
print(weights)
weights.popitem()
print(weights)
```

运行结果：

```
>>>
{'汽车': 0.5, '石化': 0.7, '食品': 0.1, '塑料': 0.23}
{'汽车': 0.5, '石化': 0.7, '塑料': 0.23}
{'汽车': 0.5, '石化': 0.7}
```

11. setdefault() 方法

setdefault() 方法用来返回某个 key 对应的 value，其语法格式如下：

```
dictname.setdefault(key, defaultvalue)
```

其中，dictname 表示字典名称，key 表示键，defaultvalue 表示默认值（可以不写，不写则为 None）。

setdefault() 方法总能返回指定 key 对应的 value。

1）如果该 key 存在，那么直接返回该 key 对应的 value；

2）如果该 key 不存在，那么先为该 key 设置默认的 defaultvalue，然后返回该 key 对应的 defaultvalue。

【例 2-58】 使用 setdefault() 方法返回键值对。

```
weights = {'汽车': 0.5, '石化': 0.7}
#key 不存在，指定默认值
weights.setdefault('造纸',0.08)
print(weights)
#key 不存在，不指定默认值
weights.setdefault('建筑')
print(weights)
#key 存在，指定默认值
weights.setdefault('石化', 0.68)
print(weights)
```

运行结果：

```
>>>
{'汽车': 0.5, '石化': 0.7, '造纸': 0.08}
{'汽车': 0.5, '石化': 0.7, '造纸': 0.08, '建筑': None}
{'汽车': 0.5, '石化': 0.7, '造纸': 0.08, '建筑': None}
```

从例中可以看出，key 为'石化'时，在列表中已经存在，所以直接返回该 key 对应的 value，即 0.7，而不会更改为 setdefault() 方法中的 0.68。

2-9 集合及其创建

2.6 集合

2.6.1 集合及其创建

集合（set）和数学中的集合概念一样，是一组无序的不同元素的集合。它有可变集合 set() 和不可变集合 frozenset() 两种。

从形式上看，和字典类似，集合会将所有元素放在一对大括号“{}”中，相邻元素之间用“,”分隔，如下所示：

```
{element1,element2,⋯,elementn}
```

其中，elementn 表示集合中的元素，个数没有限制。

从内容上看，同一集合中，只能存储不可变的数据类型，包括整型、浮点型、字符串、元组，无法存储列表、字典、集合这些可变的数据类型，否则 Python 解释器会给出 TypeError 错误。

Python 提供了两种创建集合的方法，分别是使用“{}”创建和使用 set() 函数将列表、元组等类型数据转换为集合。

1．使用“{}”创建集合

在 Python 中，创建集合时可以像列表、元素和字典一样，直接将集合赋值给变量，其语法格式如下：

```
setname = {element1,element2,⋯,elementn}
```

其中，setname 表示集合的名称，起名时既要符合 Python 命名规范，也要避免与 Python 内置函数重名。

【例 2-59】 用“{}”创建集合。

```
set1 = {20,'a',20,(4,3,2),'a'}
print(set1)
```

运行结果：

```
>>>
{(4, 3, 2), 'a', 20}
```

2．set() 函数创建集合

set() 函数为 Python 的内置函数，其功能是将字符串、列表、元组、range 对象等可迭代对象转换成集合。该函数的语法格式如下：

```
setname = set(iteration)
```

其中，iteration 表示字符串、列表、元组、range 对象等数据。

【例 2-60】 用 set() 函数创建集合。

```
set1 = set("Python 官方网站")
set2 = set([13,23,33,43,53])
set3 = set((13,23,33,43,53))
print("set1:",set1)
print("set2:",set2)
print("set3:",set3)
```

运行结果：

```
>>>
set1: {'n', '方', 'y', 'o', '官', 'P', '站', '网', 'h', 't'}
set2: {33, 43, 13, 53, 23}
set3: {33, 43, 13, 53, 23}
```

本例运行第二次后，会发现集合的排序又发生变化了，这就验证了集合无序的特点。

需要注意的是，如果要创建空集合，只能使用 set() 函数实现。因为直接使用“{}”，Python 解释器会将其视为一个空字典。

2.6.2　集合的基本操作与方法

集合的基本操作与方法包括成员测试、删除重复值以及计算集合并、交、差和对称差等数学运算。与其他序列类型一样，集合支持 x in set、len(set) 和 for x in set 等表达形式。集合类型是无序集，因此，集合不会关注元素在集合中的位置、插入顺序。集合也不支持元素索引、切片或其他序列相关的行为。

1．访问集合元素

由于集合中的元素是无序的，因此无法像列表那样使用下标访问元素。在 Python 中，访问集合元素最常用的方法是使用循环结构，将集合中的数据逐一读取出来。

【例 2-61】 用循环结构访问集合元素。

```
a1 = {1949,'中国',2035,(100,10,1),'民族复兴'}
for ss1 in a1:
    print(ss1,end=' ');
```

运行结果：

```
>>>
民族复兴  中国  2035 (100, 10, 1) 1949
```

2. 删除集合

和其他序列类型一样，删除集合类型数据，也可以使用 del 语句。

【例 2-62】 删除集合。

```
set1 = set([13,23,33,43,53])
print(set1)
del(set1)
print(set1)
```

运行结果：

```
>>>
{33, 43, 13, 53, 23}
Traceback (most recent call last):
  File "D:/Python/ch3/set4.py", line 4, in <module>
    print(set1)
NameError: name 'set1' is not defined
```

3. add() 方法添加元素

向集合中添加元素，可以使用 set 类型提供的 add() 方法实现，该方法的语法格式为：

```
setname.add(element)
```

其中，setname 表示要添加元素的集合，element 表示要添加的元素内容。

需要注意的是，使用 add() 方法添加的元素，只能是数字、字符串、元组或者布尔类型（True 和 False）值，不能添加列表、字典、集合这类可变的数据，否则 Python 解释器会报 TypeError 错误。

【例 2-63】 用 add() 方法添加元素。

```
set1 = {2,3,5}
set1.add((2,5))
print(set1)
set1.add([2,5])
print(set1)
```

运行结果：

```
>>>
```

```
{2, 3, (2, 5), 5}
Traceback (most recent call last):
  File "D:/Python/ch3/set5.py", line 4, in <module>
    set1.add([2,5])
TypeError: unhashable type: 'list'
```

4. remove() 方法删除元素

删除现有集合中的指定元素，可以使用 remove() 方法，该方法的语法格式如下：

```
setname.remove(element)
```

使用此方法删除集合中元素，需要注意的是，如果被删除元素本来不包含在集合中，则此方法会报 KeyError 错误。

【例 2-64】 用 remove() 方法删除元素。

```
set1 = {2,5,7}
set1.remove(2)
print(set1)
set1.remove(2)
print(set1)
```

运行结果：

```
>>>
{5, 7}
Traceback (most recent call last):
  File "D:/Python/ch3/set6.py", line 4, in <module>
    set1.remove(2)
KeyError: 2
```

2-10　交集、并集、差集和对称差运算

5. 交集、并集、差集和对称差运算

集合最常做的操作就是进行交集、并集、差集以及对称差集运算，图 2-5 所示为集合运算示意。

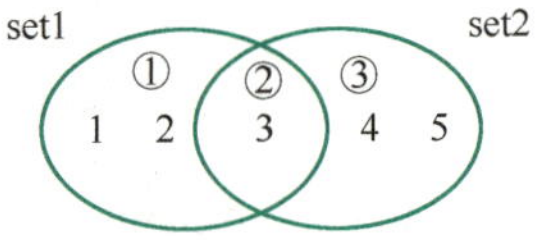

图 2-5　集合运算示意

图 2-5 中，有两个集合，分别为 set1={1,2,3}和 set2={3,4,5}，它们既有相同的元素，也有不同的元素。以这两个集合为例，分别做不同运算的结果如表 2-3 所示。

表 2-3　集合运算

运算操作	运算符	含义	举例
交集	&	取两集合公共的元素	>>> set1 & set2↙ {3}
并集	|	取两集合全部的元素	>>> set1 | set2↙ {1,2,3,4,5}

差集	-	取一个集合中另一集合没有的元素	>>> set1 - set2↙
			{1,2}
			>>> set2 - set1↙
			{4,5}

对称差集	^	取集合 A 和 B 中不属于 A&B 的元素	>>> set1 ^ set2↙ {1,2,4,5}

6. 其他方法

除了以上所述，集合的其他方法的具体语法格式及功能如表 2-4 所示。

表 2-4　Python 集合方法

方法名	语法格式	功能	实例

clear()	set1.clear()	清空 set1 集合中所有元素	>>> set1 = {1,2,3}
			>>> set1.clear()
			>>> set1↙
			set()

copy()	set2 = set1.copy()	复制 set1 集合给 set2	>>> set1 = {1,2,3}
			>>> set2 = set1.copy()
			>>> set1.add(4)
			>>> set1↙
			{1, 2, 3, 4}
			>>> set2↙
			{1, 2, 3}

difference()	set3 = set1.difference(set2)	将 set1 中有而 set2 没有的元素给 set3	>>> set1 = {1,2,3}
			>>> set2 = {3,4}
			>>> set3 = set1.difference(set2)
			>>> set3↙
			{1, 2}

difference_update()	set1.difference_update(set2)	从 set1 中删除与 set2 相同的元素	>>> set1 = {1,2,3}
			>>> set2 = {3,4}
			>>> set1.difference_update(set2)
			>>> set1↙
			{1, 2}

discard()	set1.discard(elem)	删除 set1 中的 elem 元素	>>> set1 = {1,2,3}
			>>> set1.discard(2)
			>>> set1↙
			{1, 3}
			>>> set1.discard(4)
			>>> set1↙
			{1, 3}

intersection()	set3 = set1.intersection(set2)	取 set1 和 set2 的交集给 set3	>>> set1 = {1,2,3}
			>>> set2 = {3,4}
			>>> set3 = set1.intersection(set2)
			>>> set3↙
			{3}

intersection_update()	set1.intersection_update(set2)	取 set1 和 set2 的交集，并更新给 set1	>>> set1 = {1,2,3}
			>>> set2 = {3,4}
			>>> set1.intersection_update(set2)
			>>> set1↙
			{3}

isdisjoint()	set1.isdisjoint(set2)	判断 set1 和 set2 是否没有交集，有交集返回 False；没有交集返回 True	>>> set1 = {1,2,3}
			>>> set2 = {3,4}
			>>> set1.isdisjoint(set2) ↙
			False

issubset()	set1.issubset(set2)	判断 set1 是否是 set2 的子集	>>> set1 = {1,2,3}
			>>> set2 = {1,2}
			>>> set1.issubset(set2) ↙
			False

issuperset()	set1.issuperset(set2)	判断 set2 是否是 set1 的子集	>>> set1 = {1,2,3}
			>>> set2 = {1,2}
			>>> set1.issuperset(set2) ↙
			True

pop()	a = set1.pop()	取 set1 中一个元素，并赋值给 a	>>> set1 = {1,2,3}
			>>> a = set1.pop()
			>>> set1↙
			{2,3}
			>>> a↙
			1

symmetric_difference()	set3 = set1.symmetric_difference(set2)	取 set1 和 set2 中互不相同的元素，给 set3	>>> set1 = {1,2,3}
			>>> set2 = {3,4}
			>>> set3 = set1.symmetric_difference(set2)
			>>> set3↙
			{1, 2, 4}

（续）

方 法 名	语 法 格 式	功 能	实 例

symmetric_difference_update()	set1.symmetric_difference_update(set2)	取 set1 和 set2 中互不相同的元素，并更新给 set1	>>> set1 = {1,2,3}
			>>> set2 = {3,4}
			>>> set1.symmetric_difference_update(set2)
			>>> set1↙
			{1, 2, 4}

union()	set3 = set1.union(set2)	取 set1 和 set2 的并集，赋给 set3	>>> set1 = {1,2,3}
			>>> set2 = {3,4}
			>>> set3=set1.union(set2)
			>>> set3↙
			{1, 2, 3, 4}

update()	set1.update(elem)	添加列表或集合中的元素到 set1	>>> set1 = {1,2,3}
			>>> set1.update([3,4])
			>>> set1↙
			{1,2,3,4}

拓展阅读：数字产业集群

我国把数字产业化作为推动经济高质量发展的重要驱动力量，加快培育信息技术产业生态，推动数字技术成果转化应用，推动数字产业能级跃升，打造具有国际竞争力的数字产业集群。同时坚持创新在国家数字化产业发展中的核心地位，把关键核心技术自立自强作为数字中国的战略支撑，面向世界科技前沿、面向经济主战场、面向国家重大需求、面向人民生命健康，构建以技术创新和制度创新双轮驱动、充分释放数字生产力的创新发展体系。

思考与练习

2.1 选择题

1．以下关于 Python 字符串的描述中，错误的是（　　）。

A．字符串是字符的序列，可以按照单个字符或者字符片段进行索引

B．字符串包括两种序号体系：正向递增和反向递减

C．Python 字符串提供区间访问方式，采用 [N:M] 格式，表示字符串中从 N 到 M 的索引子字符串（包含 N 和 M）

D．字符串是用一对双引号" "或者单引号' '括起来的零个或者多个字符

2．关于 Python 字符串，以下选项中描述错误的是（　　）。

A．可以使用 datatype() 测试字符串的类型

B．输出带有引号的字符串，可以使用转义字符\

C．字符串是一个字符序列，字符串中的编号叫“索引”

D．字符串可以保存在变量中，也可以单独存在

3．关于 Python 序列类型的通用操作符和函数，以下选项中描述错误的是（　　）。

A．如果 x 不是 s 的元素，x not in s 返回 True

B．如果 s 是一个序列，s = [1, "kate",True]，s[3]返回 True

C．如果 s 是一个序列，s = [1, "kate",True]，s[-1]返回 True

D．如果 x 是 s 的元素，x in s 返回 True

4．给出如下代码：

```
DictColor = {"seashell":"海贝色","gold":"金色","pink":"粉红色","brown":"棕色","purple":"紫色",
"tomato":"西红柿色"}
```

以下选项中能输出“海贝色”的是（　　）。

A．print(DictColor.keys())

B．print(DictColor["海贝色"])

C．print(DictColor.values())

D．print(DictColor["seashell"])

5．下面代码的输出结果是（　　）。

```
s =["seashell","gold","pink","brown","purple","tomato"]
print(s[1:4:2])
```

A．['gold', 'pink', 'brown']

B．['gold', 'pink']

C．['gold', 'pink', 'brown', 'purple', 'tomato']

D．['gold', 'brown']

6．下面代码的输出结果是（　　）。

```
d ={"大海":"蓝色", "天空": "灰色", "大地":"黑色"}
print(d["大地"], d.get("大地","黄色"))
```

A．黑的　灰色

B．黑色　黑色

C．黑色　蓝色

D．黑色　黄色

2.2　用键盘输入任意 5 个数构成一个列表，同时按相反的顺序输出列表的值。

2.3　列表 1 为[2,5,−1]，列表 2 为[3,−2,9]，请进行列表的 5 种操作并输出结果。

2.4　tuple、dict、list 之间能否相互转换？请举例说明。

2.5　已知 li=['上海','南京','杭州']，通过编程实现下面每一个功能。

1．计算列表长度并输出。

2．列表中追加元素“合肥”，并输出添加后的列表。

3．请在列表的第一个位置插入元素“福州”，并输出添加后的列表。

4．请在列表删除元素“南京”，并输出删除后的列表。

5．请删除列表中的第 2 个元素，并输出删除后的元素的值和删除元素后的列表。

6．请删除列表中的第 3 个元素，并输出删除后的列表。

7．请删除列表的第 2 到第 4 个元素，并输出删除元素后的列表。

8．请用 for len range 输出列表的索引。

9．请使用 enumerate 输出列表元素和序号。

10．请使用 for 循环输出列表中的所有元素。

2.6　声明一个列表，至少 5 个元素，然后循环输出，把第一个位置的元素输出一次，第二个输出两次，以此类推，然后把这个列表的顺序反过来放到另一个列表里。

2.7　建立一个邮政编码字典，能进行键盘输入检索（地区或邮政编码）。

2.8　通过键盘输入 1 个字符串，至少对该字符串进行 5 种操作，并输出结果。

2.9　通过键盘输入创建 1 个集合，至少对该集合进行 3 种操作，并输出结果。

第 3 章　结构化程序设计

导读

Python 中的控制语句有选择语句、循环语句等。选择语句使得程序在执行时可以根据条件表达式的值，有选择地执行某些语句或不执行另一些语句。循环控制是程序中一种很重要的控制结构，它充分发挥了计算机擅长自动重复运算的特点，使计算机能反复执行一组语句，直到满足某个特定的条件为止，循环结构程序最能体现程序功能。能正确、灵活、熟练、巧妙地掌握和运用它们是程序设计的基本要求。

3.1　结构化程序设计理念

3.1.1　程序设计与算法

所谓程序设计就是使用某种计算机语言，按照某种算法，编写程序的活动。一般说来，程序设计包括以下步骤：①问题定义；②算法设计；③算法表示（如流程图设计）；④程序编制；⑤程序调试、测试及资料编制。

一个完整的程序应包括以下内容：

1）对数据的描述。在程序中要指定数据的类型和数据的组织形式，即数据结构。

2）对操作的描述，即操作步骤，也就是算法。

做任何事情都有一定的步骤，而算法就是专指在计算机领域内解决某个问题或处理某件事的方法和步骤。算法应具有有穷性、确定性、有零个或多个输入、有一个或多个输出、有效性 5 个特征。

为了描述一个算法，可以采用许多不同的方法，常用的有自然语言、流程图、N-S 流程图、伪代码等，这里只简单介绍传统的流程图，如表 3-1 所示。

表 3-1　流程图图形符号

图 形 符 号	名　称	代表的操作
	输入/输出	数据的输入与输出
	处理	各种形式的数据处理
	判断	判断选择，根据条件满足与否选择不同路径
	起止	流程的起点与终点
	特定过程	一个定义过的过程或函数
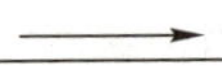	流程线	连接各个图框，表示执行顺序
	连接点	表示与流程图其他部分连接

图 3-1 所示为计算 A、B、C 三个数中最大数的流程图。在流程图中，判断框左边的流程线表示判断条件为真时的流程，右边的流程线表示条件为假时的流程，有时就在其左、右流程线的上方分别标注“真”“假”或“T”“F”或“Y”“N”。流程线的走向一般是从上向下或从左向右。另外还规定，流程线是从下往上或从右向左时，必须带箭头。

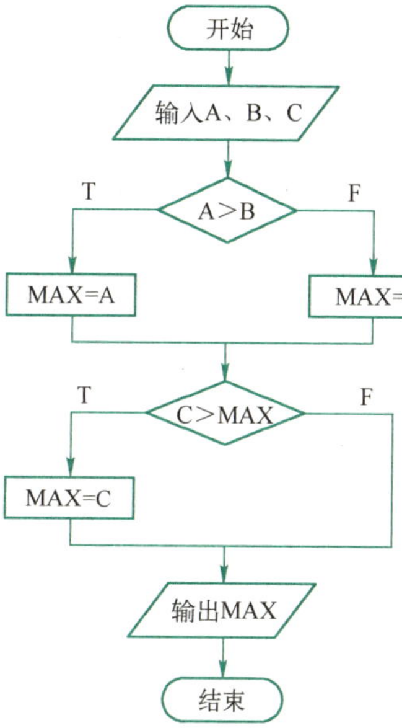

图 3-1　计算 A、B、C 三个数中最大数的流程图

拓展阅读：李三立院士楷模

李三立是中国工程院院士，曾负责研制中国电子管、晶体管、大规模集成电路（LSI）和超大规模集成电路（VLSI）四代计算机，其中的 724 机是 20 世纪 70 年代中国各大学中用于国家尖端科技的规模最大的计算机；用于加工重要部件的光栅数控计算机 102 机，使精密加工效率提高几十倍。20 世纪 80 年代以来，作为学术带头人之一，在计算机体系结构、局部网络、RISC 和指令级并行处理领域做出很多贡献。在其负责研制的超级计算机中，有两台都曾进入世界超级计算机 500 强排名榜。

3.1.2　结构化程序设计的基本要点及三种基本控制结构

3-1　结构化程序设计的基本要点

结构化程序设计是由迪杰斯特拉（E. W. Dijkstra）提出的，结构化程序设计以模块化设计为中心，将待开发的软件系统划分为若干个相互独立的模块，使每一个模块的工作变得简单而明确，为设计一些较大的软件打下良好的基础。

1. 结构化程序设计的基本要点

结构化程序设计的基本要点包括以下两点。

第一点：采用“自顶向下、逐步细化”的程序设计方法。在需求分析、概要设计中，都采用了自顶向下、逐步细化的方法。

第二点：使用三种基本控制结构构造程序。任何程序都可由顺序、选择、循环三种基本控制结构构造，即用顺序方式对过程分解，确定各部分的执行顺序；用选择方式对过程分解，确定某个部分的执行条件；用循环方式对过程分解，确定某个部分进行重复的开始和结束的条件；对处理过程仍然模糊的部分反复使用以上分解方法，最终可将所有细节确定下来。

2．三种基本控制结构

（1）顺序结构

顺序结构表示程序中的各操作是按照它们出现的先后顺序执行的，如图 3-2 所示，语句的执行顺序为 A→B→C。

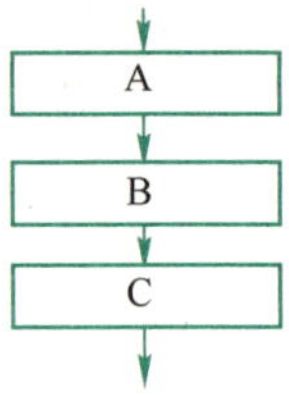

图 3-2　顺序结构

（2）选择结构

选择结构表示程序的处理步骤出现了分支，它需要根据某一特定的条件选择其中的一个分支执行。其基本形式有两种，如图 3-3a、b 所示。图 3-3a 的执行序列为：当条件为真时执行 A，否则执行 B。图 3-3b 的执行序列为：当条件为真时执行 A，否则什么也不做。

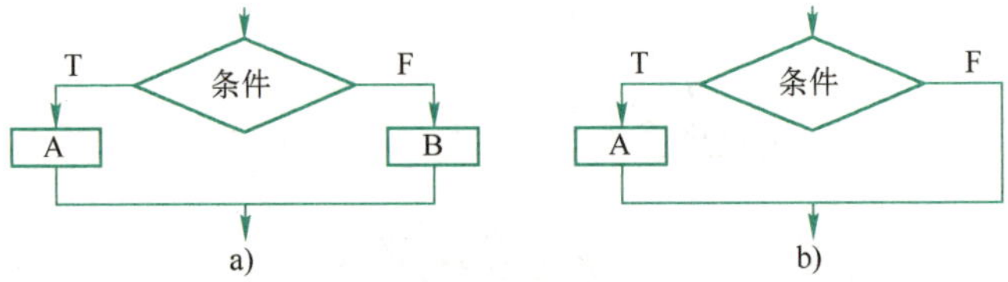

图 3-3　选择结构

（3）循环结构

循环结构表示程序反复执行某个或某些操作，直到某条件为假（或为真）时才可终止循环。在循环结构中最主要的是：什么情况下执行循环？哪些操作需要循环执行？循环结构的基本形式有两种：当型循环和直到型循环。循环结构是程序中一种很重要的结构。其特点是，在给定条件成立时，反复执行某程序段，直到条件不成立为止。给定的条件称为循环条件，反复执行的程序段称为循环体。

a．当型循环如图 3-4a 所示。其执行序列为：当条件为真时，反复执行 A，一旦条件为假，跳出循环，执行循环后的语句。

b．直到型循环如图 3-4b 所示。执行序列为：首先执行 A，再判断条件，条件为真时，一直循环执行 A，一旦条件为假，结束循环，执行循环后的语句。

图中，A 被称为循环体，条件被称为循环条件。要注意的是：在循环体中，必然会对条件要判断的值进行修改，使得经过有限次循环后，循环一定能结束；当型循环中循环体可能一次都不执行，而直到型循环则至少执行一次循环体。

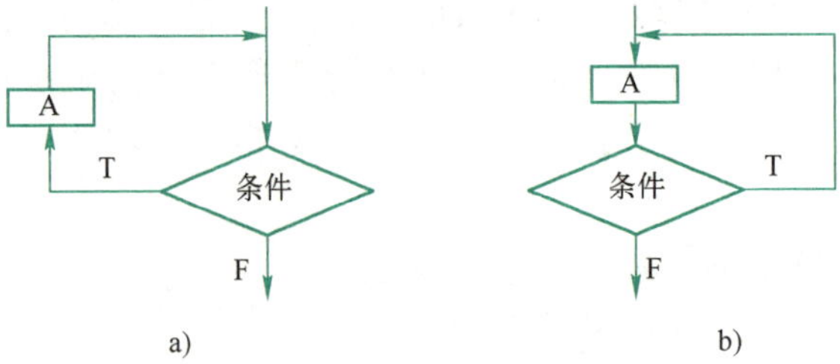

图 3-4　循环结构

a) 当型循环　b) 直到型循环

以上三种基本结构的共同特点如下。

1）只有单一的入口和单一的出口。

2）结构中的每个部分都有执行到的可能。

3）结构内不存在永不终止的死循环。

因此，结构化程序设计的基本思想是采用“自顶向下、逐步细化”的程序设计方法和“单入口单出口”的控制结构。

3-2 if的多分支形式

3.2 选择结构

3.2.1 if语句的形式

用if语句可以构成选择结构。它可以根据给定的条件进行判断，以决定执行某个分支程序段。Python语言的if语句有三种基本形式。

1. 单分支

单分支的语法表达式如下：

```
if 条件表达式:
        语句块 [;]
```

其中，如果条件表达式的值为真，则执行其后的语句块，否则不执行该语句块，其执行逻辑如图3-5所示。

2. 二分支形式

采用if-else形式来表达的是二分支形式，其语法表达式如下：

```
if 条件表达式:
        语句块1[;]
else:
        语句块2[;]
```

其中，如果表达式的值为真，则执行语句1，否则执行语句2，执行逻辑如图3-6所示。

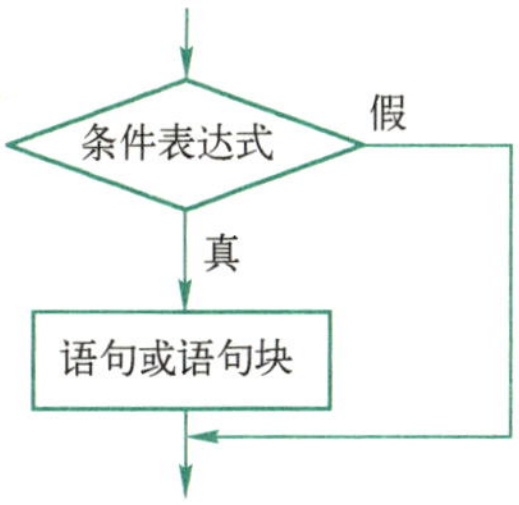

图3-5 单分支的执行逻辑

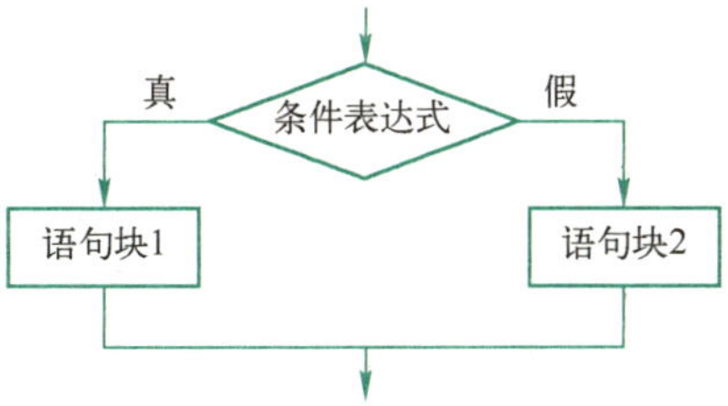

图3-6 二分支的执行逻辑

拓展阅读：数字丝绸之路

数字丝绸之路离不开互联互通的基础设施建设，相较于“一带一路”沿线国家，中国在互联网行业的发展较为领先，在5G网络标准研发制定方面具有优势，可推动相关国家在数字基础设施方面的建设，为其发展数字经济奠定基础。数字基础设施互联互通能够将相关国家的核心生产要素、优势资源整合起来，让各国充分享受经济发展的红利。

3. 多分支形式

当有多个分支选择时，可采用 if-elif-else 语句，其语法表达式如图 3-7 所示。

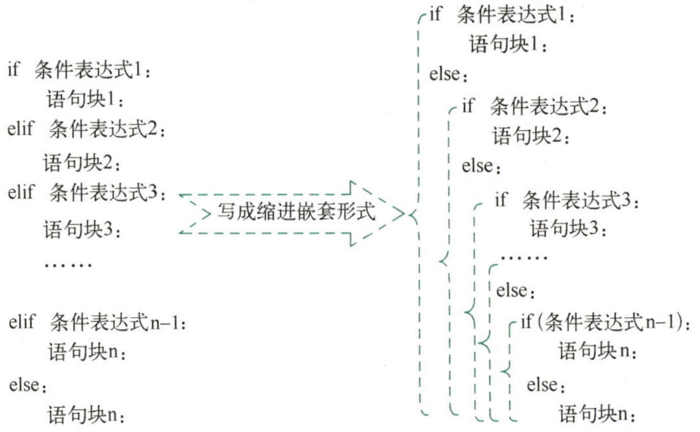

图 3-7　多分支的语法表达形式

图 3-7 中，依次判断条件表达式的值，当某个值为真时，则执行其对应的语句块，然后跳到整个 if 语句之后继续执行程序。如果所有的表达式均为假，则执行语句块 n+1，然后继续执行后续程序。多分支的执行逻辑如图 3-8 所示。

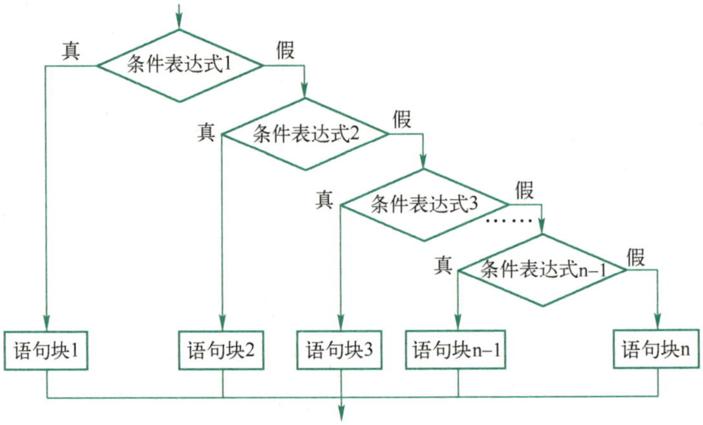

图 3-8　多分支的执行逻辑

【例 3-1】 输入一个整数，与存储值进行比较后输出信息。

```
a = input("请输入一个数字: ")
value=int(a)
if value == 1:
    print('值为 1')
elif value == 2:
    print('值为 2')
elif value == 3:
    print('值为 3')
else:
    print('没有对应值')
```

运行结果：

```
>>>
请输入一个数字: 1↙
值为 1
>>>
请输入一个数字: 2↙
值为 2
>>>
请输入一个数字: 3↙
值为 3
>>>
请输入一个数字: 4↙
没有对应值
```

【例 3-2】 输入一个学号，获取成绩信息。

```
xuehao=int( input("请输入学号:"))
list1=[78,97,65,88,100,77,82,70]    #给出学号 1～8 的成绩列表
if xuehao >= 9:
    print("学号超过%d 的同学成绩尚未录入"%xuehao)
elif xuehao <= 0:
    print("学号不存在，请重新输入")
else:
    new=xuehao-1
    print("学号%d，成绩为"%xuehao,list1[new])
```

运行结果：

```
>>>
请输入学号:6↙
学号 6，成绩为 77
>>>
请输入学号:4↙
学号 4，成绩为 88
>>>
请输入学号:9↙
学号超过 9 的同学成绩尚未录入
>>>
请输入学号:0↙
学号不存在，请重新输入
```

3.2.2　if 语句的嵌套

当 if 语句中的语句或语句块又是 if 语句时，则构成了 if 语句的嵌套结构，其语法表达式如下：

```
if 条件表达式:
    if 语句 [;]
```

或者为

```
if 条件表达式:
        if 语句[;]
else:
        if 语句[;]
```

在嵌套结构内的“if 语句”可能又是 if-else 型的，这将会出现多个 if 和多个 else 重叠的情况，这时要特别注意通过统一缩进来体现 if 和 else 的配对。

【例 3-3】 使用 if 嵌套语句，判断是否为酒后驾车。

如果规定，车辆驾驶员每 100mL 的血液中的酒精含量小于 20mg，则不构成酒驾；每 100mL 酒精含量大于或等于 20mg 为酒驾；每 100mL 酒精含量大于或等于 80mg 为醉驾。

通过梳理思路，是否构成酒驾的界限值是每 100mL 血液中的酒精含量为 20mg；而在已确定为酒驾的范围（大于 20mg）中，是否构成醉驾的界限值是每 100mL 血液中的酒精含量为 80mg，整个代码执行流程如图 3-9 所示。

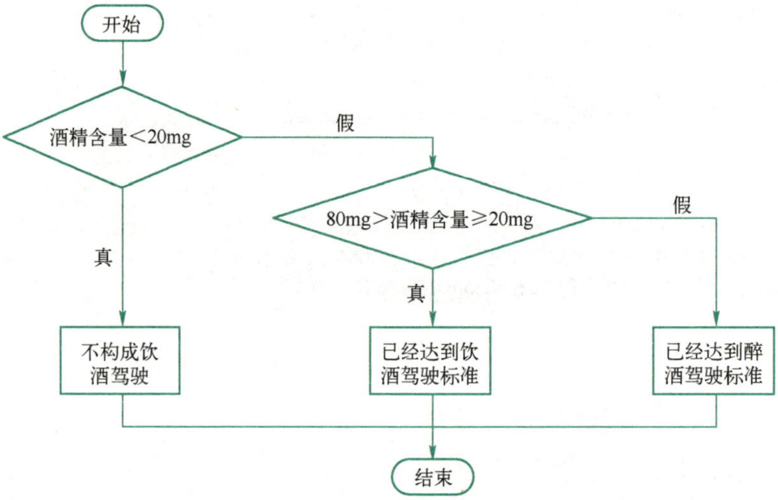

图 3-9 流程图

```
num1 = int(input("输入驾驶员每 100mL 血液中的酒精含量："))
if num1 < 20:
    print("驾驶员不构成酒驾")
else:
    if num1 < 80:
        print("驾驶员已构成酒驾")
    else:
        print("驾驶员已构成醉驾")
```

运行结果：

```
>>>
输入驾驶员每 100mL 血液中的酒精含量：45↙
驾驶员已构成酒驾
```

```
>>>
输入驾驶员每 100mL 血液酒精的含量：124↙
驾驶员已构成醉驾
>>>
输入驾驶员每 100mL 血液酒精的含量：10↙
驾驶员不构成酒驾
```

当然，这个例题单独使用 if-elif-else 也可以实现，这里只是为了让初学者熟悉 if 分支嵌套的用法而已。

3-3　assert 语句及用法

3.2.3　assert 语句及用法

assert 语句，又称断言语句，用于判断某个表达式的值，如果值为真，则程序可以继续往下执行；反之，Python 解释器会报 AssertionError 错误。它在某些情况下可以作为 if 语句的简化版。

assert 语句的语法结构为：

```
assert 表达式
```

assert 语句的执行流程可以用 if 判断语句表示，如下所示：

```
if 表达式==True:
    程序继续执行
else:
    程序报 AssertionError 错误
```

assert 语句通常用于检查用户的输入是否符合规定，还经常用作程序初期测试和调试过程中的辅助工具。

【例 3-4】 对输入的年纪进行断言操作。

```
age = int(input())
#断言年纪是否位于正常范围内
assert 0 <= age <= 150
#只有当 age 位于 [0,150]范围内，程序才会继续执行
print("年纪为：",age)
```

运行结果：

```
>>>
34↙
年纪为： 34
>>>
200↙
Traceback (most recent call last):
  File "D:/Python/ch3/assert1.py", line 3, in <module>
    assert 0 <= age <= 150
AssertionError
```

可以看到，当 assert 语句后的表达式值为真时，程序继续执行；反之，程序停止执行，并报 AssertionError 错误。

3.3　循环结构

3-4　while 循环语句

3.3.1　while 循环语句

Python 编程中的 while 语句用于循环执行，即在满足某条件下循环执行某段程序，以处理需要重复执行的相同任务。

while 循环语句的语法表达式为：

```
while 条件表达式:
    语句块[;]
[else:
    语句块 2[;]]
```

其中，条件表达式是循环条件，一般是关系表达式或逻辑表达式，除此以外任何非零或非空（Null）的值均为 True；语句块（包括单个语句）为循环体。

while 语句使用中，无 else 子句时，其语义解释为：计算条件表达式的值，当值为 True（非 0 或非空）时，执行循环体语句，一旦循环体语句执行完毕，就会重新评估条件表达式中的值；如果还是为 True，循环体将会再次执行，这样一直重复下去，直至条件表达式中的值为 False（或为 0、为空）为止。

while 语句使用中，有 else 子句时，while 语句部分的含义同上，else 中的语句块 2 则会在循环正常执行结束的情况下执行，即 while 不是通过 break 语句跳出而中断的，如图 3-10 所示。

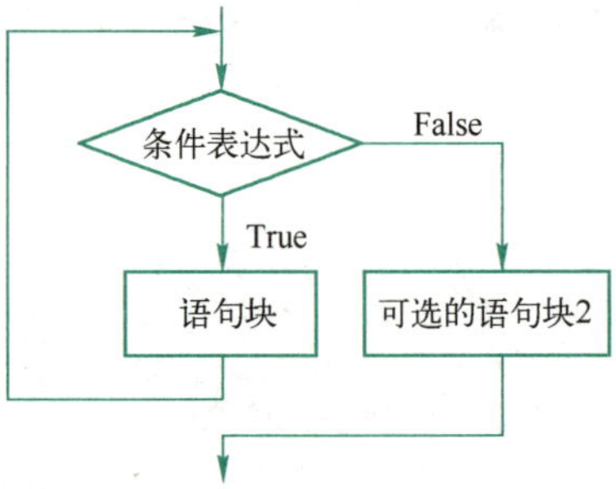

图 3-10　while 语句的执行逻辑

【例 3-5】　对列表的元素进行 while 循环操作。

```
i = 1
list1=[]
#对列表 list1 进行 5 次循环操作
while i < 6:
    list1.append(str('序号'+str(i)))
    print(list1)
    i = i + 1
```

运行结果：

```
>>>
```

```
['序号 1']
['序号 1', '序号 2']
['序号 1', '序号 2', '序号 3']
['序号 1', '序号 2', '序号 3', '序号 4']
['序号 1', '序号 2', '序号 3', '序号 4', '序号 5']
```

3.3.2　for 循环语句

3-5　for 循环语句

for 循环语句可以遍历任何序列中的项目（如一个列表或者一个字符串等）来控制循环体的执行。

for 循环语句的语法格式如下：

```
for <variable> in <sequence>:
        语句块[;]
  [else:
        语句块 2[;]]
```

for 循环语句的执行逻辑如图 3-11 所示。

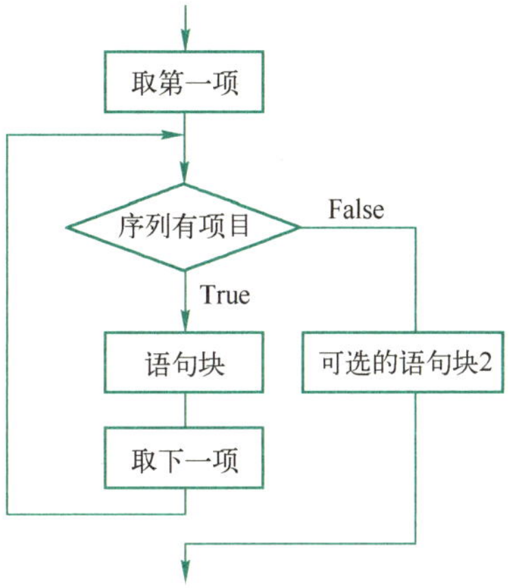

图 3-11　for 循环语句的执行逻辑

【例 3-6】 对列表的元素进行 for 循环分配。

```
list1 = [20, 12, 34, 67, -4]
# 重复以下过程，直到列表中的所有元素都已分配
for x in list1:    #list1 内元素一一列出并分配给 x
      print(x)
print("---分配完成---")
```

运行结果：

```
>>>
20
12
34
67
```

```
-4
---分配完成---
```

【例 3-7】 使用 for 循环，从字典中依次找到所给列表的键值。

```
# 定义字典和列表
dict1 = {"A":"23", "B":"26", "C":"21", "D":"33", "E":"12", "F":"18", "G":"15"}
list1=["B","D","G"]
# 查找相应的字典键对应的值
for str1 in list1:
    print(str1, "对应值为", dict1[str1])
```

运行结果：

```
>>>
B 对应值为 26
D 对应值为 33
G 对应值为 15
```

3.3.3 范围及 for 循环控制

3-6 范围及 for 循环控制

范围（range）类型表示一个不可变的数字序列，通常在 for 循环中用于控制循环次数。某种意义上，范围可以看成列表的子集，但不同于列表，它是不可修改的。

范围由 range() 函数来定义，其语法是：

```
range([start,] stop[, step])
```

range() 函数是一个用来创建数字序列的通用函数，返回一个[start, start + step, start + 2*step, …]结构的整数序列。

range() 函数具有一些特性：

1）如果 step 参数缺省，默认 1；如果 start 参数缺省，默认 0。

2）如果 step 是正整数，则最后一个元素（start + i * step）小于 stop。

3）如果 step 是负整数，则最后一个元素（start + i * step）大于或等于 stop。

4）step 参数必须是非零整数，否则报 ValueError 异常。

需要注意的是，range() 函数返回一个左闭右开（[left,right)）的序列数。

【例 3-8】 range() 函数实例。

```
# [0, 1, 2, 3, 4, 5, 6, 7, 8, 9]
r1=range(10)
print(r1)
# [1, 2, 3, 4, 5, 6, 7, 8, 9]
r2=range(1,10)
print(r2)
# [1, 2, 3, 4, 5, 6, 7, 8, 9]
r3=range(1,10,1)
print(r3)
```

```
# [1, 4, 7]
r4=range(1,10,3)
print(r4)
# [0, -1, -2, -3, -4, -5, -6, -7, -8, -9]
r5=range(0,-10,-1)
print(r5)
# []
r6=range(0)
print(r6)
# []
r7=range(1,0)
print(r7)
 # <type 'list'>
r8=range(5)
print(type(r8))
```

运行结果：

```
>>>
range(0, 10)
range(1, 10)
range(1, 10)
range(1, 10, 3)
range(0, -10, -1)
range(0, 0)
range(1, 0)
<class 'range'>
```

【例 3-9】 range() 函数结合 for 循环实例。

```
#输出 0~9
for i in range(10):
    print(i);
#按词逐行输出
list1=["上海" ,"杭州" ,"深圳" ]
for i in range(len(list1)):
    print(list1[i]);
#支持负数序列，这时表示序列的负数索引
for i in range(0,-3,-1):
    print(list1[i]);
```

运行结果：

```
>>>
0
1
2
3
4
5
```

```
6
7
8
9
上海
杭州
深圳
上海
深圳
杭州
```

【例 3-10】 对范围对象进行包含测试、元素索引查找、分片及比较操作。

```
r1= range(0,10,2)
print(r1)
print(1 in r1)
print(6 in r1)
print(r1.index(4))
print(r1[:5])
print(r1[-1])
print(r1== range(0,9,2))
print(r1== range(0,11,2))
```

运行结果：

```
>>>
range(0, 10, 2)
False
True
2
range(0, 10, 2)
8
True
False
```

3.3.4 循环嵌套

3-7 循环嵌套

Python 语言允许在一个循环体里面嵌入另一个循环。当两个（甚至多个）循环结构相互嵌套时，位于外层的循环结构常简称为外层循环或外循环，位于内层的循环结构常简称为内层循环或内循环。循环嵌套结构的代码执行流程如下。

1）当外层循环条件为 True 时，则执行外层循环结构中的循环体。

2）外层循环体中包含了普通程序和内循环，当内层循环的循环条件为 True 时会执行此循环中的循环体，直到内层循环条件为 False，跳出内循环。

3）如果此时外层循环的条件仍为 True，则返回步骤 2），继续执行外层循环体，直到外层循环的循环条件为 False。

4）当内层循环的循环条件为 False，且外层循环的循环条件也为 False 时，整个嵌套循环执行完毕。

循环嵌套的执行流程图如图 3-12 所示，循环嵌套执行的总次数 = 外循环执行次数×内循环执行次数。

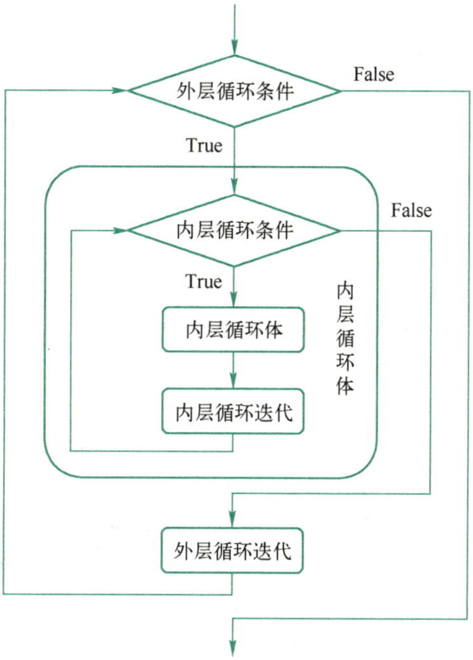

图 3-12　循环嵌套的执行流程图

Python 的循环嵌套基本型有两种。

1. for 循环嵌套语法

```
for <variable1> in <sequence1>:
    语句块 1[;]
    for <variable> in <sequence>:
        语句块 2[;]
    语句块 3[;]
```

2. while 循环嵌套语法

```
while 条件表达式 1:
    语句块 1[;]
    while 条件表达式 2:
        语句块 2[;]
    语句块 3[;]
```

除此之外，还可以在循环体内嵌入其他的循环体，如在 while 循环中嵌入 for 循环，或在 for 循环中嵌入 while 循环。

【例 3-11】 循环嵌套应用。

```
i = 0
while i<3:
```

```
        for j in range(3):
            print("i=",i," j=",j)
        i=i+1
```

运行结果：

```
>>>
i= 0   j= 0
i= 0   j= 1
i= 0   j= 2
i= 1   j= 0
i= 1   j= 1
i= 1   j= 2
i= 2   j= 0
i= 2   j= 1
i= 2   j= 2
```

可以看到，此程序中运用了循环嵌套结构，其中外循环使用的是 while 语句，而内循环使用的是 for 语句。程序执行的流程如下。

1）一开始 i=0，循环条件 i<3 成立，进入 while 外循环执行其外层循环体。

2）从 j=0 开始，由于 j<3 成立，因此进入 for 内循环执行内层循环体，直到 j=3 不满足循环条件，跳出 for 循环体，继续执行 while 外循环的循环体。

3）执行 i=i+1 语句后，如果 i<3 依旧成立，则从步骤 2）继续执行。直到 i<3 不成立，此循环嵌套结构执行完毕。

根据上面的分析，此程序中的外层循环将循环 3 次（从 i=0 到 i=2），而每次执行外层循环时，内层循环都从 j=0 循环执行到 j=2。因此，该嵌套循环结构将执行 3×3 = 9 次。

【例 3-12】 if 语句和 for 循环的嵌套结构实例。

```
i = 0
if i<3:
    for j in range(3):
        print("i=",i," j=",j)
```

运行结果：

```
>>>
i= 0   j= 0
i= 0   j= 1
i= 0   j= 2
```

需要指明的是，上面程序演示的仅是两层嵌套结构，其实 if、while、for 之间完全支持多层（≥3）嵌套。例如：

```
if ...:
    while ...:
        for ...:
            if ...:
                ...
```

也就是说，只要场景需要，判断结构和循环结构之间完全可以相互嵌套，甚至可以多层嵌套。

【例 3-13】 循环嵌套实现冒泡排序。

冒泡排序算法的实现思想遵循以下几步。

1）比较相邻的元素，如果第一个比第二个大，就交换它们两个。

2）从最开始的第一对到结尾的最后一对，对每一对相邻元素做步骤 1）所描述的比较工作，并将最大的元素放在后面。这样，从最开始的第一对到结尾的最后一对都执行完后，整个序列中的最后一个元素便是最大的数。

3）将循环缩短，除去最后一个数（因为最后一个已经是最大的），再重复步骤 2）的操作，得到倒数第二大的数。

4）持续做步骤 3）的操作，每次将循环次数减 1，并得到本次循环中的最大数。直到循环次数缩短为 1，即没有任何一对数字需要比较，此时便得到了一个从小到大排序的序列。

冒泡排序算法的实现原理表明，要想实现该算法，需要借助循环嵌套结构，使用 for 循环或者 while 循环都可以。

```
data0 = [24,33,12,6,17,4]
print("原先的序列为：",data0)
data=data0
#实现冒泡排序
for i in range(len(data)-1):
    for j in range(len(data)-i-1):
        if(data[j]>data[j+1]):
            data[j],data[j+1] = data[j+1],data[j]
print("排序后序列为：",data)
```

运行结果：

```
>>>
原先的序列为： [24, 33, 12, 6, 17, 4]
排序后序列为： [4, 6, 12, 17, 24, 33]
```

可以看到，实现冒泡排序的程序使用了两层循环，其中外层循环负责冒泡排序进行的次数，而内层循环负责将列表中相邻的两个元素进行比较，并调整顺序，即将较小的放在前面，较大的放在后面。

3.3.5　循环控制语句

循环控制语句可以更改语句执行的顺序。Python 支持 break 语句、continue 语句和 pass 语句等循环控制语句。

1. break 语句

break 语句可以立即终止当前循环的执行，跳出当前所在的循环结构。无论是 while 循环还是 for 循环，只要执行 break 语句，就会直接结束当前正在执行的循环体。

break 语句的语法非常简洁，可以直接插入 while 或 for 循环体中，一般与 if 语句结合使用，表示在某种条件下跳出循环体。

【例 3-14】 for 循环中的 break 语句。

```
str1 = "中国最大的省份,新疆"
# 一个简单的 for 循环
for i in str1:
    if i == ',' :
        #终止循环
        break
    print(i,end="")
print("\n 执行循环体外的代码")
```

运行结果：

```
>>>
中国最大的省份
执行循环体外的代码
```

分析上面程序不难看出，当循环至 str1 字符串中的逗号“,”时，程序执行 break 语句，直接终止当前的循环，跳出循环体。

【例 3-15】 使用 break 语句跳出循环体。

```
str1 = "中国最大的省份,新疆"
for i in range(3):
    print(i)
    for j in str1:
        if j == ',':
            break
        print(j,end="")
    print("\n 跳出内循环")
```

运行结果：

```
>>>
0
中国最大的省份
跳出内循环
1
中国最大的省份
跳出内循环
2
中国最大的省份
跳出内循环
```

对于嵌套的循环结构来说，break 语句只会终止所在循环体的执行，而不会作用于所有的循环体。分析上面的程序可以发现，每当执行内层循环时，只要循环至 str1 字符串中的逗号“,”就会执行 break 语句，它会立即停止执行当前所在的内层循环体，转而继续执行外层循环。

【例 3-16】 使用 break 语句及 bool 类型变量跳出更多循环体。

```
str1 = "中国最大的省份,新疆"
```

```
#提前定义一个 bool 变量，并为其赋初值
flag = False
for i in range(3):
    for j in str1:
        if j == ',':
            #在 break 前，修改 flag 的值
            flag = True
            break
        print(j,end="")
    print("\n 跳出内循环")
    #在外层循环体中再次使用 break
    if flag == True:
        print("跳出外层循环")
        break
```

运行结果：

```
>>>
中国最大的省份
跳出内循环
跳出外层循环
```

可以看到，通过引入一个 bool 类型的变量 flag，可以在内循环检测到特定条件时更改 flag 的值，同时在外层循环的每次迭代中，判断 flag 的值是否发生改动，如有改动，则执行 break 语句跳出外层循环；反之，则继续执行外层循环。

2．continue 语句

continue 语句执行后可以跳出该次循环，执行下一次循环。和 break 语句相比，continue 语句的作用没有那么强大，它只会终止执行本次循环中剩下的代码，直接从下一次循环开始执行。

continue 语句的用法和 break 语句一样，只要在 while 或 for 语句中相应的位置加入即可。

【例 3-17】 使用 continue 语句跳出当前循环。

```
str1 = "中国最大的省份,新疆,它毗邻中亚"
# 一个简单的 for 循环
for i in str1:
    if i == ',' :
        # 忽略本次循环的剩下语句
        print('\n')
        continue
    print(i,end="")
```

运行结果：

```
>>>
中国最大的省份

新疆

它毗邻中亚
```

可以看到，当遍历 str1 字符串至逗号“,”时，会进入 if 判断语句执行 print() 语句和 continue 语句。其中，print() 语句起到换行的作用，而 continue 语句会使 Python 解释器忽略执行代码行“print(i,end="")”，直接从下一次循环开始执行。

3．pass 语句

pass 是空语句，起到保持程序结构完整的作用。

【例 3-18】 pass 语句的简单应用。

```
for i in range(5):
    score = int( input("请输入你的成绩（满分 100）：") )
    if score < 60 :
        print("不及格")
    elif score >= 60 and score < 70:
        print("及格")
    elif score >= 70 and score < 80:
        print("中等")
    elif score >= 80 and score < 90:
        pass
    else:
        print("优秀")
```

运行结果：

```
>>>
请输入你的成绩（满分 100）：55↙
不及格
请输入你的成绩（满分 100）：72↙
中等
请输入你的成绩（满分 100）：85↙
请输入你的成绩（满分 100）：96↙
优秀
请输入你的成绩（满分 100）：65↙
及格
```

从运行结果可以看出，程序执行到“i=3”，输入成绩为 85 时，其指令为“pass”，但是并没有进行什么操作。

3.4　采用选择与循环结构实现序列操作

3.4.1　序列推导式

推导式是可以从一个数据序列构建另一个新的数据结构的结构体，共有三种常用的推导式，包括列表（list）推导式、字典（dict）推导式、集合（set）推导式。

1．列表推导式

列表推导式的基本格式为：

```
variable = [out_exp_res for out_exp in input_list if condition]
```

其中，out_exp_res 为列表生成元素表达式，可以是有返回值的函数；for out_exp in input_list 为迭代 input_list 将 out_exp 传入 out_exp_res 表达式中；if condition 为条件语句，可以过滤列表中不符合条件的值。

【例 3-19】 从-5 到 40 之间找出被 5 除余数为 1 的所有元素。

```
list1 = [i for i in range(-5,40) if i % 5 is 1]
print(list1)
```

运行结果：

```
>>>
[-4, 1, 6, 11, 16, 21, 26, 31, 36]
```

2．字典推导式

字典推导式和列表推导式的使用方法是类似的，但需要将中括号改成大括号，且每个元素都包含键和值。

【例 3-20】 字典中大小写等价键的值合并。

```
mcase = {'a': 10, 'b': 34, 'A': 7, 'Z': 3}
mcase_frequency = {
        k.lower(): mcase.get(k.lower(), 0) + mcase.get(k.upper(), 0)
        for k in mcase.keys()
        if k.lower() in ['a','b']
}
print(mcase_frequency)
```

运行结果：

```
>>>
{'a': 17, 'b': 34}
```

【例 3-21】 键值反转。

```
mcase = {'a': 10, 'b': 34}
mcase_frequency = {v: k for k, v in mcase.items()}
print(mcase_frequency)
```

运行结果：

```
>>>
{10: 'a', 34: 'b'}
```

3．集合推导式

集合推导式与列表推导式类似，唯一的区别在于它使用大括号{}，且结果中的元素是唯一的。

【例 3-22】 将列表中的元素求三次方后推导为集合。

```
set1 = {x**3 for x in [1, 4, 13,0,-7]}
print(set1)
```

运行结果：

```
>>>
{64, 1, 0, -343, 2197}
```

3.4.2　zip() 函数及用法

3-8　zip() 函数基本应用

zip() 函数是 Python 内置函数之一，它可以将多个序列（列表、元组、字典、集合、字符串以及 range() 区间构成的列表）“压缩”成一个 zip 对象。所谓“压缩”，其实就是将这些序列中对应位置的元素重新组合，生成一个新的元组。

zip() 函数的语法格式为：

```
zip(iterable, ...)
```

其中，iterable,... 表示多个列表、元组、字典、集合、字符串，甚至还可以为 range() 区间。

【例 3-23】 zip() 函数基本应用。

```
my_list = [-1,-2,-3]
my_tuple = ("a","b","c")
print([x for x in zip(my_list,my_tuple)])
my_dic = {101:2,102:4,103:5}
print([x for x in zip(my_dic)])
my_pychar = "China"
my_shechar = "中国地大物博"
print([x for x in zip(my_pychar,my_shechar)])
```

运行结果：

```
>>>
[(-1, 'a'), (-2, 'b'), (-3, 'c')]
[(101,), (102,), (103,)]
[('C', '中'), ('h', '国'), ('i', '地'), ('n', '大'), ('a', '物')]
```

分析以上程序和相应的输出结果不难发现，在使用 zip() 函数“压缩”多个序列时，它会分别取各序列中第 1 个元素、第 2 个元素……第 n 个元素，各自组成新的元组。需要注意的是，当多个序列中元素个数不一致时，会以最短的序列为准进行压缩。

对于 zip() 函数返回的 zip 对象，既可以像上面程序那样，通过遍历提取其存储的元组，也可以通过调用 list() 函数将 zip() 对象强制转换成列表。

3.4.3　reversed() 函数及用法

reversed() 是 Python 内置函数之一，其功能是对于给定的序列（包括列表、元组、字符串以及 range() 区间），该函数可以返回一个逆序序列的迭代器（用于遍历该逆序序列）。

reversed() 函数的语法格式如下：

```
reversed(seq)
```

其中，seq 可以是列表、元素、字符串以及 range() 生成的区间列表。

【例 3-24】 reversed() 函数基本应用。

```
#将列表进行逆序
print([x for x in reversed([-1,1,3,5,7])])
#将元组进行逆序
print([x for x in reversed((-1,1,3,5,7))])
#将字符串进行逆序
print([x for x in reversed("china")])
#将 range() 生成的区间列表进行逆序
print([x for x in reversed(range(5))])
```

运行结果：

```
>>>
[7, 5, 3, 1, -1]
[7, 5, 3, 1, -1]
['a', 'n', 'i', 'h', 'c']
[4, 3, 2, 1, 0]
```

需要注意的是，使用 reversed() 函数进行逆序操作，并不会修改原来序列中元素的顺序。

3-9　sorted() 函数基本应用

3.4.4　sorted() 函数及用法

sorted() 作为 Python 内置函数之一，其功能是对序列（列表、元组、字典、集合和字符串）进行排序。

sorted() 函数的基本语法格式如下：

```
list = sorted(iterable, key=None, reverse=False)
```

sorted() 函数会返回一个排好序的列表。其中，iterable 表示指定的序列，key 参数可以自定义排序规则；reverse 参数指定以升序（False，默认）还是降序（True）进行排序；key 参数和 reverse 参数是可选参数，既可以使用，也可以忽略。

【例 3-25】 sorted() 函数基本应用。

```
#对列表进行排序
list1 = [23,12,24,33,1]
print(sorted(list1))
#对元组进行排序
tup1 = (23,12,24,33,1)
print(sorted(tup1))
#字典默认按照 key 进行排序
dict1= {4:1,5:2,3:3,2:6,1:8}
print(sorted(dict1.items()))
#对集合进行排序
set1 = {23,12,24,33,1}
```

```
print(sorted(set1))
#对字符串进行排序
str1 = "51423"
print(sorted(str1))
```

运行结果：

```
>>>
[1, 12, 23, 24, 33]
[1, 12, 23, 24, 33]
[(1, 8), (2, 6), (3, 3), (4, 1), (5, 2)]
[1, 12, 23, 24, 33]
['1', '2', '3', '4', '5']
```

【例 3-26】 sorted() 函数使用要点。

使用 sorted() 函数对序列进行排序，并不会在原序列的基础上进行修改，而是会重新生成一个排好序的列表。除此之外，sorted() 函数默认对序列中的元素进行升序排序，通过将 reverse 参数值改为 True，可实现降序排序。

```
#对列表进行升序排序
a = [25,33,14,-2,0]
print(sorted(a))
#再次输出原来的列表 a
print(a)
#对列表进行降序排序
a = [25,33,14,-2,0]
print(sorted(a,reverse=True))
```

运行结果：

```
>>>
[-2, 0, 14, 25, 33]
[25, 33, 14, -2, 0]
[33, 25, 14, 0, -2]
```

3.5 综合案例解析

3.5.1 编写计算班级学生平均分程序

【例 3-27】 输入班级学生数和每位学生的成绩后计算平均分。

基本思路：采用 while 结构控制班级学生数和每位学生的成绩。

```
#预设最多学生数和单项分数最大值
i_max=50
score_max=100
while True:
    student_number = int(input("请输入班级学生数目："))
```

```
        #如果超出则要求用户重新输入
        if student_number > i_max:
            print("班级学生数 > 50")
        else: #否则跳出循环
            break;
    #申请两个变量用户循环
    count = 1          #计次_1 开始
    total = 0          #总数
    #循环条件已输入学生数小于或等于学生总数
    while count <= student_number:
        print("请输入第",count,"位学生的成绩分数（0～100）：")
        score1= int(input())                    #输入学生成绩分数
        #判断已经递增的学生总分数值是否大于 int max
        if (score1 > score_max)or (score1 < 0):
            #如果录入学生分数异常，将告诉用户在输入第几位学生分数时产生了这样的问题
            print ("分数输入错误，No.",count,"学生．")
            total = 0
            count = 1
        else:
            total +=score1
            count += 1
    #总数除以学生数=平均分
    total /= student_number
    print("班级平均分:",total)
```

运行结果：

```
>>>
请输入班级学生数目：10
请输入第 1 位学生的成绩分数（0～100)：
79
请输入第 2 位学生的成绩分数（0～100)：
90
请输入第 3 位学生的成绩分数（0～100)：
88
请输入第 4 位学生的成绩分数（0～100)：
71
请输入第 5 位学生的成绩分数（0～100)：
69
请输入第 6 位学生的成绩分数（0～100)：
81
请输入第 7 位学生的成绩分数（0～100)：
92
请输入第 8 位学生的成绩分数（0～100)：
75
请输入第 9 位学生的成绩分数（0～100)：
72
请输入第 10 位学生的成绩分数（0～100)：
```

```
81
班级平均分: 79.8
```

下面是出现分数输入错误的显示。

```
>>>
请输入班级学生数目：3
请输入第 1 位学生的成绩分数（0～100):
120
分数输入错误，No. 1 学生.
```

3.5.2　编写素数判断程序

3-10　编写素数判断程序

【例 3-28】 输入一个正整数，判断它是否为素数，如果不是素数，输出它可以被哪个数整除。

基本思路：只能被 1 和它本身整除的数叫作素数，当然 1 既不是素数也不是合数。采用判断和循环结构实现素数的判断。

```
n = int(input("请输入一个正整数 n："))
if n < 2:                    #判断是否大于 1 的整数，且 1 不是素数
    print("%d 不是素数！"%n)
else:
    for i in range(2,n):
        if n % i == 0:       #判断是否能被整除
            print("%d 不是素数！它可以被"%n,i,"整除。")
            break
    else:
        print("%d 是素数！"%n)
```

运行结果：

```
>>>
请输入一个正整数 n：169
169 不是素数！它可以被 13 整除。
>>>
请输入一个正整数 n：97
97 是素数！
```

拓展阅读：数据库国产化

安全、稳定、高效运行的数据库系统对于政企业务的运转至关重要。在大规模的信息系统国产化替代过程中，一些对标原有商用数据库的解决方案或者产品开始崭露头角，部分组织机构或企业，可能会选择通过现有方案进行简单替代。在这方面，国产数据库虽然还做不到领跑，但并跑没有问题。然而，如果一味地选择跟随而没有自己的创新，国产数据库将难以构建真正的核心竞争力。因此，数据库国产化任重道远。

思考与练习

3.1 选择题

1. 关于结构化程序设计所要求的基本结构，以下选项中描述错误的是（　　）。

A. 重复（循环）结构　　B. 选择（分支）结构

C. goto 跳转　　D. 顺序结构

2. 设有表示学生选课的三张表，学生 S（学号，姓名，性别，年龄，身份证号），课程（课号，课程名），选课 SC（学号，课号，成绩），表 SC 的关键字（键或码）是（　　）。

A. 学号，成绩　　B. 学号，课号

C. 学号，姓名，成绩　　D. 课号，成绩

3. 关于 Python 程序格式框架的描述，以下选项中错误的是（　　）。

A. Python 语言的缩进可以采用〈Tab〉键实现

B. Python 单层缩进代码属于之前最邻近的一行非缩进代码，多层缩进代码根据缩进关系决定所属范围

C. 判断、循环、函数等语法形式能够通过缩进包含一批 Python 代码，进而表达对应的语义

D. Python 语言不采用严格的“缩进”来表明程序的格式框架

4. 关于 Python 的分支结构，以下选项中描述错误的是（　　）。

A. 分支结构使用 if 保留字

B. Python 中 if-else 语句用来形成二分支结构

C. Python 中 if-elif-else 语句用来描述多分支结构

D. 分支结构可以向已经执行过的语句部分跳转

5. 下面代码的输出结果是（　　）。

```
for s in "HelloWorld":
    if s=="W":
        continue
    print(s,end="")
```

A. Hello　　B. World　　C. HelloWorld　　D. Helloorld

6. 下面代码的输出结果是（　　）。

```
a = [[1,2,3], [4,5,6], [7,8,9]]
s = 0
for c in a:
    for j in range(3):
        s += c[j]
print(s)
```

A. 0　　B. 45　　C. 24　　D. 以上答案都不对

3.2 已知一个三角形的三边长分别是 a、b、c，它的面积可用如下公式计算：

$$S=\sqrt{p(p-a)(p-b)(p-c)}\qquad （其中 p=\frac{a+b+c}{2}）$$

现在为计算机设计一个算法，输入三角形的三条边长 a、b、c，计算出三角形的面积 S，请画出流程图。

3.3　请在公制长度和英制长度之间进行转换，具体来说，以“米”和“英尺”为单位进行长度转换。

从输入获得长度值和长度符号，例如：10 m 或 10 ft，输出转换后的长度值和长度符号，输入长度值不限，输出长度值保存小数点后两位，1 m = 3.28 ft

。

3.4　输入某同学的若干门课程的分数，并计算其在不同加权系数时的平均分。不同课程加权系数的取值范围为 1～10（整数），且为已知值。

3.5　编写结构化程序，输入一个自然数 n，然后计算并输出前 n 个自然数的阶乘之和：1!+2!+3!+⋯+n!的值。

3.6　有四个数字：1、2、3、4，能组成多少个互不相同且无重复数字的三位数？各是多少？

3.7　输入某年某月某日，判断这一天是这一年的第几天。

3.8　猴子吃桃问题：猴子第一天摘下若干个桃子，当即吃了一半，还不过瘾，又多吃了一个，第二天早上又将剩下的桃子吃掉一半，又多吃了一个。以后每天早上都吃了前一天剩下的一半加一个。到第 10 天早上想再吃时，只剩下一个桃子了。求第一天共摘了多少桃子。

3.9　求输入数字的平方，如果平方运算后小于 50 则退出。

3.10　有 n 个人围成一圈，顺序排号。从第一个人开始报数（从 1 到 3 报数），凡报到 3 的人退出圈子，最后留下的是原来的第几号？

第 4 章　Python 函数、模块与类

导读

高级语言为了降低编程的难度，通常将一个复杂的大问题分解成一系列简单的小问题，然后将小问题继续划分成更小的问题，当问题细化得足够简单时，就可以通过编写函数、类等分而治之了。Python 语言不仅提供了极为丰富的系统函数与模块，支持用户建立自己的函数与模块，还强调面向对象程序设计，要求掌握类的声明、对象的创建与使用等内容。利用继承机制不仅使代码的重用性得到提高，还可以清晰描述事物间的层次分类关系。Python 提供了多继承机制，通过继承父类，子类可以获得父类所拥有的方法和属性，并在此基础上，添加新的属性和方法来满足新事物的需求。

4-1　函数的定义

4.1　函数的定义

4.1.1　概述

用户可以自定义一个所需功能的函数，以下是简单的函数定义规则。

1）函数代码块以 def 关键词开头，后接函数标识符名称和圆括号( )。

2）任何传入参数和自变量必须放在圆括号中间，圆括号之间也可以用于定义参数。

3）函数的第一行语句可以选择性地使用文档字符串，用于存放函数说明。

4）函数内容以冒号起始，并且统一缩进。

return[表达式]结束函数，选择性地返回一个值给调用方；不带表达式的 return 相当于返回 None。可以将函数作为一个值赋值给指定变量，其语法如下：

```
def  函数名([参数 1,参数 2,…,参数 n]):
     "函数_文档字符串"
     函数体（语句块）
     [return [表达式]]
```

定义一个完整的函数既包含函数名称，也指定了函数里包含的参数和代码块结构。这个函数的基本结构完成以后，用户可以通过另一个函数来调用执行，也可以直接从 Python 提示符执行。

【例 4-1】 函数定义的应用。

```
def printme( string ):    # 函数定义
    "打印两次任何传入的字符串"
    print(string*2)
# 下面实现两次函数调用
```

```
printme("我要调用用户自定义函数！");                # 打印两次“我要调用用户自定义函数！”
printme("再次调用同一函数");                      # 打印两次“再次调用同一函数”
```

运行结果：

```
>>>
我要调用用户自定义函数！我要调用用户自定义函数！
再次调用同一函数再次调用同一函数
```

【例 4-2】 函数参数的调用。

```
def test_func(num_1, num_2, oprn):
    if oprn == 1:
        print('加法')
        print(num_1 + num_2)
    elif oprn == 2:
        print('减法')
        print(num_1 - num_2)
    elif oprn == 3:
        print('乘法')
        print(num_1 * num_2)
    elif oprn == 4:
        print('除法')
        print(num_1 / num_2)
    else:
        print('未明确算法')
#调用函数 test_func
a=input("请输入数字 1：")
b=input("请输入数字 2：")
c=input("请输入操作算法：")
test_func(int(a),int(b),int(c))
```

运行结果：

```
>>>
请输入数字 1：45↙
请输入数字 2：5↙
请输入操作算法：1↙
加法
50
>>>
请输入数字 1：50↙
请输入数字 2：50↙
请输入操作算法：3↙
乘法
2500
```

注意，调用函数时，参数必须以正确的顺序传入函数，参数的数量也必须和声明时的一样，不然会出现语法错误。

4.1.2 函数的形式参数和实际参数

1. 两种类型的参数

在使用函数时，经常会用到形式参数（简称“形参”）和实际参数（简称“实参”），二者都叫参数，它们之间的区别如下。

1）形式参数：在定义函数时，函数名后面括号中的参数就是形式参数，例如:

```
#定义函数时，这里的函数参数 obj 就是形式参数
def demo(obj):
    print(obj)
```

2）实际参数：在调用函数时，函数名后面括号中的参数称为实际参数，也就是函数的调用者给函数的参数，例如:

```
a = "Python 学习小组"
#调用已经定义好的 demo 函数，此时传入的函数参数 a 就是实际参数
demo(a)
```

根据实际参数的类型不同，函数参数的传递方式可分为两种，分别为值传递和引用（地址）传递。

① 值传递：适用于实参类型为不可变类型（字符串、数字、元组等）。

② 引用（地址）传递：适用于实参类型为可变类型（列表、字典等）。

值传递和引用传递的区别是，函数参数进行值传递后，若形参的值发生改变，不会影响实参的值；而函数参数进行引用传递后，改变形参的值，实参的值也会一同改变。

【例 4-3】 定义一个名为 adds 的函数，用于两个变量的相加，现在分别传入一个字符串类型的变量（代表值传递）和列表类型的变量（代表引用传递）。

```
def adds(obj) :
    obj += obj
    print("形参值为：",obj)
print("-------值传递-----")
a = "Python 学习小组"
print("a 的值为：",a)
adds(a)
print("实参值为：",a)
print("-----引用传递-----")
list1= ["Python","学习","小组"]
print("set1 的值为：",list1)
adds(list1)
print("实参值为：",list1)
```

运行结果：

```
>>>
-------值传递-----
a 的值为： Python 学习小组
形参值为： Python 学习小组 Python 学习小组
```

```
实参值为：  Python 学习小组
-----引用传递-----
set1 的值为：  ['Python', '学习', '小组']
形参值为：  ['Python', '学习', '小组', 'Python', '学习', '小组']
实参值为：  ['Python', '学习', '小组', 'Python', '学习', '小组']
```

分析运行结果不难看出，在执行值传递时，改变形式参数的值，实际参数并不会发生改变；而在进行引用传递时，改变形式参数的值，实际参数也会发生同样的改变。

4-2　值传递机制

2. 值传递机制

【例 4-4】 定义一个名为 swap 的函数，通过值传递进行两个变量的交换。

```
def swap(a , b) :
    # 下面代码实现 a、b 变量的值交换
    a, b = b, a
    print("swap 函数里，a 的值是", a, "； b 的值是", b)
a = 16
b = 19
swap(a , b)
print("交换结束后，变量 a 的值是",a , "； 变量 b 的值是", b)
```

运行结果：

```
>>>
swap 函数里，a 的值是 19 ； b 的值是 16
交换结束后，变量 a 的值是 16 ； 变量 b 的值是 19
```

从上面的运行结果来看，在 swap() 函数里，a 和 b 的值分别是 19、16，交换结束后，变量 a 和 b 的值依然是 16、19。从这个运行结果可以看出，程序中实际定义的变量 a 和 b，并不是 swap() 函数里的 a 和 b。根据形参和实参的定义，swap() 函数里的 a 和 b 只是主（main）程序中变量 a 和 b 的副本，这两个变量在内存中的存储示意图如图 4-1 所示。

当程序执行 swap() 函数时，系统进入 swap() 函数，并将主程序中的 a、b 变量作为参数值传入 swap() 函数，但传入 swap() 函数的只是 a、b 的副本，而不是 a、b 本身。进入 swap() 函数后，系统中产生了 4 个变量，这 4 个变量在内存中的存储示意图如图 4-2 所示。

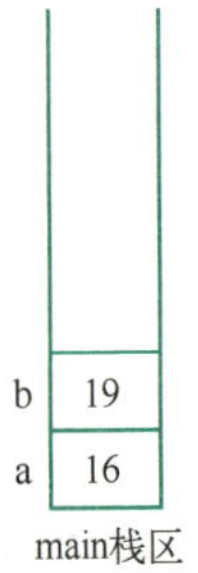

图 4-1　主栈区中 a、b 变量存储示意图

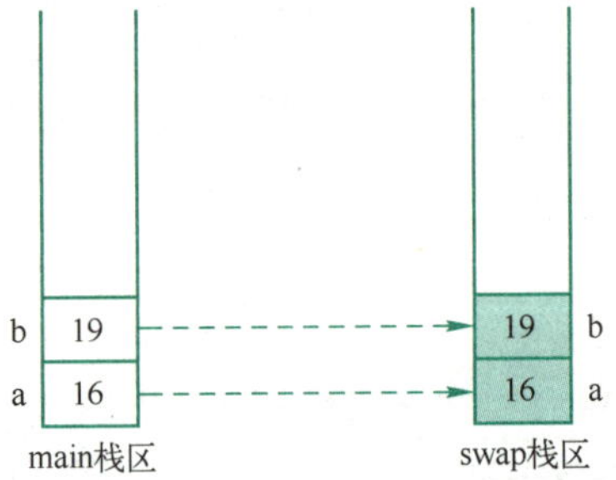

图 4-2　主栈区的变量作为参数值传入 swap() 函数后存储示意图

当在主程序中调用 swap() 函数时，系统分别为主程序和 swap() 函数分配两块栈区，用于保

存它们的局部变量。将主程序中的 a、b 变量作为参数值传入 swap() 函数，实际上是在 swap() 函数栈区中重新产生了两个变量 a、b，并将主程序栈区中 a、b 变量的值分别赋值给 swap() 函数栈区中的 a、b 参数（就是对 swap() 函数的 a、b 两个变量进行初始化）。此时，系统存在两个 a 变量、两个 b 变量，只是存在于不同的栈区中而已。

程序在 swap() 函数中交换 a、b 两个变量的值，实际上是对图 4-2 中灰色区域的 a、b 变量进行交换。交换结束后，输出 swap() 函数中 a、b 变量的值，可以看到 a 的值为 19，b 的值为 16，此时在内存中的存储示意图如图 4-3 所示。

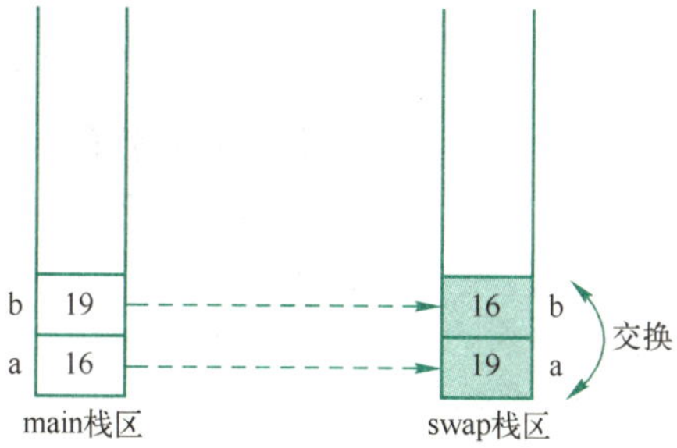

图 4-3　swap() 函数中 a、b 交换之后的存储示意图

对比图 4-2 与图 4-3，可以看到两个示意图中主程序栈区中 a、b 的值并未发生任何改变，程序改变的只是 swap() 函数栈区中 a、b 的值。这就是值传递的实质：当系统开始执行函数时，系统对形参执行初始化，就是把实参变量的值赋给函数的形参变量，在函数中操作的并不是实际的实参变量。

3. 引用传递机制

【例 4-5】 定义一个名为 swap 的函数，通过引用传递进行两个变量的交换。

```
def swap(dw):
    # 下面代码实现 dw 的 a、b 两个元素的值交换
    dw['a'], dw['b'] = dw['b'], dw['a']
    print("swap 函数里，a 元素的值是",dw['a'], "；b 元素的值是", dw['b'])
dw = {'a': 16, 'b': 19}
swap(dw)
print("交换结束后，a 元素的值是",dw['a'], "；b 元素的值是", dw['b'])
```

运行结果：

```
>>>
swap 函数里，a 元素的值是 19 ；b 元素的值是 16
交换结束后，a 元素的值是 19 ；b 元素的值是 16
```

从上面的运行结果来看，在 swap() 函数里，dw 字典的 a、b 两个元素的值交换成功。不仅如此，当 swap() 函数执行结束后，主程序中 dw 字典的 a、b 两个元素的值也交换了。这很容易造成一种错觉，即在调用 swap() 函数时，传入 swap() 函数的就是 dw 字典本身，而不是它的副本。但这只是一种错觉，下面还是结合示意图来说明程序的执行过程。

程序开始创建了一个字典对象，并定义了一个 dw 引用变量（其实就是一个指针）指向字典对象，这意味着此时内存中有两项内容：对象本身和指向该对象的引用变量。此时在系统内

存中的存储示意图如图 4-4 所示。

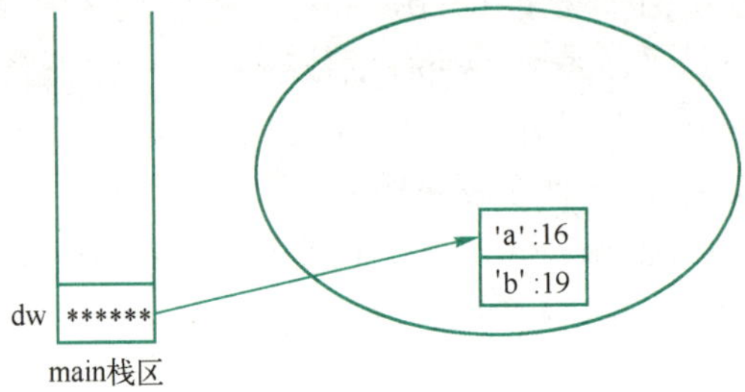

图 4-4　主程序创建了字典对象后存储示意图

接下来主程序开始调用 swap() 函数，在调用 swap() 函数时，dw 变量被作为参数传入 swap()函数，这里依然采用值传递方式：把主程序中 dw 变量的值赋给 swap() 函数的 dw 形参，从而完成 swap() 函数的 dw 参数的初始化。值得指出的是，主程序中的 dw 是一个引用变量（也就是一个指针），它保存了字典对象的地址值，当把 dw 的值赋给 swap() 函数的 dw 参数后，就是让 swap() 函数的 dw 参数也保存这个地址值，也会引用到同一个字典对象。图 4-5 显示了 dw 字典传入 swap() 函数后的存储示意图。

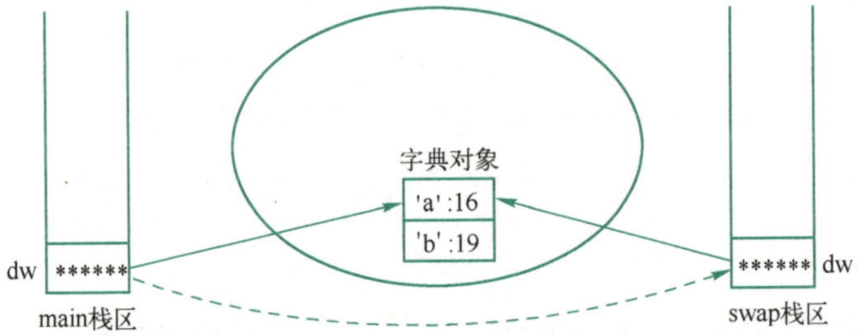

图 4-5　dw 字典传入 swap() 函数后存储示意图

从图 4-5 来看，这种参数传递方式是值传递，系统一样复制了 dw 的副本传入 swap() 函数。但由于 dw 只是一个引用变量，因此系统复制的是 dw 变量，并未复制字典本身。当程序在 swap() 函数中操作 dw 参数时，实际操作的还是字典对象。此时，无论是操作主程序中的 dw 变量，还是操作 swap() 函数里的 dw 参数，其实操作的都是它们共同引用的字典对象。因此，当在 swap() 函数中交换 dw 参数所引用字典对象的 a、b 两个元素的值后，可以看到在主程序中 dw 变量所引用字典对象的 a、b 两个元素的值也被交换了。

4.1.3　函数的关键字参数

默认情况下，函数调用时所用的参数是位置参数，即传入函数的实际参数必须与形式参数的数量和位置对应。然而，Python 还支持关键字参数，这种参数可以避免记忆参数位置的麻烦，使函数的调用和参数传递更加灵活方便。

关键字参数是指使用形式参数的名字来确定输入的参数值。通过此方式指定函数实参时，不再需要与形参的位置完全一致，只要将参数名写正确即可。

【例 4-6】 使用关键字参数的形式给函数传参。

```
def prints(str1,str2):
    print("str1:",str1,"str2:",str2)
```

```
#位置参数
prints("建设祖国","China")
#关键字参数
prints("建设祖国",str2="China")
prints(str2="China",str1="建设祖国")
```

运行结果：

```
>>>
str1: 建设祖国 str2: China
str1: 建设祖国 str2: China
str1: 建设祖国 str2: China
```

可以看到，在调用有参函数时，既可以根据位置参数来调用，也可以使用关键字参数（程序中第 7 行）来调用。在使用关键字参数调用时，可以任意调换参数传参的位置。当然，还可以像第 6 行代码那样，使用位置参数和关键字参数混合传参的方式，但需要注意，混合传参时关键字参数必须位于所有的位置参数之后。

4.1.4　函数的默认值参数

在调用函数时如果不指定某个参数，Python 解释器会抛出异常。为了解决这个问题，Python 允许为参数设置默认值，即在定义函数时，直接给形式参数指定一个默认值。即便调用函数时没有给拥有默认值的形参传递参数，该参数也可以直接使用定义函数时设置的默认值。

Python 定义带有默认值参数的函数，其语法格式如下：

```
def 函数名(...，形参名，形参名=默认值):
    代码块
```

注意，在使用此格式定义函数时，指定有默认值的形式参数必须在所有无默认值参数的最后，否则会产生语法错误。

【例 4-7】 函数参数的调用。

```
#str1 没有默认参数，str2 有默认参数
def prints(str1,str2 = "中国"):
    print("str1:",str1,"str2:",str2)
#采用默认参数
prints("21 世纪")
prints("21 世纪","China")
```

运行结果：

```
>>>
str1: 21 世纪 str2: 中国
str1: 21 世纪 str2: China
```

上面程序中，prints() 函数有两个参数，其中 str2 设有默认参数。这意味着，在调用该函数时，可以仅传入 1 个参数，此时该参数会传给 str1 参数，而 str2 会使用默认的参数，如程序中第 5 行代码所示。当然在调用 prints() 函数时，也可以给所有的参数传值（如第 6 行代码所

示)，这时即便 str2 有默认值，也会优先使用传递给它的新值。

4.1.5 None 返回值

4-3 None 返回值

常量 None（N 必须大写）和 False 不同，它不表示 0，也不表示空字符串，而表示“没有值”，也就是空值。这里的空值并不代表空对象，即 None 和空列表[]、空字符串“” 不同。

None 有自己的数据类型，可以使用 type() 函数查看它的类型，属于 NoneType 类型。

None 常用于 assert、判断以及函数无返回值的情况。例如使用 print() 函数输出数据，其实该函数的返回值就是 None。因为它的功能是在屏幕上显示文本，根本不需要返回任何值，所以 print() 就返回 None。

在 Python 中，对于所有没有 return 语句的函数定义，函数将隐式地返回 None，同样地，使用不带值的 return 语句（也就是只有 return 关键字本身），也会使函数返回 None。

【例 4-8】 验证 None 返回值。

```
result = print('学习 Python')
print(None == result)
```

运行结果：

```
>>>
学习 Python
True
```

4.1.6 函数的局部变量与全局变量

1. 局部变量

4-4 函数的局部变量与全局变量

在函数内部定义的变量，称为局部变量（Local Variable）。它的作用域仅限于函数内部，这意味着在函数外部无法直接修改或访问这些变量。当函数被执行时，Python 会为其分配一块临时的存储空间，所有在函数内部定义的变量，都会存储在这块空间中。函数执行完毕，这块临时存储空间随即会被释放并回收，该空间中存储的变量自然也就无法再被使用。

【例 4-9】 局部变量实例。

```
def demo():
    str1 = "复兴号高铁"
    print("函数内部 str1 =",str1)
demo()
print("函数外部 str1 =",str1)
```

运行结果：

```
>>>
函数内部 str1 = 复兴号高铁
Traceback (most recent call last):
  File "D:/Python/ch4/局部变量 1.py", line 5, in <module>
```

```
    print("函数外部 str1 =",str1)
NameError: name 'str1' is not defined
```

可以看到，如果试图在函数外部访问其内部定义的变量，Python 解释器会报 NameError 错误，并提示没有定义要访问的变量，这也证实了当函数执行完毕后，其内部定义的变量会被销毁并回收。需要指出的是，函数的参数也被视为局部变量，只能在函数内部使用。

2．全局变量

在函数内部对不存在的变量赋值时，默认就是重新定义新的局部变量。如果要使用全局变量，则需要通过 globals() 函数或 global 语句实现。

【例 4-10】 通过 globals() 函数实现全局变量的访问。

```
name = 'China'
def test ():
    # 直接访问 name 全局变量
    print(globals()['name'])
    name = '中国'
test()
print(name)
```

运行结果：

```
>>>
China
China
```

【例 4-11】 通过 global 语句实现全局变量的访问。

```
name = 'China'
def test ():
    # 声明 name 是全局变量，后面的赋值语句不会重新定义局部变量
    global name
    # 直接访问 name 全局变量
    print(name)
    name = '中国'
test()
print(name)
```

运行结果：

```
>>>
China
中国
```

4.1.7　为函数提供说明文档

通过调用 Python 的 help() 内置函数可以查看某个函数的说明文档，对于用户自定义的函数，其说明文档也可以由程序员自己编写。函数的说明文档，本质上是一段字符串，通常位于函数内部，在函数体实际代码的最前面。

【例 4-12】 函数说明文档的调用。

```
#定义一个比较字符串大小的函数
def str_max(str1,str2,str3):
    '''
    比较 3 个字符串的大小
    '''
    str0 = str1 if str1 > str2 else str2
    str = str0 if str0 > str3 else str3
    return str
#调用字符串比较，并提供说明文档
str1=input("请输入第 1 个字符串")
str2=input("请输入第 2 个字符串")
str3=input("请输入第 3 个字符串")
print(str_max(str1,str2,str3))
help(str_max)
#print(str_max. __doc__)
```

运行结果：

```
>>>
请输入第 1 个字符串 ab↙
请输入第 2 个字符串 a↙
请输入第 3 个字符串 1↙
ab
Help on function str_max in module __main__:

str_max(str1, str2, str3)
    比较 3 个字符串的大小
```

4-5　匿名函数

4.2　函数的高级应用

4.2.1　匿名函数

Python 还提供了另外一种方法用于定义一个简单的函数，即使用匿名函数。

匿名函数，又称 lambda 表达式，常用来表示内部仅包含 1 行表达式的函数。如果一个函数的函数体能简化为 1 行表达式，则该函数就可以用 lambda 表达式来代替。

lambda 表达式的语法格式如下：

```
name = lambda [list] : 表达式
```

其中，定义 lambda 表达式，必须使用 lambda 关键字；list 作为可选参数，等同于定义函数指定的参数列表。

该语法格式转换成普通函数的形式，如下所示：

```
def name(list):
    return 表达式
```

```
name(list)
```

显然，使用普通方法定义此函数，需要 3 行代码，而使用 lambda 表达式仅需 1 行。

【例 4-13】 分别用传统方法和匿名函数来设计一个求 3 个数之和的函数。

```
#传统的函数定义
def add3(x,y,z):
    return x+y+z
print(add3(20,4,-1))
#匿名函数定义
add_3 = lambda x,y,z:x+y+z
print(add_3(20,4,-1))
```

运行结果：

```
>>>
23
23
```

拓展阅读：中国函数第一人

陈建功（1893—1971），字业成，浙江绍兴人，数学家、数学教育家，中国函数论研究的开拓者之一，复旦大学、杭州大学教授。陈建功于 1893 年出生于浙江绍兴，1913、1920 年先后两次赴日本留学。1923 年回国，1926 年，第三次东渡日本留学，深入研究三角级数论，尤其精研函数论，取得了重大的突破和举世瞩目的成就。1955 年，当选为中国科学院院士。陈建功毕生从事数学教育和研究，主要从事实变函数论、复变函数论和微分方程等方面的研究工作，是中国函数论方面的学科带头人和许多分支研究领域的开拓者，独立解决了函数可以用绝对收敛的三角级数来表示等根本性数学问题，得到了关于无条件收敛的判别理论。陈建功在函数论，特别是三角级数方面卓有成就，创立了具有特色的函数论学派（陈苏学派），享有国际声誉。

4.2.2 闭包函数

4-6 闭包函数

闭包，又称闭包函数或者闭合函数，和嵌套函数类似但有所不同，不同之处在于，闭包的外部函数返回的不是一个具体的值，而是一个函数。在一般情况下，返回的函数会赋值给一个变量，之后，这个变量可以继续被调用执行。

【例 4-14】 计算一个数的 n 次幂。

```
#闭包函数，其中 exponent 称为自由变量
def nth_power(exponent):
    def exponent_of(base):
        return base ** exponent
    return exponent_of# 返回值是 exponent_of 函数
square = nth_power(2) # 计算一个数的二次方
quadrillion = nth_power(5) # 计算一个数的五次方
print(square(-4))   # 计算 -4 的二次方
```

```
print(quadrillion(-4)) # 计算 -4 的五次方
```

运行结果：

```
>>>
16
-1024
```

在本例中，外部函数 nth_power() 的返回值是函数 exponent_of()，而不是一个具体的数值。需要注意的是，在执行完 square = nth_power(2) 和 quadrillion = nth_power(5) 后，外部函数 nth_power() 的参数 exponent 会和内部函数 exponent_of() 一起赋值给 square 和 quadrillion，这样在之后调用 square(-4) 或者 quadrillion(-4) 时，程序就能顺利地输出结果，而不会出现参数 exponent 未定义的错误。

4.2.3 递归函数

4-7 递归函数

在函数内部可以调用其他函数。如果一个函数在内部调用自身，这个函数就是递归函数，它具有以下特性。

1）必须有一个明确的结束条件。

2）每次进入更深一层递归时，问题规模相比上次递归都应有所减少。

3）相邻两次重复之间有紧密的联系，前一次要为后一次做准备（通常前一次的输出就作为后一次的输入）。

4）递归效率不高，递归层次过多会导致栈溢出，因为函数调用是通过栈（stack）这种数据结构实现的，每当进入一个函数调用，栈就会加一层栈帧，每当函数返回，栈就会减一层栈帧。由于栈的大小不是无限的，所以，递归调用的次数过多，会导致栈溢出。

【例 4-15】 计算 1～50 之间相加之和。

```
# 循环方式
def sum_cycle(n):
    sum = 0
    for i in range(1,n+1) :
        sum += i
    return sum
# 递归方式
def sum_recu(n):
    if n>0:
        return n +sum_recu(n-1)
    else:
        return 0
print(sum_cycle(50))
print(sum_recu(50))
```

运行结果：

```
>>>
1275
1275
```

递归函数的优点是定义简单，逻辑清晰。理论上，所有的递归函数都可以写成循环的方式，但循环的逻辑不如递归清晰。但是，使用递归函数需要注意栈溢出的问题。

【例 4-16】 利用递归函数及二分法查找数值。

二分法，也称为折半法，是一种在有序数组中查找特定元素的搜索算法。二分法查找的思路如下：

1）从数组的中间元素开始搜索，如果该元素正好是目标元素，则搜索过程结束，否则执行下一步。

2）如果目标元素大于/小于中间元素，则在数组大于/小于中间元素的那一半区域查找，然后重复步骤 1）的操作。

3）如果某一步数组为空，则表示找不到目标元素。

可以看出，二分法就是不断重复以上过程，所以可以通过递归方式来实现二分法查找。

```
#采用二分法来查找数
def  Binary_Search(data_source,find_n):
    #判断列表长度是否大于 1，小于 1 就是一个值
    if len(data_source) >= 1:
        #获取列表中间索引；奇数长度列表长度除以 2 会得到小数，通过 int 将转换整型
        mid = int(len(data_source)/2)
        #判断查找值是否超出最大值
        if find_n > data_source[-1]:
            print('{}查找值不存在！ '.format(find_n))
            exit()
        #判断查找值是否超出最小值
        elif find_n < data_source[0]:
            print('{}查找值不存在！ '.format(find_n))
            exit()
        #判断列表中间值是否大于查找值
        if data_source[mid]  > find_n:
            print('查找值在 {} 左边'.format(data_source[mid]))
            #调用自己，并将中间值左边所有元素作为参数
            Binary_Search(data_source[:mid],find_n)
        #判断列表中间值是否小于查找值
        elif data_source[mid] < find_n:
            #print('查找值在 {} 右边'.format(data_source[mid]))
            #调用自己，并将中间值右边所有元素作为参数
            Binary_Search(data_source[mid:],find_n)
        else:
            #找到查找值
            print('找到查找值',data_source[mid])
    else:
        #特殊情况，返回查找不到
        print('{}查找值不存在！ '.format(find_n))
#给出实际列表
data1 = [14,-3,300,99,11,37,889,42,88,117]
#列表从小到大排序
data1.sort()
```

```
#查找 889
Binary_Search(data1,889)
```

运行结果：

```
>>>
找到查找值 889
```

【例 4-17】 分解质因数。

```
def defactor(N):   #定义一个函数名称为 defactor，意义是返回 N 的所有因子
    for i in range(2,N): #从 2 开始试
        if N%i ==0: #如果试到 i 是 N 的因子，就返回 i 的所有因子和 N/i 的所有因子的列表
            return defactor(i)+defactor(int(N/i))
    else:#如果没有试到就说明这个 N 是一个质数，就直接包含它的列表
        return [N]
print(defactor(int(input("请输入一个正整数"))))
```

运行结果：

```
>>>
请输入一个正整数 45↙
[3, 3, 5]
>>>
请输入一个正整数 69↙
[3, 23]
```

4.3 类与对象

4.3.1 对象的引入

面向对象编程（Object-Oriented Programming，OOP），是一种封装代码的方法。在前面的学习中，已经接触了“封装”，例如将毫无关联的数据放进列表中，这是一种简单的封装，是数据层面的封装；把常用的代码块打包成一个函数，这也是一种封装，是语句层面的封装。代码封装，其实就是隐藏实现功能的具体代码，仅提供用户使用的接口，就好像使用计算机时，用户通过键盘、鼠标就可以实现一些功能，不需要知道其内部是如何工作的。

这里所讲的面向对象编程，也是一种封装的思想，不过它在封装的概念上提供了更高级别的抽象和模块化，它可以更好地模拟真实世界里的事物（将其视为对象），并把描述特征的数据和代码块（函数）封装到一起。

1. 对象实例

例如，在某游戏中设计一个乌龟的角色，应该如何来实现呢？使用面向对象的思想会更简单，可以分为如下两个方面进行描述。

从表面特征来描述，例如，绿色的、有 4 条腿、重 10 kg、有外壳等。

从所具有的行为来描述，例如，它会爬、会吃东西、会睡觉、会将头和四肢缩到壳里等。

如果将乌龟用代码来表示，则其表面特征可以用变量来表示，其行为特征可以通过建立相应的函数来实现。参考代码如下所示。

【例 4-18】 创建“乌龟”的封装。

```
class tortoise:
    bodyColor = "绿色"
    footNum = 4
    weight = 10
    hasShell = True
    #会爬
    def crawl(self):
        print("乌龟会爬")
    #会吃东西
    def eat(self):
        print("乌龟吃东西")
    #会睡觉
    def sleep(self):
        print("乌龟在睡觉")
    #会缩到壳里
    def protect(self):
        print("乌龟缩进了壳里")
```

因此，从某种程度上说，相比只用变量或只用函数，使用面向对象的思想可以更好地模拟现实生活中的事物。

不仅如此，在 Python 中，变量其实是对对象的引用，包括整型（int）、浮点型（float）、字符串（str）、列表（list）、元组（tuple）、字典（dict）和集合（set）等。以字典（dict）为例，它包含多个供使用的函数，例如使用 keys() 获取字典中所有的键，使用 values() 获取字典中所有的值，使用 items() 获取字典中所有的键值对，等等。

2．面向对象编程的常用术语

面向对象编程中，常用术语包括以下内容。

1）类：可以理解为一个模板，通过它可以创建出无数个具体实例。例如，前面编写的 tortoise 表示的只是乌龟这个物种，通过它可以创建出无数个实例来代表各种特征的乌龟（这一过程又称为类的实例化）。

2）对象：类并不能直接使用，只有通过类创建出的实例（又称对象）才能使用。这有点像汽车图纸和汽车的关系，图纸本身（类）并不能为人们使用，通过图纸创建出的一辆辆汽车（对象）才能使用。

3）属性：类中的所有变量称为属性。例如，tortoise 这个类中，bodyColor、footNum、weight、hasShell 都是这个类拥有的属性。

4）方法：类中的所有函数通常称为方法。不过，和函数有所不同的是，类方法至少要包含一个 self 参数（后续会做详细介绍）。例如，tortoise 类中，crawl()、eat()、sleep()、protect() 都是这个类所拥有的方法，类方法无法单独使用，只能和类的对象一起使用。

3．类的定义

Python 中定义一个类使用 class 关键字实现，其基本语法格式如下：

```
class 类名:
    多个（≥0）类属性…
    多个（≥0）类方法…
```

注意，无论是类属性还是类方法，对于类来说，它们都不是必需的，可以有也可以没有。另外，Python 类中属性和方法所在的位置是任意的，即它们之间并没有固定的前后次序。

和变量名一样，类名本质上就是一个标识符，因此在给类起名字时，必须符合 Python 的语法，同时考虑程序的可读性。因此，在给类起名字时，最好使用能代表该类功能的单词，例如用“Student”作为学生类的类名；甚至可以使用多个单词的组合。如果由单词构成类名，建议每个单词的首字母大写，其他字母小写。

给类起好名字之后，其后要跟有冒号（:），表示告诉 Python 解释器，下面要开始设计类的内部功能了，也就是编写类属性和类方法。类属性指的就是类中的变量；而类方法指的是类中的函数。换句话说，类属性和类方法其实分别是类中的变量和函数的别称。需要注意的一点是，同属一个类的所有类属性和类方法，要保持统一的缩进格式。

4. 类和对象的关系

定义的类只有进行实例化，也就是使用该类创建对象之后，才能使用，其定义如下：

```
变量名 = 类名称（初始化参数）
```

简单来说，就是把带有初始化参数的类赋值给一个变量。

实例化后的类对象可以执行以下操作。

（1）类对象访问变量或方法

使用已创建好的类对象访问类中实例变量的语法格式如下：

```
类对象名.变量名
```

（2）使用类对象调用类中方法的语法格式如下：

```
对象名.方法名(参数)
```

需要注意的是，对象名和变量名以及方法名之间用点“.”连接。

4.3.2　类的构造方法

1. __init__() 方法

在创建类时，可以手动添加一个 __init__() 方法，该方法是一种特殊的类实例方法，称为构造方法（或构造函数）。

构造方法用于创建对象时使用，每当创建一个类的实例对象时，Python 解释器都会自动调用它。Python 类中，手动添加构造方法的语法格式如下：

```
def __init__(self,...):
    代码块
```

在 __init__ () 方法名中，开头和结尾各有两个下画线，且中间不能有空格。它可以包含多个参数，但必须包含一个名为 self 的参数，且必须作为第一个参数。也就是说，类的构造方法最少也要有一个 self 参数。

【例 4-19】 构建 __init__() 方法并调用。

```
#构造方法
class NewObj:
```

```
    def __init__(self):
        print("调用构造方法")
    # 下面定义了一个类属性
    add = 'Python 学习'
    # 下面定义了一个 say 方法
    def say(self, content):
        print(content)
#调用构造方法
new1=NewObj()
```

运行结果：

```
>>>
调用构造方法
```

显然，在创建 new1 这个对象时，隐式调用了手动创建的 __init__() 构造方法。

【例 4-20】 构建 3 个数相加类的方法并调用。

```
#定义 3 个数相加类
class NewSums:
    def __init__(self,a,b,c):
        self.a=a
        self.b=b
        self.c=c
    def sums(self,a,b,c):
        d=a+b+c
        print(d)
#创建类及调用方法
str1=NewSums(-1,4,5)
str1.sums(-1,4,5)
```

运行结果：

```
>>>
8
```

2. 实例化与 self 用法

4-8　实例化与 self 用法

在定义类的过程中，无论是显式创建类的构造方法，还是向类中添加实例方法，都要求将 self 参数作为方法的第一个参数。

【例 4-21】 实例化和 self 用法。

```
#定义类
class op:
    def __init__(self,p):
        self.p = p
    def a(self):
        self.p += 5
    def b(self):
        self.a()    #在函数 b 中调用函数 a
```

```
            print(self.p)
#创建并调用方法
var = op(2)
var.b()
```

运行结果：

```
>>>
7
```

该程序的实例化图解如图 4-6 所示。

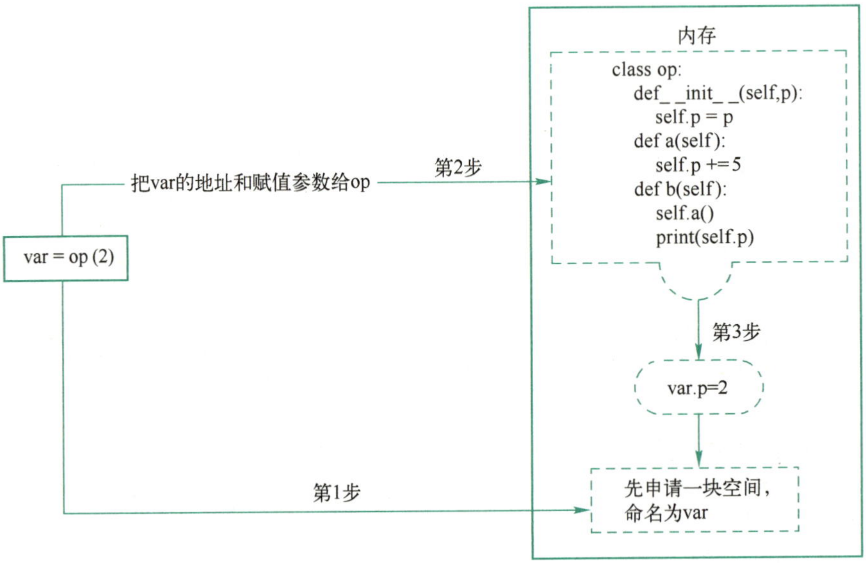

图 4-6　实例化图解

4.3.3　property() 函数和 @property 装饰器

1．property() 函数

property() 函数的作用是在新式类中返回属性值，其基本使用格式如下：

```
属性名=property(fget=None, fset=None, fdel=None, doc=None)
```

其中，fget 参数用于指定获取该属性值的类方法，fset 参数用于指定设置该属性值的方法，fdel 参数用于指定删除该属性值的方法，最后的 doc 是一个文档字符串，用于说明此函数的作用。

【例 4-22】 假设钱（money）具有私有属性，模拟银行卡交易案例。

```
class Card:
    def __init__(self, card_no):
        '''初始化方法'''
        self.card_no = card_no
        self.__money = 0
    def set_money(self,money):
        if money % 100 == 0:
            self.__money += money
```

```
                print("存钱成功！")
            else:
                print("不是一百的倍数")
        def get_money(self):
            return self.__money
        def __str__(self):
            return "卡号%s,余额%d" % (self.card_no, self.__money)
        # 删除 money 属性
        def del_money(self):
            print("----->要删除 money")
            # 删除类属性
            del Card.money
        money = property(get_money, set_money, del_money, "有关余额操作的属性")
    #执行卡的实例化并进行操作
    c = Card("4559238024925290")
    print(c)
    c.money = 500
    print(c.money)
    print(Card.money.__doc__)
    #删除
    del c.money
    print(c.money)
```

运行结果：

```
>>>
卡号 4559238024925290，余额 0
存钱成功！
500
有关余额操作的属性
----->要删除 money
Traceback (most recent call last):
  File "D:/Python/ch4/property-1.py", line 30, in <module>
    print(c.money)
AttributeError: 'Card' object has no attribute 'money'
```

以上程序中，当在类外部 print(对象.money) 的时候会调用 get_money() 方法；当在类外部对对象.money 赋值的时候会调用 set_money() 方法；当在类外部删除对象.money 的时候会调用 del_money() 方法，执行删除属性操作；当执行 print（类名.属性名.__doc__）的时候会打印出字符串的内容，引号里面是字符串内容，字符串中是该属性的描述。

2．@property 装饰器

@property 装饰器允许通过方法名访问方法，不需要在方法名后添加一对小括号“( )”。@property 的语法格式如下：

```
@property
def 方法名(self)
    代码块
```

【例 4-23】 @property 装饰器通过方法名访问方法的实例。

```
class Person:
    def __init__(self, name):
        self.__name = name
    @property
    def say(self):
        return self.__name
liming = Person("李明")
#直接通过方法名访问 say 方法
print("我的名字是：", liming.say)
```

运行结果：

```
>>>
我的名字是： 李明
```

上面程序中，使用 @property 修饰了 say() 方法，这就使得该方法变成了 name 属性的获取方法。

4.4 类的封装与继承

4.4.1 封装

Python 采取了下面的方法以实现类的封装。

1）在默认情况下，Python 类中的变量和方法都是公有（public）的，它们的名称前都没有下画线“_”。

2）如果类中的变量和函数，其名称以双下画线“__”开头，则该变量（函数）为私有变量（私有函数），其属性等同于 private。

3）除此之外，还可以定义以单下画线“_”开头的类属性或者类方法（例如_name、_display(self)），这种类属性和类方法通常被视为私有属性和私有方法，虽然它们也能通过类对象正常访问，但这是一种编程约定（而非语言强制）。

注意，Python 类中还有以双下画线开头和结尾的类方法（例如类的构造函数 __init__(self)），这些都是 Python 内部定义的，用于 Python 内部调用。读者在自己定义类属性或者类方法时，不要使用这种格式。

4-9　封装实例

【例 4-24】 封装实例。

```
class Website:
    def setname(self, name):
        if len(name) < 3:
            raise ValueError('名称长度必须大于 3！')
        self.__name = name
    def getname(self):
        return self.__name
    #为 name 配置 setter 和 getter 方法
```

```
    name = property(getname, setname)
    def setaddr(self, addr):
        if addr.startswith("http://"):
            self.__addr = addr
        else:
            raise ValueError('地址必须以 http:// 开头')
    def getaddr(self):
        return self.__addr

    #为 addr 配置 setter 和 getter 方法
    addr = property(getaddr, setaddr)
    #定义私有方法
    def __display(self):
        print(self.__name,self.__addr)
web1 = Website()
web1.name = "新华网"
web1.addr = "http://www.xinhuanet.com"
print(web1.name)
print(web1.addr)
web2 = Website()
web2.name = "贸易网"
web2.addr = "https://www.trade.com"
print(web2.name)
print(web2.addr)
```

运行结果：

```
>>>
新华网
http://www.xinhuanet.com
Traceback (most recent call last):
  File "D:/python/ch4/ex4-24.py", line 30, in <module>
    web2.addr = "https://www.trade.com"
  File "D:/python/ch4/ex4-24.py", line 14, in setaddr
    raise ValueError('地址必须以 http:// 开头')
ValueError: 地址必须以 http:// 开头
```

上面程序中，Website 将 name 和 addr 属性都隐藏了起来，但同时也提供了可操作它们的“窗口”，也就是各自的 setter 和 getter 方法，这些方法都是公有（public）的。不仅如此，以 addr 属性的 setaddr() 方法为例，通过在该方法内部添加控制逻辑，即通过调用 startswith() 方法，控制用户输入的地址必须以“http://”开头，否则程序将会执行 raise 语句抛出 ValueError 异常（即如果用户输入不规范，程序将会报错）。

通过此程序的运行逻辑不难看出，通过对 Website 类进行良好的封装，用户仅能通过可访问的 setter() 和 getter() 方法操作 name 和 addr 属性，而通过对 setname() 和 setaddr() 方法进行适当的设计，可以避免用户对类中属性的不合理操作，从而提高了类的可维护性和安全性。

细心的读者可能还发现，Website 类中还有一个 __display() 方法，由于该类方法为私有（private）方法，且该类没有提供操作该私有方法的“窗口”，因此无法在类的外部使用它。

4.4.2 继承

1. 继承的定义

继承机制经常用于创建和现有类功能类似的新类，或是新类只需要在现有类基础上添加一些成员（属性和方法），但又不想直接将现有类代码复制给新类。也就是说，通过继承这种机制，可以轻松实现类的重复使用。

实现继承的类称为子类，被继承的类称为父类（也可称为基类、超类）。子类继承父类时，只需在定义子类时，将父类（可以是多个）放在子类之后的圆括号里即可。语法格式如下：

```
class 类名(父类1, 父类2, …):
#类定义部分
```

【例 4-25】 继承的定义。

```
class Person(object):            # 定义一个父类
    def sociality(self):         # 父类中的方法
        print("人具有社会性。")
class Chinese(Person):           # 定义一个子类， 继承 Person 类
    def virtues(self):           # 在子类中定义其自身的方法
        print('中国人具有传统美德。')
#类的继承调用
c = Chinese()
c.sociality()                    # 调用继承的 Person 类的方法
c.virtues()                      # 调用本身的方法
```

运行结果：

```
>>>
人具有社会性。
中国人具有传统美德。
```

2. 构造函数的继承

如果要给实例传递参数，就要使用构造函数。继承类的构造函数有以下两种编写方法。

1）父类名称.__init__(self,参数 1,参数 2,…)。

2）super(子类, self).__init__(参数 1,参数 2,…)。

【例 4-26】 构造函数的继承实例。

```
class Person(object):            #定义一个父类
    def __init__(self, name, age):
        self.name = name
        self.age = age
        self.weight = 'weight'
    def sociality(self):         # 父类中的方法
        print("人具有社会性。")
class Chinese(Person):           # 定义一个子类， 继承 Person 类
    def __init__(self, name, age, language):  # 先继承，再重构
        Person.__init__(self, name, age)      #继承父类的构造方法，也可以写成:
                                              #super(Chinese,self).__init__(name,age)
```

```
        self.language = language                # 定义类的本身属性
    def virtues(self):          # 在子类中定义其自身的方法
        print('中国人具有传统美德。')
class American(Person):         # 定义另外一个子类，  继承 Person 类
    pass
#继承类的实例化
c = Chinese('李明', 21, '中文')
print(c.name,c.age,c.language)
c.virtues()
c.sociality()
```

运行结果：

```
>>>
李明 21 中文
中国人具有传统美德。
人具有社会性。
```

在上述程序中，如果只是简单地在子类 Chinese 中定义一个构造函数，其实就是在重构。这样子类就不能继承父类的属性了。所以在定义子类的构造函数时，要先继承再构造，这样也能获取父类的属性了。

子类构造函数继承父类构造函数过程如下：实例化对象 c→c 调用子类__init__()→子类__init__()继承父类__init__()→调用父类__init__()。

3．子类对父类方法的重写

如果需要对基类/父类的方法进行修改，可以在子类中重构该方法。

【例 4-27】 构造函数的继承实例。

```
class Person(object):           #定义一个父类
    def __init__(self, name, age):
        self.name = name
        self.age = age
        self.weight = 'weight'
    def sociality(self):          # 父类中的方法
        print("人具有社会性。")
class Chinese(Person):          # 定义一个子类，  继承 Person 类
    def __init__(self, name, age, language):   # 先继承，再重构
        Person.__init__(self, name, age)       #继承父类的构造方法，也可以写成：
                                               #super(Chinese,self). __init__(name,age)
        self.language = language        # 定义类的本身属性
    def sociality(self):          # 子类重构方法
        print("中国人具有社会集体性。")
    def virtues(self):            # 在子类中定义其自身的方法
        print('中国人具有传统美德。')
class American(Person):         # 定义另外一个子类，  继承 Person 类
    pass
#继承类的实例化
c = Chinese('李明', 21, '中文')
```

```
print(c.name,c.age,c.language)
c.virtues()
c.sociality()
```

运行结果：

```
>>>
李明 21 中文
中国人具有传统美德。
中国人具有社会集体性。
```

4.4.3　多态

多态指的是一类事物有多种实现形态，多态通常通过子类和父类之间的继承关系实现，且涉及子类重写父类的方法。

【例 4-28】 构造函数的多态实例。

```
class Programmer(object):                      #定义了一个 Programmer 类
    hobby = "Play Computer"                    #在类里面直接定义一个属性 hobby
    def __init__(self, name, age, weight):     #在构造函数里面定义了 3 个属性
        self.name = name
        self._age = age
        self.__weight = weight
    @classmethod                        #方法的装饰器；调用的时候直接用类名，而不是某个对象
    def get_hobby(cls):
        return cls.hobby
    @property                           #方法的装饰器；像访问属性一样调用方法
    def get_weight(self):
        return self.__weight
    def self_introduction(self):
        print('我的名字是%s \n 我今年%s 岁\n' % (self.name, self._age))
#类的继承
class PythonProgrammer (Programmer):
#定义一个 PythonProgrammer 类，继承了 Programmer 类
#对构造函数进行了修改，多出一个 language 属性
#使用 super 调用了 PythonProgrammer 父类的构造函数，对 language 属性进行了赋值
    def __init__(self,name, age, weight, language):
#构造函数多出一个 language 属性
        super(PythonProgrammer, self).__init__(name, age, weight)
#使用 super 调用了 PythonProgrammer 父类的构造函数
        self.language = language        #对 language 属性进行了赋值
    def self_introduction(self):        #重写父类里 self_introduction 这个方法，将输出稍微做了修改
        print('My name is %s \nMy favorite language is %s' % (self.name, self.language))
def introduce(programmer):              #定义了一个 introduce 函数
    if isinstance(programmer, Programmer):   #判断传进来的这个参数是不是属于 Programmer 这个对象
#如果判断是 Programmer 这个对象，就直接调用这个对象的 self_introduction 方法
        programmer.self_introduction()
#实例化
```

```
programmer = Programmer ('李明', 25, 80)        #对 Programmer 这个类进行实例化
#对 PythonProgrammer 这个类进行实例化
Python_Programmer = PythonProgrammer ('王欣', 18, 90, 'Python')
introduce(programmer)                          #用 introduce 这个函数来调用 self_introduction 方法
introduce(Python_Programmer)                   #用 introduce 这个函数来调用 self_introduction 方法
```

运行结果：

```
>>>
我的名字是李明
我今年 25 岁

My name is  王欣
My favorite language is Python
```

4-10　导入模块

4.5　模块与库

4.5.1　导入模块

1. 使用 import 语句导入模块的语法格式

使用 Python 进行编程时，有些功能没必要自己实现，可以借助 Python 现有的标准库或者其他人提供的第三方库。例如一些数学函数包括余弦函数 cos()、绝对值函数 fabs() 等，它们位于 Python 标准库的 math（或 cmath）模块中，只需要将此模块导入到当前程序，就可以直接拿来用。

Python 使用 import 语句导入模块或库的语法格式包括如下两种。

第一种：

```
import 模块名 1 [as 别名 1], 模块名 2 [as 别名 2], …
```

使用这种语法格式的 import 语句，会导入指定模块中的所有成员（包括变量、函数、类等）。不仅如此，当需要使用模块中的成员时，需用该模块名（或别名）作为前缀，否则 Python 解释器会报错。这里用 [] 括起来的部分，可以使用，也可以省略。

第二种：

```
from 模块名 import 成员名 1 [as 别名 1]，成员名 2 [as 别名 2]，…
```

使用这种语法格式的 import 语句，会导入模块中指定的成员。同时，当程序中使用该成员时，无须附加任何前缀，直接使用成员名（或别名）即可。该 import 语句也可以导入指定模块中的所有成员，即使用

```
from 模块名 import *
```

但此方式不推荐使用。

2. __name__=='__main__'作用详解

在一般情况下，当写完自定义的模块之后，都会写一段测试代码，检验一些模块中各个功

能是否能够成功运行。

【例 4-29】 自定义模块和测试模块的综合应用。

首先创建一个 m2ftmodule.py 模块文件，并编写如下代码：

```
'''
米和英尺的相互转换模块
'''
def m2ft(alen):
    if alen[-1] == "m":
        blen = eval(alen[:-1])*3.2808
        #c="{:.2f}ft".format(blen)
    return blen
def ft2m(alen):
    if alen[-2:] == "ft":
        blen = eval(alen[:-2])/3.2808
        #d="{:.2f}m".format(blen)
    return blen
def test():
    print("测试数据：1m = %.2f ft" % m2ft("1m"))
    print("测试数据：3.28ft = %.2f m" % ft2m("3.28ft"))
test()
```

运行结果：

```
>>>
测试数据：1m = 3.28 ft
测试数据：3.28ft = 1.00 m
```

在 m2ftmodule.py 模块文件的基础上，在相同目录下再创建一个 m2ftdemo.py 文件，并编写如下代码：

```
import m2ftmodule
print("0.5m = %.2f ft" % m2ftmodule.m2ft("0.5m"))
print("6.19ft = %.2f m" % m2ftmodule.ft2m("6.19ft"))
```

运行结果：

```
>>>
测试数据：1m = 3.28 ft
测试数据：3.28ft = 1.00 m
0.5m = 1.64 ft
6.19ft = 1.89 m
```

可以看到，Python 解释器将模块文件 m2ftmodule.py 中的测试代码也一块儿运行了，这并不是想要的结果。想要避免这种情况的关键在于，要让 Python 解释器知道，当前要运行的程序代码，是模块文件本身，还是导入模块的其他程序。为了实现这一点，就需要使用 Python 内置的系统变量__name__，它用于标识所在模块的模块名。因此，在 m2ftmodule.py 程序文件中，添加系统变量__name__后的代码如下所示：

```
'''
米和英尺的相互转换模块
'''
def m2ft(alen):
    if alen[-1] == "m":
        blen = eval(alen[:-1])*3.2808
        #c="{:.2f}ft".format(blen)
    return blen
def ft2m(alen):
    if alen[-2:] == "ft":
        blen = eval(alen[:-2])/3.2808
        #d="{:.2f}m".format(blen)
    return blen
def test():
    print("测试数据：1m = %.2f ft" % m2ft("1m"))
    print("测试数据：3.28ft = %.2f m" % ft2m("3.28ft"))
if __name__ == '__main__':
    test()
```

此时再次运行 m2ftdemo.py 程序，运行结果：

```
>>>
0.5m = 1.64 ft
6.19ft = 1.89 m
```

因此，“if__name__=='__main__':”的作用是确保只有在直接运行该模块时，其中的测试代码才会被执行；反之，如果只是作为模块导入到其他程序中，则不会执行该判断语句中的测试代码。

4.5.2　时间和日期处理模块

4-11　datetime 模块

Python 中提供了多个用于对时间和日期进行操作的内置模块，如 datetime 模块、time 模块和 calendar 模块等。

1．datetime 模块

该模块提供了处理日期和时间的类，既有简单的方式，又有复杂的方式。datetime 模块的类定义如表 4-1 所示，包括 date、time、datetime、timedelta、tzinfo、timezone。表 4-2 为 datetime 的对象方法/属性。

表 4-1　datetime 模块定义的类名称与描述

类名称	描　述
datetime.date	表示日期，常用的属性有 year、month 和 day
datetime.time	表示时间，常用属性有 hour、minute、second、microsecond
datetime.datetime	表示日期时间
datetime.timedelta	表示两个 date、time、datetime 实例之间的时间间隔，分辨率（最小单位）可达到微秒
datetime.tzinfo	时区相关信息对象的抽象基类。它们由 datetime 和 time 类使用，用来提供自定义时间
datetime.timezone	实现 tzinfo 抽象基类的类，表示与 UTC 的固定偏移量

表 4-2　datetime 的对象方法/属性名称与描述

对象方法/属性名称	描　述
d.year	年
d.month	月
d.day	日
d.replace(year[, month[, day]])	生成并返回一个新的日期对象，原日期对象不变
d.timetuple()	返回日期对应的 time.struct_time 对象
d.toordinal()	返回日期是自 0001-01-01 开始的第多少天
d.weekday()	返回日期是星期几，[0, 6]，0 表示星期一
d.isoweekday()	返回日期是星期几，[1, 7], 1 表示星期一
d.isocalendar()	返回一个元组，格式为：(year, weekday, isoweekday)
d.isoformat()	返回'YYYY-MM-DD'格式的日期字符串
d.strftime(format)	返回指定格式的日期字符串，与 time 模块的 strftime(format, struct_time) 功能相同

time 类的定义如下：

```
class datetime.time(hour, [minute[, second, [microsecond[, tzinfo]]]])
```

datetime 类的定义如下：

```
class datetime.datetime(year, month, day, hour=0, minute=0, second=0, microsecond=0, tzinfo=None)
```

year、month 和 day 是必须传递的参数，tzinfo 可以是 None 或 tzinfo 子类的实例。

【例 4-30】 显示当前时间的所有数据，计算当前日期、时间和星期与 2010 年 11 月 12 日相比差了多少天。

```
import datetime
#当前时间，返回的是一个 datetime 类型
now = datetime.datetime.now()
#返回一个 time 结构
print(now.timetuple())
#当前日期、时间和星期
print(now.date())
print(now.time())
print(now.weekday())
past = datetime.datetime(2010,11,12,13,14,15,16)
#进行比较运算，返回的是 timedelta 类型
print(now-past)
```

运行结果：

```
>>>
time.struct_time(tm_year=2024, tm_mon=8, tm_mday=23, tm_hour=8, tm_min=57, tm_sec=34, tm_wday=4, tm_yday=236, tm_isdst= -1)
2024-08-23
08:57:34.125871
4
```

```
5032 days, 19:43:19.125855
（备注：以实际运行的日期为准）
```

从程序中可以看出，struct_time 的部分结构如表 4-3 所示。

表 4-3　struct_time 的部分结构描述

索引（Index）	属性（Attribute）	值（Value）
0	tm_year（年）	例如 2024
1	tm_mon（月）	1～12
2	tm_mday（日）	1～31
3	tm_hour（时）	0～23
4	tm_min（分）	0～59
5	tm_sec（秒）	0～59
6	tm_wday（星期几）	0～6（0 表示周日）

【例 4-31】 显示本周/上周第一天和本月/上月第一天的日子。

```
import datetime
def first_day_of_month():   #获取本月第一天
    return datetime.date.today() - datetime.timedelta(days=datetime.datetime.now().day - 1)
def first_day_of_week():     #获取本周第一天
    return datetime.date.today() - datetime.timedelta(days=datetime.date.today().weekday())
if __name__ == "__main__":
    this_week = first_day_of_week()
    last_week = this_week - datetime.timedelta(days=7)
    this_month = first_day_of_month()
    last_month = this_month - datetime.timedelta(days=(this_month - datetime.timedelta(days=1)).day)
    print("本周第一天：",this_week)
    print("上周第一天：",last_week)
    print("本月第一天：",this_month)
    print("上月第一天：",last_month)
```

运行结果：

```
>>>
本周第一天：  2024-08-19
上周第一天：  2024-08-12
本月第一天：  2024-08-01
上月第一天：  2024-07-01
```

需要注意的是，该结果将随着日期的变化而变化。本程序所用的 timedelta 类是用来计算两个 datetime 对象的差值的。此类中包含如下属性：days（天数），microseconds（微秒数，>=0 并且 <1 秒），seconds（秒数，>=0 并且 <1 天）。

2. time 模块

time 模块的使用方法与 datetime 类似。

time.localtime([secs])：将一个时间戳转换为当前时区的 struct_time。若 secs 参数未提供，则以当前时间为准。

time.gmtime([secs])：和 localtime() 方法类似，gmtime() 方法将一个时间戳转换为 UTC 时区（0 时区）的 struct_time。

time.time()：返回当前时间的时间戳。

time.mktime(t)：将一个 struct_time 转化为时间戳。

time.sleep(secs)：线程推迟指定的时间运行，单位为秒。

time.asctime([t])：把一个表示时间的元组或者 struct_time 表示为'Sun Oct 18 23:21:05 2020'形式。如果没有参数，则会将 time.localtime() 作为参数传入。

time.ctime([secs])：把一个时间戳（按秒计算的浮点数）转化为 time.asctime() 的形式。如果参数未给或者为 None 的时候，将会默认 time.localtime() 为参数。它的作用相当于 time.asctime(time.localtime(secs))。

time.strftime(format[, t])：把一个代表时间的元组或者 struct_time（如由 time.localtime() 和 time.gmtime() 的返回值）转化为格式化的时间字符串。如果 t 未指定，将传入 time.localtime()。如果元组中任何一个元素越界，ValueError 的错误将会被抛出。

time.strptime(string[, format])：把一个格式化时间字符串转化为 struct_time。实际上它和 strftime() 是逆操作。

【例 4-32】 用 time 模块显示当前时间，其格式为“年-月-日-时_分_秒”。

```
import time
now = time.strftime("%Y-%m-%d-%H_%M_%S",time.localtime(time.time()))
print(now)
```

运行结果：

```
>>>
2024-10-08-12_09_30
```

4.5.3 random 库

random 库是 Python 的一个标准库，用于生成随机数。从概率论的角度来说，随机数是随机产生的数据（例如抛硬币），但计算机无法直接产生真随机值，它一般通过某些特定的算法生成一系列伪随机序列元素，又称为伪随机数。

4-12　random 库

使用随机数的时候需要使用 import random 语句。random 库包含两类函数，常用的共 8 个。

1）基本随机数函数（见表 4-4）：seed()、random()。

2）扩展随机数函数（见表 4-5）：randint()、randrange()、getrandbits()、uniform()、choice()、shuffle()。

表 4-4　基本随机数函数

函　数	描　述
seed(a=None)	初始化给定的随机数种子，默认为当前系统时间 >>>random.seed(1)　#产生种子 1 对应的序列
random()	生成一个[0.0,1.0)之间的随机小数 >>>random.random() 0.13436424411240122　#随机数产生与种子有关，如种子是 1，第一个随机数必定是 0.13436424411240122

表 4-5　扩展随机数函数

函　数	描述（实际结果会随机变化）
randint(a,b)	生成一个[a,b]之间的整数 >>>random.randint(10,100)
randrange(m,n[,k])	生成一个[m,n)之间以 k 为步长的随机整数 >>>random.randrange(10,100,10)
getrandbits(k)	生成一个长度为 k 位的随机整数 >>>random.getrandbits(16) 55537
uniform(a,b)	生成一个[a,b]之间的随机小数 >>>random.uniform(10,100) 82.20385550513652
choice(seq)	从序列中随机选择一个元素 >>>random.choice([1, 2, 3, 4, 5, 6, 7, 8, 9]) 2
shuffle(seq)	将序列中元素随机排列 >>>s=[1, 2, 3, 4, 5, 6, 7, 8, 9]; random.shuffle(s); print(s) [9, 4, 6, 3, 5, 2, 8, 7, 1]

随机数函数的使用要点如下。

1）能够利用随机数种子产生“确定”伪随机数，即 seed() 函数生成随机种子，random() 函数产生随机数。

2）能够产生随机整数。

3）能对序列类型进行随机操作。

【例 4-33】 利用 random 库实现将 200 元红包随机发放给 8 个人。

```
import random
def red_packet(total,num):
    for i in range(num-1):
        per=random.uniform(0.01,total/2)
        total=total- per
        print('%.2f'%per)
    else:
        print('%.2f'%total)
#实例化（200 元发 8 个红包）
red_packet(200,8)
```

运行结果：

```
>>>
37.83
8.66
5.92
53.80
38.40
12.11
10.11
33.17
```

多运行几次试试，结果会不一样。

4.5.4　string 模块

在 Python 有丰富多样的字符串操作函数，在本书的第 2 章已经对其中一部分进行了介绍。

从历史角度看，Python 中的 string 类经历了一段变革。在最开始的时候，Python 有一个专门的 string 模块，使用 string 模块的方法时要先 import，但后来基于众多 Python 使用者的建议，string 方法改为通过 S.method() 的形式调用，只要 S 是一个字符串对象就可以这样使用，而不用 import。同时为了保持向后兼容，现在的 Python 中仍然保留了一个 string 模块，其中定义的方法与 S.method() 是相同的，这些方法最后都指向了用 S.method() 调用的函数。

但是，当需要使用表 4-6 所示的常量时，还需要采用 import string 来导入 string 模块。

表 4-6　string 模块的字符串常量

常　数	含　义
string.ascii_lowercase	小写字母'abcdefghijklmnopqrstuvwxyz'
string.ascii_uppercase	大写字母'ABCDEFGHIJKLMNOPQRSTUVWXYZ'
string.ascii_letters	ascii_lowercase 和 ascii_uppercase 常量的连接串
string.digits	数字 0～9 的字符串:'0123456789'
string.hexdigits	字符串'0123456789abcdefABCDEF'
string.letters	字符串 'abcdefghijklmnopqrstuvwxyzABCDEFGHIJKLMNOPQRSTUVWXYZ'
string.lowercase	小写字母的字符串'abcdefghijklmnopqrstuvwxyz'
string.octdigits	字符串'01234567'
string.punctuation	所有标点字符
string.printable	可打印的字符的字符串，包含数字、字母、标点符号和空格
string.uppercase	大写字母的字符串'ABCDEFGHIJKLMNOPQRSTUVWXYZ'
string.whitespace	空白字符 '\t\n\x0b\x0c\r '

【例 4-34】 利用 random 和 string 模块生成四位随机验证码。

```
import random
import string
s=string.digits + string.ascii_letters
v=random.sample(s,4)
print(v)
print(''.join(v))
```

运行结果：

```
>>>
['U', '9', '0', 'Q']
U90Q
```

4.5.5 math 和 cmath 模块

math 模块提供了许多对浮点数的数学运算函数，cmath 模块则包含了一些复数运算的函数。cmath 模块的函数与 math 模块函数类似，但区别在于 cmath 模块处理的是复数运算，而 math 模块处理的是实数运算。

1. math 模块的用法

要使用 math 模块必须先导入：

```
import math
```

部分常见的 math 函数功能如表 4-7 所示。

表 4-7 部分常见的 math 函数功能

函 数	功 能	例 子
ceil(x)	向上取整操作，返回类型：int	ceil(3.2) 输出：4
floor(x)	向下取整操作，返回类型：int	floor(3.2) 输出：3
pow(x,y)	计算一个数 x 的 y 次方；返回类型：float，该操作类似于**运算，但是结果为浮点数	pow(2,3) 输出：8.0
sqrt(x)	开方，返回类型：float	sqrt(4) 输出：2.0
fabs(x)	对一个数值获取其绝对值操作	fabs(-1) 输出：1
copysign(x,y)	返回一个基于 x 的绝对值和 y 值符号的数值，返回类型：float	copysign(2, -4) 输出：-2.0；copysign(2, 4) 输出：2.0
factorial(x)	返回一个整型数值的阶乘	factorial(3) 输出：6
fmod(x,y)	取模运算，返回类型：float	fmod(4,2)输出：0.0；fmod(4,5) 输出：4.0；fmod(4,3) 输出：1.0
frexp(x)	返回 x 的尾数和指数作为对(m, e)，x= =m * 2**e	frexp(3) 输出：(0.75,2) # 0.75*2**2=3.0
fsum([])	返回迭代器中值的精确浮点和，返回类型：float	fsum([1.1,2.23]) 输出：3.33；fsum([2.4,4.3]) 输出：6.6999999999999999
gcd(a, b)	返回 a、b 的最大公约数，返回类型：int	gcd(2,4) 输出：2
isclose(a, b, *, rel_tol=1e-09, abs_tol=0.0)	判断两个数是否接近，返回类型：布尔	isclose(0.99,1,rel_tol=0.2) 输出：True；isclose (0.9999999999,0.999999999991)输出：True；math.isclose(0.99,0) 输出：False
ldexp(x, i)	返回 x * (2**i)。这实际上是函数 frexp() 的倒数，返回类型：float	ldexp(2,3) 输出：16.0
modf(x)	返回 x 的小数部分和整数部分。两个结果都带有 x 的符号，并且都是浮点数	modf(2.4) 输出：(0.3999999999999999, 2.0)
trunc	取整，返回类型：int	trunc(44.3333) 输出：44
isfinite(x)	如果 x 既不是无穷大也不是 NaN，返回 True，否则返回 False，返回类型：布尔	略
isinf(x)	如果 x 是正无穷或负无穷，返回 True，否则返回 False	略
isnan(x)	如果 x 是 NaN（不是数字），返回 True，否则返回 False	略
pi	圆周率：3.141592653589793⋯	略
e	自然对数的底：2.718281828459045⋯	略

2. cmath 模块的用法

Python 支持复数运算，在 Python 中复数的表达式为 c=c.real+c.imag*j，复数 c 由实部和虚部组成。

【例 4-35】 复数运算实例。

```
import cmath
z=1+2j
print(z*z)
```

```
print(cmath.sqrt(z))
```

运行结果：

```
>>>
(-3+4j)
(1.272019649514069+0.7861513777574233j)
```

4.5.6　sys 模块

Python 的 sys 模块提供了一些接口，用于访问由解释器使用或维护的变量，并提供了一些函数用来和解释器进行交互、操控 Python 的运行时环境，具体如下。

sys.argv：接收外部传递的参数。

sys.exit([arg])：程序退出，arg 为 0 正常退出。

sys.getdefaultencoding()：获取系统当前编码，一般默认为 utf-8。

sys.getfilesystemencoding()：获取文件系统使用编码方式，Windows 下返回 'mbcs'，macOS 下返回 'utf-8'。

sys.platform：获取当前系统平台。

sys.stdin、sys.stdout、sys.stderr：标准输入、标准输出、标准错误，包含与标准 I/O 流对应的流对象。

sys.modules：一个全局字典，该字典是 Python 启动后就加载在内存中的。每当程序员导入新的模块，sys.modules 将自动记录该模块。当再次导入该模块时，Python 会直接到字典中查找，从而加快了程序运行的速度。它提供了类似字典的操作方法。

sys.path：获取指定模块搜索路径的字符串集合，将写好的模块放在得到的某个路径下，就可以在程序中 import 时正确找到。

4.6　综合案例解析

4.6.1　函数的综合应用

【例 4-36】 定义函数来实现某数左移 N 位或右移 N 位后的结果。

基本思路：在 Python 中，可以通过“<<”以及“>>”运算符实现二进制的左移位以及右移位，然而并没有实现循环移位的运算符，暂时也找不到可以实现循环移位的函数，所以在本例中主要介绍使用字符的切片运算实现循环位移，即利用字符串的 format() 函数将整数值转化为特定位数的二进制字符串，如“{:0{}b3”.format(a,bit)可以将十进制数 a 转化为长度为 bit 位的二进制字符串，然后利用字符串的切片操作实现循环位移。

```
#左移
#int_value 是输入的整数，k 是位移的位数，bit 是整数对应二进制的位数
def circular_shift_left (int_value,k,bit = 8):
    bit_string = '{:0%db}' % bit
    bin_value = bit_string.format(int_value) # 8 bit binary
    bin_value = bin_value[k:] + bin_value[:k]
```

```
        int_value = int(bin_value,2)
        return int_value
#右移
def circular_shift_right (int_value,k,bit = 8):
        bit_string = '{:0%db}' % bit
        bin_value = bit_string.format(int_value) # 8 bit binary
        bin_value = bin_value[-k:] + bin_value[:-k]
        int_value = int(bin_value,2)
        return int_value
#调用左移或右移
A=1
B=circular_shift_right(A, 1, 8)
print(A,"右循环位移 8 位的结果是",B)
C = 128
D =circular_shift_left(C,1,8)
print(C, "左循环位移 8 位的结果是", D)
```

运行结果：

```
>>>
1  右循环位移 8 位的结果是  128
128  左循环位移 8 位的结果是  1
```

4.6.2　继承的综合应用

【例 4-37】 学校成员分为教师和学生，其中教师具有姓名、年龄、性别、工资、课程等属性和注册、显示、开除、教授课程等方法，学生具有姓名、年龄、性别、学费、课程等属性和注册、显示、开除、学费支付等方法。请用类的继承来编写注册教师、学生以及开除成员、显示成员数量的程序。

基本思路：采用类的继承来编写。其中学校成员为父类，教师和学生都为子类。父类具有姓名、年龄、性别属性和注册、显示、开除方法。教师子类继承了父类的属性和方法，又增加了工资、课程属性和教授课程方法；学生子类继承了父类的属性和方法，又增加了学费、课程属性和学费支付方法。

```
class SchoolMember(object):
        '''学校成员父类'''
        member = 0
        def __init__(self, name, age, sex):
                self.name = name
                self.age = age
                self.sex = sex
                self.enroll()
        def enroll(self):
                '注册'
                print('刚刚注册了一位学校成员  [%s].' % self.name)
                SchoolMember.member += 1
        def tell(self):
```

```
        print('----%s----' % self.name)
        for k, v in self.__dict__.items():
            print(k, v)
        print('----end-----')
    def __del__(self):
        print('开除了[%s]' % self.name)
        SchoolMember.member -= 1
class Teacher(SchoolMember):
    '教师'
    def __init__(self, name, age, sex, salary, course):
        SchoolMember.__init__(self, name, age, sex)
        self.salary = salary
        self.course = course
    def teaching(self):
        print('Teacher [%s] is teaching [%s]' % (self.name, self.course))
class Student(SchoolMember):
    '学生'
    def __init__(self, name, age, sex, course, tuition):
        SchoolMember. __init__(self, name, age, sex)
        self.course = course
        self.tuition = tuition
        self.amount = 0
    def pay_tuition(self, amount):
        print('student [%s] has just paied [%s]' % (self.name, amount))
        self.amount += amount
#实例化
t1 = Teacher('李老师', 38, '男', 3000, 'python')
t1.tell()
s1 = Student('王欣', 18, '女', 'python', 30000)
s1.tell()
s2 = Student('李明', 19, '女', 'python', 11000)
s2.tell()
print("现有学校成员",SchoolMember.member,"个。")
del s2
print("现有学校成员",SchoolMember.member,"个。")
```

运行结果：

```
>>>
刚刚注册了一位学校成员 [李老师].
----李老师----
name 李老师
age 38
sex 男
salary 3000
course python
----end-----
刚刚注册了一位学校成员 [王欣].
```

```
----王欣----
name 王欣
age 18
sex 女
course python
tuition 30000
amount 0
----end-----
刚刚注册了一位学校成员 [李明].
----李明----
name 李明
age 19
sex 女
course python
tuition 11000
amount 0
----end-----
现有学校成员 3 个。
开除了[李明]
现有学校成员 2 个。
```

拓展阅读：聚力攻坚基础软件

《"十四五"软件和信息技术服务业发展规划》指出，需完善桌面、服务器、移动终端、车载等操作系统产品及配套工具集，推动操作系统与数据库、中间件、办公套件、安全软件及各类应用的集成、适配、优化。同时，加速分布式数据库、混合事务分析处理数据库及共享内存数据库集群等产品研发和应用。此外，还应开展高性能、高可靠的中间件关键产品及构件的研发工作，并丰富数据备份、灾难恢复、工业控制系统防护等安全软件产品和服务。最后，推进软件集成开发环境相关产品和关键测试工具的研发与应用，以全面推动软件行业的创新发展。

思考与练习

4.1 用递归来计算阶乘 n! = 1×2×3×⋯×n，并用函数 fact(n) 表示。

4.2 请用 Python 编写一个"判断一个数字是否为素数"的函数，并进行测试。

4.3 用 Python 编程来实现判断三边能否构成三角形的功能。

4.4 计算传入的列表的最大值、最小值和平均值，并以元组的方式返回。

4.5 统计字符串中不同字符的个数。

4.6 定义一个学生的类，有姓名、年龄和体重属性，请问如何定义类，如何编程实现实例化，输入并显示该学生的信息。

4.7 显示当前的日期和时间，并每隔 2 s 更新当前的时间（包括小时、分和秒读数）。

4.8 用类的继承机制分别定义某车间的维护人员和工艺人员，并实现计算月工资的功能，最后进行实例化。

4.9　选择题

1. 关于面向对象的继承，以下选项中描述正确的是（　　）。
   A. 继承是指一组对象所具有的相似性质
   B. 继承是指类之间共享属性和操作的机制
   C. 继承是指各对象之间的共同性质
   D. 继承是指一个对象具有另一个对象的性质
2. 关于 import 引用，以下选项中描述错误的是（　　）。
   A. 使用 import turtle 引入 turtle 库
   B. 可以使用 from turtle import setup 引入 turtle 库
   C. 使用 import turtle as t 引入 turtle 库，取别名为 t
   D. import 保留字用于导入模块或者模块中的对象
3. 关于函数，以下选项中描述错误的是（　　）。
   A. 函数能完成特定的功能，对函数的使用不需要了解函数内部实现原理，只要了解函数的输入输出方式即可
   B. 使用函数的主要目的是降低编程难度和增大代码重用
   C. Python 使用 del 保留字定义一个函数
   D. 函数是一段具有特定功能的、可重用的语句组
4. 如果当前时间是 2021 年 5 月 1 日 10 点 10 分 9 秒，则下面代码的输出结果是（　　）。

```
import time
print(time.strftime("%Y=%m-%d@%H>%M>%S", time.gmtime()))
```

   A. 2021=05-01@10>10>09
   B. 2021=5-1 10>10>9
   C. True@True
   D. 2021=5-1@10>10>09

第 5 章　文件及文件夹操作

导读

Python 具有操作文件的能力，例如打开文件，读取、追加、插入和删除数据，关闭文件和删除文件等。除了提供文件操作基本的函数之外，Python 还提供了很多模块，例如 os 模块、shutil 模块等，通过引入这些模块，可以获得大量用于文件操作的函数和方法（类属性和类方法），大幅提高编程的效率。文件异常处理也是本章重点介绍的内容。除此之外，还介绍了 Excel 文件的打开、读取和修改等功能。

5.1　文件对象

5.1.1　文件概述

程序运行时，变量、序列、对象等中的数据暂时存储在内存中，当程序终止时它们就会丢失。为了能够永久地保存程序相关的数据，就需要将它们存储到磁盘或光盘中的文件里。这些文件可以传送，也可以后续被其他程序使用。从这个意义上来说，文件是指一组相关数据的有序集合，是计算机中程序、数据的永久存在形式，这种集合或形式有一个名称，叫作文件名。

文件的分类方法比较多，从用户的角度来说，文件可分为设备文件和普通文件两种。

1．设备文件

通常把显示器定义为标准输出设备，其对应的文件名为 sys.stdout，一般情况下在屏幕上显示信息就是向标准输出文件输出。如前面经常使用的 print()函数就是用于这类输出的。

键盘通常被指定为标准输入设备，其对应的文件名为 sys.stdin，从键盘上输入数据就意味着从标准输入文件上读取数据。input()函数就用于这类输入的。

标准错误输出也是标准设备的一部分，其对应的文件名为 sys.stderr。

2．普通文件

普通文件就是在各种硬盘、光盘、U 盘等介质上的有序数据文件，包括源程序文件、可执行文件、数据文件、库文件等。

普通文件根据存储方式又可分为编码（ASCII 码）文件和二进制文件两种。

编码文件也称为文本文件，这类文件在磁盘中存储时每个字符对应一个字节，用于存储对应的 ASCII 码。

二进制文件是按二进制的编码方式来存储文件数据内容的一类文件。二进制文件虽然也可在屏幕上显示，但其内容一般无法读懂。然而，二进制文件占用存储空间少，在进行读、写操作时不用进行编码转换，效率很高。

5.1.2　打开文件

5-1　打开文件

1．open()函数的参数

在读写磁盘文件前，必须先用 Python 内置的 open() 函数打开一个文件，创建一个 file 对象。

语法为：

<file object>=open (file_name [,mode='r'] [,buffering=-1][,encoding=None] [,errors=None][, newline=None] [, closefd=True][, opener=None])

此格式中，用 [] 括起来的部分为可选参数，既可以使用也可以省略。其中，部分参数所代表的含义如下。

file：表示要创建的文件对象。

file_name：要创建或打开文件的名称，该名称要用引号（单引号或双引号都可以）括起来。如果要打开的文件和当前执行的代码文件位于同一目录，直接写文件名即可；否则，此参数需要指定打开文件所在的完整路径。

mode：可选参数，用于指定文件的打开模式。可选的打开模式如表 5-1 所示。如果不写，则默认以只读（r）模式打开文件。

buffering：可选参数，用于指定对文件进行读写操作时，是否使用缓冲区。

encoding：手动设定打开文件时所使用的编码格式，不同操作系统的 encoding 参数值也不同，以 Windows 为例，默认为 cp936（即 GBK 编码）。

表 5-1　可选的打开模式

模式	意　义	注意事项
r	只读模式打开文件，读文件内容的指针会放在文件的开头	操作的文件必须存在
rb	以二进制格式、采用只读模式打开文件，读文件内容的指针位于文件的开头，一般用于非文本文件，如图片文件、音频文件等	
r+	以读写模式打开文件，打开文件后，既可以从头读取文件内容，也可以从开头向文件中写入新的内容，写入的新内容会覆盖文件中等长度的原有内容	
rb+	以二进制格式、采用读写模式打开文件，读写文件的指针会放在文件的开头，通常针对非文本文件（如音频文件）	
w	以只写模式打开文件，若该文件存在，打开时会清空文件中原有的内容	若文件存在，会清空其原有内容（覆盖文件）；否则创建新文件
wb	以二进制格式、只写模式打开文件，一般用于非文本文件（如音频文件）	
w+	以读写模式打开文件，打开文件后，会对原有内容进行清空，并对该文件有读写权限	
wb+	以二进制格式、读写模式打开文件，一般用于非文本文件	
a	以追加模式打开一个文件，对文件只有写入权限，如果文件已经存在，文件指针将放在文件的末尾（即新写入内容会位于已有内容之后）；否则会创建新文件	—
ab	以二进制格式打开文件，并采用追加模式，对文件只有写权限。如果该文件已存在，文件指针位于文件末尾（新写入文件会位于已有内容之后）；否则创建新文件	—
a+	以读写模式打开文件，如果文件存在，文件指针放在文件的末尾（新写入文件会位于已有内容之后）；否则创建新文件	—
ab+	以二进制模式打开文件，并采用追加模式，对文件具有读写权限，如果文件存在，则文件指针位于文件的末尾（新写入文件会位于已有内容之后）；否则创建新文件	—

文件打开模式，直接决定了后续可以对文件执行哪些操作。例如，使用 r 模式打开的文件，后续编写的代码只能读取文件，而无法修改文件内容。

图 5-1 对容易混淆的几种文件打开模式的功能进行了对比。

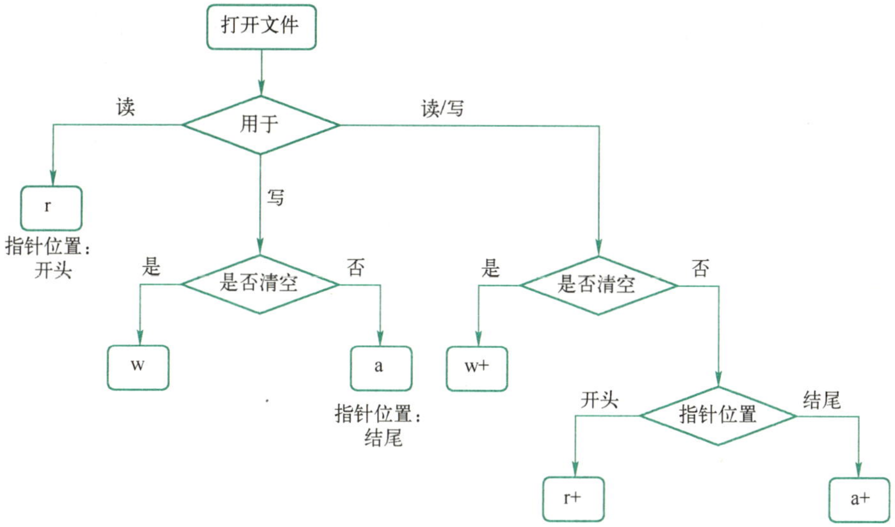

图 5-1　部分打开模式示意

【例 5-1】 在尝试以默认模式打开“100.txt”文件时，当前程序文件所在目录下没有“100.txt”文件。

```
file = open("100.txt")
print(file)
```

运行结果：

```
>>>
Traceback (most recent call last):
  File "D:/Python/ch5/openfile1.py", line 2, in <module>
    file = open("100.txt")
FileNotFoundError: [Errno 2] No such file or directory: '100.txt'
```

当以默认模式打开文件时，默认使用 r 权限，由于该权限要求打开的文件必须存在，因此运行此代码会报如上错误，即“FileNotFoundError: [Errno 2] No such file or directory: '100.txt'”（文件未被找到错误：[错误编号 2]没有 100.txt 这样的文件或文件夹）。

现在，在程序文件所在目录下，手动创建一个 100.txt 文件，并再次运行该程序，其运行结果为：

```
>>>
<_io.TextIOWrapper name='100.txt' mode='r' encoding='cp936'>
```

可以看到，当前输出结果中，输出了文件对象的相关信息，包括打开文件的名称、打开模式、打开文件时所使用的编码格式。

使用 open() 打开文件时，默认采用 GBK 编码。但当要打开的文件不是 GBK 编码格式时，可以在使用 open() 函数时手动指定打开文件的编码格式，例如：

```
file = open("a.txt",encoding="utf-8")
```

注意，手动修改 encoding 参数的值，仅限于文件以文本的形式打开的情况，也就是说，以二进制格式打开时，不能对 encoding 参数的值做任何修改，否则程序会抛出 ValueError 异常。

2. open() 函数的缓冲区

在通常情况下，建议在使用 open() 函数时打开缓冲区，即不需要修改 buffering 参数的值。

如果 buffering 参数的值为 0（或 False），则表示在打开指定文件时不使用缓冲区；如果 buffering 参数值为大于 1 的整数，该整数用于指定缓冲区的大小（单位是字节）；如果 buffering 参数的值为负数，则代表使用默认的缓冲区大小。

原因很简单，目前为止计算机内存的 I/O 速度仍远远超过计算机外设（例如键盘、鼠标、硬盘等）的 I/O 速度，如果不使用缓冲区，则程序在执行 I/O 操作时，内存和外设就必须进行同步读写操作，也就是说，内存必须等待外设输入（输出）一个字节之后，才能再次输出（输入）一个字节。这意味着，内存中的程序大部分时间都处于等待状态。

而如果使用缓冲区，则程序在执行输出操作时，会先将所有数据都输出到缓冲区中，然后继续执行其他操作，缓冲区中的数据会由外设自行读取处理；同样，当程序执行输入操作时，会先等外设将数据读入缓冲区中，无须同外设做同步读写操作。

3. 文件对象常用的属性

一个文件被打开后，有一个 file 对象，可以调用该对象本身拥有的属性获取当前文件的部分信息，如表 5-2 所示。

表 5-2　文件的部分信息

属性	描述
file.closed	如果文件已被关闭返回 True，否则返回 False
file.encoding	返回打开文件时使用的编码格式
file.mode	返回被打开文件的访问模式
file.name	返回文件的名称

【例 5-2】 以默认模式打开“100.txt”文件。

```
# 当前程序文件所在目录下有 100.txt 文件
# 以默认方式打开文件
f = open('100.txt')
# 输出文件是否已经关闭
print(f.closed)
# 输出访问模式
print(f.mode)
#输出编码格式
print(f.encoding)
# 输出文件名
print(f.name)
```

运行结果：

```
>>>
False
r
cp936
100.txt
```

需要注意的是：使用 open() 函数打开的文件对象，必须手动进行关闭（即使用 close() 函数），Python 的垃圾回收机制无法自动回收打开文件所占用的资源。

4. 二进制文件与文本文件的区别

文本文件通常用来保存可直接阅读的字符，例如".txt"文件、".c"文件等，用文本编辑器打开这些文件，能够顺利看懂文件的内容；而二进制文件通常用来保存视频、图片、音频等复杂数据类型，当用文本编辑器打开这些文件时，会看到一堆乱码，无法直接读懂其内容。

实际上，从数据存储的角度分析，二进制文件和文本文件没有区别，它们的内容都是以二进制的形式保存在磁盘中的。

之所以能看懂文本文件的内容，是因为文本文件中采用的是 ASCII、utf-8、GBK 等字符编码，文本编辑器可以识别出这些编码格式，并将编码值转换成可读的字符展示出来。而对于二进制文件，文本编辑器无法识别这些文件的编码格式，所以最终看到的是一堆乱码。

使用 open() 函数以文本格式打开文件和以二进制格式打开文件，主要区别在于对文件中数据的处理，特别是对换行符的处理。

在 Windows 系统中，文件中用"\r\n"作为行末标识符（即换行符），当以文本格式读取文件时，会将"\r\n"转换成"\n"；反之，以文本格式将数据写入文件时，会将"\n"转换成"\r\n"。这种隐式转换换行符的行为，对用文本格式打开的文本文件是没有问题的，但如果错误地用文本格式打开二进制文件，就有可能导致文本中的数据被修改（如将"\r\n"序列误转为"\n"）。

因此，对于 Windows 系统，最好用"rb"模式打开二进制文件，如：

```
binfile = open(filepath, 'rb') #打开二进制文件
```

5. 关闭文件

close() 函数是专门用来关闭已打开文件的，其语法格式也很简单，如下所示：

```
file.close()
```

其中，file 表示已打开的文件对象。文件在打开并操作完成之后，就应该及时关闭，否则程序的运行可能出现问题。

5.1.3 读取文件

file 对象提供了一系列方法，能让文件访问更轻松，如下 3 种函数都可以实现读取文件中数据的操作。

5-2　读取文件

1）read() 函数：逐个字节或者字符读取文件中的内容。

2）readline() 函数：逐行读取文件中的内容。

3）readlines() 函数：一次性读取文件中多行内容。

1. read() 函数

对于借助 open() 函数，并以可读模式（包括 r、r+、rb、rb+）打开的文件，可以调用 read() 函数逐个字节（或者逐个字符）读取文件中的内容。

如果文件是以文本模式（非二进制模式）打开的，则 read() 函数会逐个字符进行读取；如果文件以二进制模式打开，则 read() 函数会逐个字节进行读取。

read() 函数的基本语法格式如下：

```
file.read([size])
```

其中，file 表示已打开的文件对象；size 作为一个可选参数，用于指定一次最多可读取的字符（字节）个数，如果省略，则默认一次性读取所有内容。需要强调的是：size 表示的是一次最多可读取的字符（或字节）数，因此即便设置的 size 大于文件中存储的字符（字节）数，read() 函数也不会报错，它只会读取文件中所有的数据。

【例 5-3】 在当前目录下用文本编辑器创建“100.txt”文件，输入两行内容，第 1 行“新华网”，第 2 行“www.xinhuanet.com”，然后以 utf-8 编码格式打开并输出文件内容。

```
#以 utf-8 的编码格式打开指定文件
f = open("100.txt",encoding = "utf-8")
#输出读取到的数据
print(f.read())
#关闭文件
f.close()
```

运行结果：

```
>>>
新华网
www.xinhuanet.com
```

也可以通过使用 size 参数，指定 read() 每次可读取的最大字符（或者字节）数，例如本程序中使用 print(f.read(6)) 来替换原来的语句，则运行结果为：

```
>>>
新华网
ww
```

该程序中的 read() 函数只读取了 100.txt 文件开头的 6 个字符（包括换行符）。

【例 5-4】 以二进制模式打开“100.txt”文件并输出文件内容。

```
#以二进制形式打开指定文件
f = open("100.txt",'rb+')
#输出读取到的数据
print(f.read())
#关闭文件
f.close()
```

运行结果：

```
>>>
b'\xe6\x96\xb0\xe5\x8d\x8e\xe7\xbd\x91\r\nwww.xinhuanet.com'
```

可以看到，输出的数据为字节串，此时可以调用 decode() 方法，将其转换成大家认识的字符串。

【例 5-5】 以二进制模式打开“100.txt”文件并输出文件内容，同时用 decode() 方法进行转换。

```
#以二进制模式打开指定文件，该文件编码格式为 utf-8
```

```
f = open("100.txt",'rb+')
byt = f.read()
print(byt)
print("\n 转换后：")
print(byt.decode('utf-8'))
#关闭文件
f.close()
```

运行结果：

```
>>>
b'\xe6\x96\xb0\xe5\x8d\x8e\xe7\xbd\x91\r\nwww.xinhuanet.com'

转换后：
新华网
```

2. readline() 函数

readline() 函数用于读取文件中的一行，包含最后的换行符“\n”。此函数的基本语法格式为：

```
file.readline([size])
```

其中，file 为打开的文件对象；size 为可选参数，用于指定读取每一行时，一次最多读取的字符（字节）数。

和 read() 函数一样，此函数成功读取文件数据的前提是，使用 open() 函数指定打开文件的模式必须为可读模式（包括 r、rb、r+、rb+共 4 种）。

【例 5-6】 用 utf-8 编码格式打开已编辑的“100.txt”文件，通过 readline() 函数输出文件内容。

```
#以 utf-8 编码格式打开指定文件
f = open("100.txt",encoding = "utf-8")
#读取一行数据
for j in range(2):
    byt = f.readline()
    print(byt)
#关闭文件
f.close()
```

运行结果：

```
>>>
新华网

www.xinhuanet.com
```

从运行结果可以看出：输出结果中多出了一个空行，这是由于 readline() 函数在读取文件中一行的内容时，会读取最后的换行符“\n”，随后 print() 函数输出内容时默认会换行。

3. readlines() 函数

readlines() 函数用于读取文件中的所有行，它和不指定 size 参数的 read() 函数类似，只不过该函数返回的是一个字符串列表，其中每个元素为文件中的一行内容。和 readline() 函数一样，readlines() 函数在读取每一行时，会连同行尾的换行符一并读取。

readlines() 函数的基本语法格式如下：

```
file.readlines()
```

其中，file 为打开的文件对象。和 read()、readline() 函数一样，readlines() 函数要求打开文件的模式必须为可读模式（包括 r、rb、r+、rb+共 4 种）。

【例 5-7】 用 utf-8 编码格式打开已编辑的“100.txt”文件，通过 readlines() 函数输出文件内容。

```
#以 utf-8 编码格式打开指定文件
f = open("100.txt",encoding = "utf-8")
#读取多行数据
byt = f.readlines()
print(byt)
#关闭文件
f.close()
```

运行结果：

```
>>>
['新华网\n', 'www.xinhuanet.com']
```

显然，它输出的结果是一个序列。

5-3　写入文件

5.1.4 写入文件

1. write() 函数

Python 中的文件对象提供了 write() 函数，可以向文件中写入指定内容。该函数的语法格式如下：

```
file.write(string)
```

其中，file 表示已经打开的文件对象；string 表示要写入文件的字符串（或字节串，仅适用写入二进制文件中）。在使用 write() 向文件中写入数据时，需保证使用 open() 函数时是以 r+、w、w+、a 或 a+ 的模式打开文件，否则执行 write() 函数会抛出 io.UnsupportedOperation 错误。

【例 5-8】 在“101.txt”文件中写入两行文本：“新华网”和“www.xinhuanet.com”，读取该文件并显示文本内容，然后将键盘上输入的文本用 write() 函数写入该文件，最后读取该文件并显示文本内容。

```
#先打开指定文件
f = open("101.txt",encoding = "utf-8")
#输出读取到的数据并关闭
print(f.read())
f.close()
#再次打开指定文件
```

```
f = open("101.txt",'w',encoding = "utf-8")
f.write(input("请输入你要添加的一句话："))
f.close()
#最后打开指定文件输出新的内容
f = open("101.txt",encoding = "utf-8")
print(f.read())
f.close()
```

运行结果（运行两次）：

```
>>>
新华网
www.xinhuanet.com
请输入你要添加的一句话：新闻离你更近一点↙
新闻离你更近一点
>>>
新闻离你更近一点
请输入你要添加的一句话：你好，中国↙
你好，中国
```

因为打开文件模式为“w”，所以向文件中写入内容时，就会先清空原文件中的内容，然后写入新的内容。因此在运行上面的程序后，再次打开“101.txt”文件，只会看到新写入的内容。

而如果打开文件模式为“a”，则不会清空原有内容，而是将新写入的内容添加到原内容后。

【例 5-9】 在“102.txt”文件中写入两行文本：“新华网”和“www.xinhuanet.com”，读取该文件并显示文本内容，然后将键盘上输入的文本用 write() 函数以“追加”方式写入该文件后，最后读取该文件并显示文本内容。

```
#先打开指定文件
f = open("102.txt",encoding = "utf-8")
#输出读取到的数据并关闭
print(f.read())
f.close()
#以追加模式写入文件
f = open("102.txt",'a',encoding = "utf-8")
f.write("\n"+input("请输入你要添加的一句话："))
f.close()
#最后打开指定文件输出新的内容
f = open("102.txt",encoding = "utf-8")
print(f.read())
f.close()
```

运行结果：

```
>>>
新华网
www.xinhuanet.com
```

```
请输入你要添加的一句话：新闻离你更近一点↙
新华网
www.xinhuanet.com
新闻离你更近一点
```

2. writelines() 函数

在 Python 中，不仅为文件对象提供了 write() 函数，还提供了 writelines() 函数，用来实现将字符串列表写入文件的功能。注意，写入函数只有 write() 函数和 writelines() 函数，而没有名为“writeline”的函数。

【例 5-10】 在“100.txt”文件中写入两行文本：“新华网”和“www.xinhuanet.com”，通过使用 writelines() 函数，将“100.txt”文件中的数据复制到“103.txt”文件中。

```
f = open('100.txt', 'r',encoding = "utf-8")
n = open('103.txt','w+',encoding = "utf-8")
n.writelines(f.readlines())
n.close()
f.close()
```

运行结果可以发现，在同一目录下生成“103.txt”文件，且该文件中的数据与“100.txt”文件中的数据一模一样。

5.1.5　with as 语句

前面在介绍文件操作时，一直强调打开的文件最后一定要关闭，否则程序的运行会造成意想不到的隐患。但是，即便使用 close() 函数进行了关闭文件的操作，如果在打开文件或文件操作过程中抛出了异常，还是无法及时关闭文件。

为了更好地避免此类问题发生，不同的编程语言引入了不同的机制。在 Python 中，对应的解决方式是使用 with as 语句操作上下文管理器（context manager），它能够自动分配并且释放资源。使用 with as 语句操作已经打开的文件对象（上下文管理器类型）时，无论代码执行过程中是否抛出异常，都能保证在 with as 语句执行完毕后自动关闭已经打开的文件。

with as 语句的基本语法格式为：

```
with 表达式 [as target]：
    代码块
```

其中用 [] 括起来的部分可以使用，也可以省略；target 参数用于指定一个变量，该语句会将表达式指定的结果保存到该变量中。with as 语句中的代码块如果不想执行任何语句，可以直接使用 pass 语句代替。

【例 5-11】 用 with as 语句依次写入“第 0 组”“第 1 组”……“第 7 组”到“with100.txt”文件，并将该文件的内容文本显示出来。

```
f = "with100.txt"
a =8
with open(f,"w") as file:        #w 代表着每次运行都覆盖内容
    for i in range(a):
        file.write("第"+str(i) + "组" + " "+"\n")
```

```
        a +=1
with open(f,"r") as file1:        #显示文件内容
        print(file1.read())
```

运行结果：

```
>>>
第 0 组
第 1 组
第 2 组
第 3 组
第 4 组
第 5 组
第 6 组
第 7 组
```

如果将第 3 行代码修改为“with open(f,"a") as file”，即将“w”改为“a”，代表追加内容。

5.2 os 模块及应用

5.2.1 os 模块

1. os 概述

os 是“operating system”的缩写，顾名思义，os 模块提供 Python 程序与各种操作系统进行交互的接口。

通过使用 os 模块，一方面可以方便地与操作系统进行交互，另一方面也可以极大地增强代码的可移植性。如果该模块中相关功能出错，会抛出 OSError 或其子类异常。导入 os 模块时还要小心一点，不建议将 os 模块解包导入，即尽量避免使用“from os import *”来导入 os 模块；否则可能会导致 os.open() 覆盖内置函数 open()，从而造成预料之外的错误。

对于使用 os 模块的建议如下：

1）如果是读写文件，建议使用内置函数 open()。

2）如果是路径相关的操作，建议使用 os 的子模块 os.path。

3）如果要逐行读取多个文件，建议使用 fileinput 模块。

4）要创建临时文件或路径，建议使用 tempfile 模块。

5）要进行更高级的文件和路径操作则应当使用 shutil 模块。

2. os.name 和 os.walk()

os.name 属性宽泛地指明了当前 Python 运行所在的环境，实际上导入的是操作系统相关模块的名称。这个名称也决定了模块中哪些功能是可用的，哪些是没有相应实现的。目前有效名称主要为以下 3 个：posix、nt、java。其中 posix 是 Portable Operating System Interface of UNIX（可移植操作系统接口）的缩写，Linux 和 macOS 操作系统会返回该值；nt 是“Microsoft Windows NT”的缩写，基本上代表了 Windows 操作系统，因此 Windows 环境下会返回该值；java 则是在 Java 虚拟机环境下的返回值。

os.walk() 函数需要传入一个路径作为 top 参数，函数的作用是在以 top 为根节点的目录树中

游走，对树中的每个目录生成一个由（dirpath, dirnames, filenames）三项组成的三元组。其中，dirpath 是一个指示这个目录路径的字符串，dirnames 是一个 dirpath 下子目录名（除去“.”和“..”）组成的列表，filenames 则是由 dirpath 下所有非目录的文件名组成的列表。要注意的是，这些名称并不包含所在路径本身，要获取 dirpath 下某个文件或从 top 目录开始的完整路径，需要使用 os.path.join(dirpath, name)方法。

【例 5-12】 显示当前 Python 运行所在的环境以及当前目录的文件与文件夹。

```
import os
print("当前环境为：",os.name)
for item in os.walk("."):
    print(item)
```

运行结果：

```
>>>
当前环境为： nt
('.', ['test1'], ['os2.py'])
('.\\test1', [], ['Python.txt'])
```

从运行结果可以看出，目前环境为 Windows 操作系统；当前的文件和文件夹如图 5-2 所示。

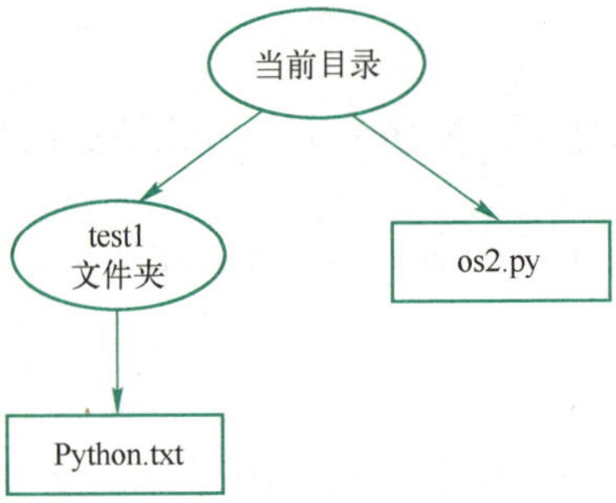

图 5-2　os.walk() 运行结果

3. os.mkdir()

“mkdir”，即“make directory”，用于新建一个路径。需要传入一个路径参数用以指定新建路径的位置和名称，如果指定路径已存在，可能会抛出 FileExistsError。该函数只能在已有的路径下新建一级路径，否则（即新建多级路径）会抛出 FileNotFoundError。

相应地，在需要新建多级路径的场景下，可以使用 os.makedirs() 来完成任务。函数 os.makedirs() 执行的是递归创建操作，若某些中间目录不存在，会先创建指定路径经过的中间路径，直到最后创建出末端的“叶子路径”。

5-4 创建文件夹

【例 5-13】 在当前文件夹下创建 test3 文件夹及该文件夹下的文件夹 test33。

```
import os
os.mkdir("test3")
os.mkdir("test3/test33")
```

注意，在运行该程序之前，需要删除当前目录下的 test3 及 test3/test33 文件夹，否则将抛出 FileNotFoundError。

4．os.remove() 和 os.rmdir()

os.remove() 用于删除文件，如果指定路径是目录而非文件，就会抛出 IsADirectoryError。删除空目录应该使用 os.rmdir() 函数。同样地，删除空目录路径操作也为 os.rmdir()。

5．os.rename()

该函数的作用是将文件或路径重命名，一般调用格式为 os.rcnamc(src, dst)，即将 src 指向的文件或路径重命名为 dst 指定的名称。

5.2.2　os.path 模块

该模块要注意一个很重要的特性：os.path 模块中的函数主要是对字符串进行路径相关的操作。换句话说，传入该模块函数的参数甚至不需要是一个有效路径，该模块也不会试图访问这个路径，而仅仅是按照文件路径的通用格式对字符串进行处理。

1．os.path.join()

该函数可以将多个传入路径组合为一个路径。实际上是将传入的几个字符串用系统的分隔符连接起来，组合成一个新的字符串。一般的用法是将第一个参数作为父目录，之后每一个参数依次作为下一级目录，从而组合成一个新的符合逻辑的路径。

但如果传入路径中存在一个“绝对路径”格式的字符串，且这个字符串不是函数的第一个参数，那么其他在这个参数之前的所有参数都会被丢弃，余下的参数再进行组合。更准确地说，只有最后一个“绝对路径”及其之后的参数才会体现在返回结果中。

【例 5-14】 将多个传入路径组合为一个路径实例。

```
import os
ss=os.path.join("just", "do", "python", "dot", "com")
print(ss)
ss=os.path.join("just", "do", "d:/", "python", "dot", "com")
print(ss)
ss=os.path.join("just", "do", "d:/", "python", "dot", "g:/", "com")
print(ss)
```

运行结果：

```
>>>
just\do\python\dot\com
d:/python\dot\com
g:/com
```

2．os.path.abspath()

该函数将传入的路径规范化，返回一个符合当前系统绝对路径格式的字符串。也就是说，当传入路径符合“绝对路径”的格式时，该函数仅仅将路径分隔符替换为适应当前系统的字符，不做其他操作，并将结果返回。在 Windows 系统中，所谓“绝对路径”的格式，常以一个字母加冒号开始，之后跟分隔符和字符串序列。

【例 5-15】 传入路径规范化实例。

```
import os
ss=os.path.abspath("d:/just/do/python")
print(ss)
ss=os.path.abspath("ityouknow")
print(ss)
```

运行结果：

```
>>>
d:\just\do\python
D:\Python\ch5\ityouknow
```

从上述程序的运行结果可以看出，所谓“绝对路径”的格式，在 Windows 系统中常表现为路径中的分隔符为“\”，如“d:\just\do\python”。当指定的路径不符合上述格式时，该函数会自动获取当前工作目录的路径，并使用 os.path.join()函数将其与传入的参数组合成一个新的路径字符串。

3．os.path.split()

os.path.split() 函数的功能是将传入路径以最后一个分隔符为界，分成两个字符串，并打包成元组的形式返回；由此衍生出 os.path.dirname() 函数和 os.path.basename() 函数，其返回值分别是 os.path.split() 函数返回值的第一个、第二个元素。而通过 os.path.join()函数又可以把它们组合起来得到原先的路径。

4．其他函数

os.path.exists() 函数用于判断路径所指向的位置是否存在。若存在则返回 True，不存在则返回 False。

os.path.isabs() 函数用于判断传入路径是否为绝对路径，若是则返回 True，否则返回 False。当然，该函数仅仅是检测格式，不对路径的有效性进行核验。

os.path.isfile() 和 os.path.isdir()这两个函数分别用于判断传入路径是否为文件或路径，注意，这两个函数会核验路径的有效性，如果是无效路径这两个函数都会返回 False。

5-5 shutil 模块

5.3 shutil 模块及应用

5.3.1 shutil 模块的复制功能

shutil 模块是高级的文件操作模块。os 模块提供了对文件和目录的一些简单的操作功能，而 shutil 模块则提供了移动、复制、打包、压缩、解压等，os 模块没有提供的功能。

1．shutil.copyfileobj()

shutil.copyfileobj(文件 1,文件 2)：将文件 1 以数据覆盖的形式复制给文件 2。

【例 5-16】 在“shu1.txt”文件中写入任意文本，然后利用 shutil 模块将它复制到另外一个文件“shu2.txt”。

```
#文件复制
import shutil
```

```
f1 = open("shu1.txt",encoding="utf-8")
f2 = open("shu2.txt","w",encoding="utf-8")
shutil.copyfileobj(f1,f2)
f1.close()
f2.close()
```

运行结束后将会在同一目录下出现“shu2.txt”文件，其内容与“shu1.txt”文件一模一样。

2．shutil.copyfile()

shutil.copyfile(文件 1,文件 2)：不用打开文件，直接用文件名进行数据覆盖。

【例 5-17】 在“shu1.txt”文件中写入任意文本，然后利用 shutil 模块将它复制到另外一个文件“shu3.txt”。

```
#文件复制
import shutil
shutil.copyfile("shu1.txt","shu3.txt")
```

运行结束后将会在同一目录下出现“shu3.txt”文件，其内容与“shu1.txt”文件一模一样。

3．其他复制函数

shutil.copymode(文件 1,文件 2)：复制文件的权限属性，其内容、组、用户均不变。

shutil.copystat(文件 1,文件 2)：用于将权限位、最后访问时间、最后修改时间的标志值从文件 1 复制到目标文件 2。

shutil.copy(文件 1,文件 2)：将文件和权限属性都进行复制。

shutil.copy2(文件 1,文件 2)：复制文件和状态信息。

shutil.copytree(源目录，目标目录)：递归复制多个目录到指定目录下。

5.3.2　shutil 模块的压缩解压功能

shutil 模块可以创建压缩包并返回文件路径，例如：zip、tar。其压缩解压功能主要通过以下语句实现：

```
shutil.make_archive (base_name, format, root_dir=None, base_dir=None, verbose=0,dry_run=0, owner=None, group=None, logger=None)
```

其中 base_name 是压缩包的文件名，也可以是压缩包的路径。是文件名时，则保存至当前目录，否则保存至指定路径。format 是压缩包种类，主要有 zip、tar、bztar、gztar。root_dir 是打包时切换到的根路径，也就是说，开始打包前，会先执行路径切换，切换到 root_dir 所指定的路径，默认值为当前路径。base_dir 是开始打包的路径，该命令会对 base_dir 所指定的路径进行打包，默认值为 root_dir，即打包切换后的当前目录，亦可指定某一特定子目录，从而实现打包的文件包含此统一的前缀路径。

【例 5-18】 将当前目录下的 sousuo 文件夹统一打包到 sss.zip 文件。

```
import shutil
ret = shutil.make_archive("sss",'zip',root_dir='sousuo')
```

运行结果将会在同目录下出现“sss.zip”，文件解压后发现就是目录下的 sousuo 文件夹的所有内容。

shutil 对压缩包的处理是调用 zipfile 和 tarfile 两个模块来进行的。

【例 5-19】 将当前目录下的“sss.zip”进行解压，默认为当前文件夹。

```
# 解压
import zipfile
z = zipfile.ZipFile('sss.zip','r')
z.extractall()
z.close()
```

5.3.3 shutil 模块的文件和文件夹的移动和重命名功能

调用 shutil.move(source, destination)，将路径 source 处的文件和文件夹移动到路径 destination，并返回新位置的绝对路径的字符串，也可为文件和文件夹重命名。移动时目标文件夹必须存在，否则抛出 FileNotFoundError。

【例 5-20】 将当前目录下的“2000.txt”文件改名为“2001.txt”。

```
#文件移动、改名
import shutil
shutil.move('2000.txt', '2001.txt')
```

5.3.4 shutil 模块的永久删除文件和文件夹功能

调用 shutil.rmtree(path) 将删除 path 处的文件夹，它包含的所有文件和文件夹都会被删除。与此类似的有 os 模块提供的函数，调用 os.unlink(path) 将删除 path 处的文件，调用 os.rmdir(path) 将删除 path 处的文件夹，但该文件夹必须为空，不包含任何文件和文件夹。

5.4 文件异常处理

5.4.1 异常的类型与含义

开发人员在编写程序时，难免会遇到错误，有的是编写人员疏忽造成的语法错误，有的是程序内部隐含逻辑问题造成的数据错误，还有的是程序运行时与系统的规则冲突造成的系统错误等。总的来说，编写程序时遇到的错误可大致分为两类，分别为语法错误和运行时错误。

1. 语法错误

语法错误，也就是解析代码时出现的错误。当代码不符合 Python 语法规则时，Python 解释器在解析时就会抛出 SyntaxError，与此同时还会明确指出最早探测到错误的语句。例如：

```
print "Hello,World!"
```

因为 Python 3 已不再支持上面这种写法，所以在运行时，解释器会报如下错误：

```
SyntaxError: Missing parentheses in call to 'print'
```

语法错误多是开发者疏忽导致的，属于真正意义上的错误，是解释器无法直接执行的，因此，只有将程序中的所有语法错误全部纠正，程序才能执行。

2. 运行时错误

运行时错误，即程序在语法上都是正确的，但在运行时发生了错误。例如：

```
a = 1/0
```

上面这句代码的意思是“用 1 除以 0，并赋值给 a”。因为 0 作除数是没有意义的，所以运行后会产生如下错误：

```
>>>
Traceback (most recent call last):
  File "<pyshell#0>", line 1, in <module>
    a = 1/0
ZeroDivisionError: division by zero
```

以上运行输出结果中，前两行指明了错误的位置，最后一行表示出错的类型。在 Python 中，把这种运行时产生错误的情况叫作异常（Exception）。类似的异常情况还有很多，常见的几种异常情况如表 5-3 所示。

表 5-3　异常类型与含义

异常类型	含义
AssertionError	当 assert 关键字后的条件为假时，程序会停止运行并抛出 AssertionError
AttributeError	当试图访问的对象属性不存在时抛出的异常
IndexError	索引超出序列范围会引发此异常
KeyError	字典中查找一个不存在的关键字时引发此异常
NameError	尝试访问一个未声明的变量时，引发此异常
TypeError	不同类型数据之间的无效操作
FileNotFoundError	文件未找到异常
ZeroDivisionError	除法运算中除数为 0 引发此异常

当一个程序发生异常时，代表该程序在执行时出现了非正常的情况，无法再执行下去。在默认情况下，程序是要终止的。如果要避免程序退出，可以使用捕获异常的方式获取这个异常的名称，再通过其他的逻辑代码让程序继续运行，这种根据异常做出的逻辑处理叫作异常处理。

开发者可以使用异常处理全面地控制自己的程序，不仅能够管理正常的运行流程，还能够在程序出错时对程序进行必要的处理。

5-6　异常处理方式

5.4.2 异常处理方式

1. try-except 语句

用 try-except 语句块捕获并处理异常，其基本语法结构如下所示：

```
try:
    可能产生异常的代码块
except [ (Error1, Error2, ... ) [as e] ]:
    处理异常的代码块 1
except [ (Error3, Error4, ... ) [as e] ]:
    处理异常的代码块 2
except   [Exception]:
    处理其他异常
```

该格式中，[] 括起来的部分可以使用，也可以省略，其中各部分的含义如下。

(Error1, Error2,...) 、(Error3, Error4,...)：其中，Error1、Error2、Error3 和 Error4 代表具体的异常类型。显然，一个 except 块可以同时处理多种异常。

[as e]：作为可选参数，表示给异常类型起一个别名 e，这样做的好处是方便在 except 块中调用异常类型（后续会用到）。

[Exception]：作为可选参数，可以代指程序可能发生的所有异常情况，其通常用在最后一个 except 块。

从 try-except 的基本语法格式可以看出，try 块有且仅有一个，但 except 代码块可以有多个，且每个 except 块都可以同时处理多种异常。当程序发生不同的意外情况时，Python 解释器会根据对应的异常类型选择对应的 except 块来处理该异常。

try-except 语句的执行流程如下。

首先执行 try 中的代码块，如果执行过程中出现异常，系统会自动生成一个异常类型，并将该异常提交给 Python 解释器，此过程称为捕获异常。

当 Python 解释器收到异常对象时，会寻找能处理该异常对象的 except 块，如果找到合适的 except 块，则把该异常对象交给该 except 块处理，这个过程称为处理异常。如果 Python 解释器找不到能够处理异常的 except 块，则程序终止运行，Python 解释器也将退出。

事实上，无论代码块是否处于 try 块中，甚至包括 except 块中的代码，只要执行该代码块时出现了异常，系统都会自动生成对应类型的异常。但是，如果此段程序没有用 try 包裹，或者没有为该异常配置处理它的 except 块，则 Python 解释器将无法处理，程序就会停止运行；反之，如果程序发生的异常经 try 捕获并由 except 处理完成，则程序可以继续执行。

【例 5-21】 “文件未找到”异常处理。

```
#文件打开异常处理
try:
    file = open(input("请输入文件名："))
    print(file)
except (FileNotFoundError):
    print("文件未找到")
print("程序继续运行")
```

运行结果：

```
>>>
请输入文件名：200.txt↙
文件未找到
程序继续运行
>>>
请输入文件名：100.txt↙
<_io.TextIOWrapper name='100.txt' mode='r' encoding='cp936'>
程序继续运行
```

从运行结果可以看出，已经存在或不存在文件的两种情况均能正常运行程序并显示。如果不知是什么异常类型，可以直接使用“except：”来捕捉所有异常。

2. try-except-else 结构

在 try-except 结构的基础上，Python 异常处理机制还提供了一个 else 块，即形成 try-except-else 结构。

使用 else 包裹的代码，只有当 try 块没有捕获到任何异常时，才会被执行；反之，如果 try 块捕获到异常，即使调用对应的 except 块处理完毕，else 块中的代码也不会被执行。

【例 5-22】“文件未找到”后提示“是否新建”的异常处理。

```
#文件打开异常处理
try:
    ss=input("请输入文件名：")
    file = open(ss)
    print(file)
except (FileNotFoundError):
    print("文件未找到，是否确认新建（Y）或取消新建（N）")
    if input()=="Y":
        with open(ss,"w") as file:
            print("文件已新建")
    else:
        print("文件未新建")
else:
    print("文件找到，没有异常")
print("程序继续运行")
```

运行结果（3 次执行）：

```
>>>
请输入文件名：100.txt↙
<_io.TextIOWrapper name='100.txt' mode='r' encoding='cp936'>
文件找到，没有异常
程序继续运行
>>>
请输入文件名：200.txt↙
文件未找到，是否确认新建（Y）或取消新建（N）
Y
文件已新建
程序继续运行
>>>
请输入文件名：200.txt↙
<_io.TextIOWrapper name='200.txt' mode='r' encoding='cp936'>
文件找到，没有异常
程序继续运行
```

从上述执行结果看，使用 else 块的好处在于：当输入正确的数据时，try 块中的程序正常运行，Python 解释器执行完 try 块中的程序之后，会继续执行 else 块中的程序，继而执行后续的程序；当输入错误的数据导致 try 块捕捉到异常时，即使调用对应的 except 块处理完异常，后续代码也不会被执行。

3．try-except-finally 结构

Python 异常处理机制还提供了一个 finally 语句，通常用来为 try 块中的程序做扫尾清理工作。和 else 语句不同，finally 只要求和 try 搭配使用，至于该结构中是否包含 except 以及 else，对于 finally 而言并无影响（注意，else 语句必须和 try-except 结构搭配使用）。

在整个异常处理机制中，finally 语句的功能是确保无论 try 块是否发生异常，都要进入 finally 语句，并执行其中的代码块。因此，当 try 块中的程序打开了一些物理资源（文件、数据库连接等）时，由于这些资源必须手动回收，回收工作通常就放在 finally 块中。

Python 垃圾回收机制主要负责回收变量、类对象占用的内存，而无法自动完成类似关闭文件、数据库连接等工作。

【例 5-23】 try-except-finally 结构实例。

```
#try-except-finally 的使用演示
try:
    f1 = open("400.txt","rU")
    for i in f1:
        i=i.strip()
        print(i)
except Exception as E_results:
    print("捕捉有异常：",E_results)
finally: #finally 的代码是肯定执行的，不管是否有异常，但是 finally 语块是可选的。
    print("我不管，我肯定要执行。")
    f1.close
```

运行结果：

```
>>>
Warning (from warnings module):
  File "D:\Python\ch5\异常 4.py", line 3
    f1 = open("400.txt","rU")
DeprecationWarning: 'U' mode is deprecated
捕捉有异常： [Errno 2] No such file or directory: '400.txt'
我不管，我肯定要执行。
Traceback (most recent call last):
  File "D:\Python\ch5\异常 4.py", line 11, in <module>
    f1.close
NameError: name 'f1' is not defined
```

本程序需要注意的是，如当前目录没有“400.txt”文件，将发生打开异常，也会发生关闭异常，因此在 finally 语句后面的两行不能颠倒。如果前后颠倒，还需要第二次调用 try-finally 结构。

```
#try-except-finally 的使用演示
try:
    f1 = open("400.txt","rU")
    for i in f1:
        i=i.strip()
        print(i)
```

```
except Exception as E_results:
    print("捕捉有异常：",E_results)
finally: #finally 的代码是肯定执行的，不管是否有异常，但是 finally 语块是可选的。
    try:
        f1.close
    finally:
        print("我不管，我肯定要执行。")
```

这样一来，无论是哪种情况都会执行“print("我不管，我肯定要执行。")”。

4. raise 语句

Python 允许在程序中使用 raise 语句手动设置异常。程序由于错误导致的运行异常，是需要程序员想办法解决的；但还有一些异常，是程序正常运行的结果，例如用 raise 手动抛出的异常。

raise 语句的基本语法格式为：

```
raise [exceptionName [(reason)]]
```

其中，用[]括起来的为可选参数，其作用是指定抛出异常的名称，以及异常相关的描述信息。如果可选参数全部省略，则 raise 会把当前错误原样抛出；如果仅省略（reason），则在抛出异常时，将不附带任何异常描述信息。

也就是说，raise 语句有如下三种常用的用法。

1）raise：单独一个 raise。在 except 块中，该语句用于重新抛出当前上下文中捕获的异常，在其他情况下，默认抛出 RuntimeError。

2）raise 异常类名称：raise 后带一个异常类名称，表示引发指定类型的异常。

3）raise 异常类名称（描述信息）：在引发指定类型异常的同时，附带异常的描述信息。

【例 5-24】 raise 语句实例。

```
try:
    str1 = input("输入 txt 文件名：")
    #判断用户输入的是否为数字
    if str1[-4:]==".txt":
        with open(str1,"w") as file:
            pass
    else:
        raise ValueError("必须是.txt 结尾")
except ValueError as e:
    print("由于文件名引发异常：",repr(e))
```

运行结果：

```
>>>
输入 txt 文件名：500.cnn↙
由于文件名引发异常： ValueError('必须是.txt 结尾')
```

可以看到，当用户输入的文件名不是“.txt”结尾时，程序会进入 if-else 判断语句，并执行 raise 引发的 ValueError。但由于其位于 try 块中，raise 抛出的异常会被 try 捕获，并由 except 块进行处理。因此，虽然程序中使用了 raise 语句抛出异常，但程序的运行是正常的，手动抛出的异常并不会导致程序崩溃。

5.5　Excel 文件及其操作

5.5.1　openpyxl 概述

Excel 是最常见的数据处理表格文件，要读写 Excel 文件，用户需要安装一个专用的库（注意不是标准库），例如开源的 openpyxl，图 5-3 所示为官网发布的版本 3.1.5。

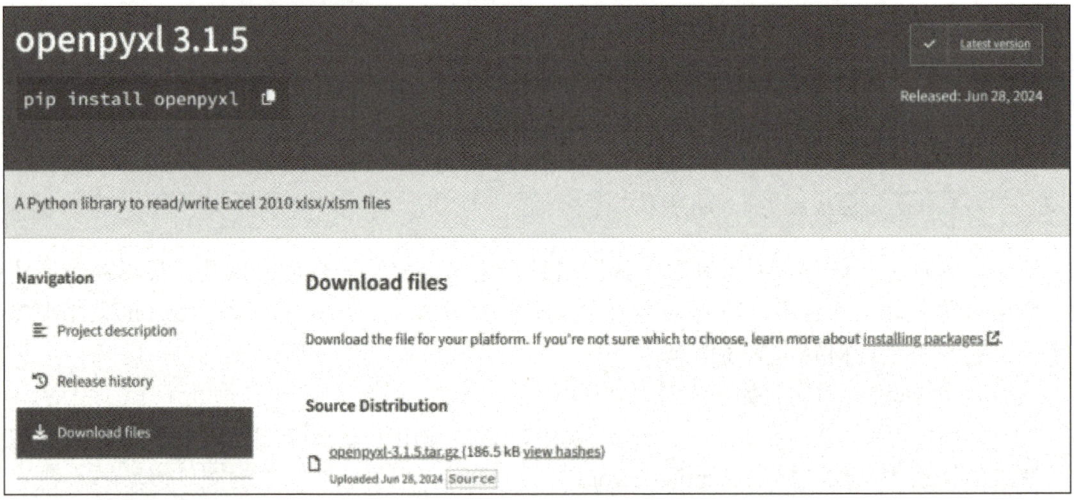

图 5-3　openpyxl 官方网址

openpyxl 可以读写 Excel 2007 及以上版本的 XLSX 和 XLSM 文件，可以实现如下功能。

1）可以修改已有文件，或者在写入过程中动态修改。

2）处理可能会很大的数据量。

3）跨平台兼容。

安装 openpyxl，首先打开命令提示符（黑色背景屏幕）。方法是：按〈Windows+R〉键，弹出“运行”窗口后输入“cmd”，然后单击“确定”按钮打开命令提示符。在命令提示符窗口中输入“py -m pip install openpyxl”（其中，“py”就是 python.exe）并按〈Enter〉键，如果显示“Successfully installed”，则说明安装成功。需要注意的是，本书所用版本为 3.1.5。

在第 1 章介绍过，pip 是用于管理 Python 软件包的工具，使用 pip 或 pip3，可以轻松安装更多的开源库，方便用户开发各种应用程序。

5.5.2　openpyxl 库函数

1. 导入模块并实例化

在使用之前需要先导入 openpyxl 模块，即采用“import openpyxl”语句，也可以只调用其中的 Workbook 类，即使用“from openpyxl import Workbook”语句。

【例 5-25】 在当前目录下新建 name10.xlsx，并实例化。

```
import openpyxl
# Excel 模板（原文件 name10.xlsx 已经存在）
```

```
file1 = "name10.xlsx"
wb = openpyxl.load_workbook(file1)
```

也可以采用如下编程方式：

```
from openpyxl import Workbook
# Excel 模板（原文件 name10.xlsx 已经存在）
file1 = "name10.xlsx"
wb = Workbook(file1)
```

2. 创建工作簿中的工作表

5-7 创建工作簿中的工作表

创建工作表可以通过 wb.create_sheet() 方法来实现，例如：

```
ws1 = wb.create_sheet('Mysheet1')   # 默认是最后一个工作表
ws2 = wb.create_sheet('Mysheet2', 0)   # 第一个工作表
```

这里，wb 为打开的实例化 Excel 文件，即工作簿。工作表创建完成后，还需要 wb.save() 方法来保存文件，例如：

```
wb.save('write.xlsx')   # write.xlsx 为文件名加文件后缀名
```

如果选择默认的方式，创建的工作表的名称会按照“sheet、sheet1、sheet2”的顺序自动增长。此外，可以通过 title 属性修改其名称。

```
ws.title = "New Title"
```

默认工作表的标签（tab）背景色是白色的，可以通过 RRGGBB 颜色代码来修改 sheet_properties.tabColor 属性，从而修改标签按钮的颜色，例如：

```
ws.sheet_properties.tabColor = "1072BA"
```

当设置了工作表名称后，可以将其视为 workbook 对象中的一个标识符，可以使用 wb.get_shcct_by_namc() 方法来获取；查看工作簿中的所有工作表名称可以使用 wb.gct_shcct_namcs() 方法。

【例 5-26】 在当前目录下新建 New001.xlsx 文件，并创建 3 个工作表。

```
from openpyxl import Workbook
# Excel 模板（无原文件）
wb = Workbook()
ws1 = wb.create_sheet('SheetZ')          # 默认是最后一个
ws2 = wb.create_sheet('SheetA', 0)       # 第一个
#创建完成以后，还需要保存下文件。
wb.save('New001.xlsx')                   # New001.xlsx 为文件名加文件扩展名
print(wb.sheetnames)                     #查看 wb 所有工作表名称
for sheet in wb:                         #遍历 wb 所有工作表
    print(sheet.title)
```

运行结果：

```
['SheetA', 'Sheet', 'SheetZ']
```

```
SheetA
Sheet
SheetZ
```

本程序共创建了 3 个工作表，其中“Sheet”为默认工作表，SheetA 和 SheetZ 为新建工作表，图 5-4 所示为该工作簿的外观及其包含的工作表名称。

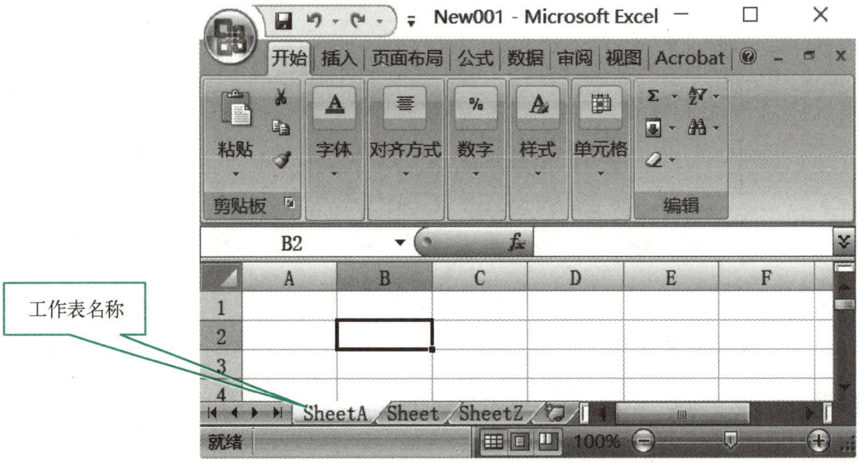

图 5-4　新建 New001.xlsx 文件

3. 获取单元格数据

进行工作簿数据读取除了采用上述讲过的 Workbook 类之外，还可以导入 load_workbook 类，即使用“from openpyxl import load_workbook”语句，然后进行实例化，插入需要读取表格文件的文件名。打开的文件，默认的是 read_only=False，即可读可写，若有需要，可以指定 read_only 为 True，即只读模式。

```
wb = load_workbook(filename='write.xlsx')  # write.xlsx 是 Excel 文件名。
sheet = wb['new_name']        # new_name 为工作表的名字
print(sheet['B1'].value)        #显示单元格 B1 的值
```

当目标单元格内填充的为公式时，需要指定 data_only=True，这样返回的就是数字；如果不加这个参数，则读取到的是公式本身。

获取单元格数据的另外一种方式是用 cell() 方法来操作某行某列的某个值，例如：

```
d = ws.cell(row=4, column=2, value=10)        # 为工作表 ws 的 B4 赋值 10
print(ws.cell(row=4, column=1).value)         # 显示工作表 ws 的 A4 单元格的值
```

【例 5-27】 新建“New002.xlsx”文件，对第一个工作表 SheetA 的 A4 单元格数据进行读写。

```
from openpyxl import Workbook
wb = Workbook()
ws1 = wb.create_sheet('SheetZ')                    # 默认是最后一个
ws2 = wb.create_sheet('SheetA', 0)                 # 第一个
print("SheetA 的单元格 A4 初始值=",ws2.cell(row=4, column=1).value)
```

```
ws2['A4']=input("请输入你要输入的字符串：")
print("SheetA 的单元格 A4 修改值=",ws2.cell(row=4, column=1).value)
#创建完成以后，还需要保存文件
wb.save('New002.xlsx')                          # New002.xlsx 为文件名加文件扩展名
```

运行结果：

```
SheetA 的单元格 A4 初始值= None
请输入你要输入的字符串：中国↙
SheetA 的单元格 A4 修改值= 中国
```

4. 获取行

1）获取最大行数：用 sheet.max_row 属性。

2）获取每一行的值：sheet.rows 为生成器，里面是每一行的数据，由一个元组构成。

```
for row in sheet.rows:
    for cell in row:
        print(cell.value)
```

因为是按行，所以返回值的顺序为 A1、B1、C1。

【例 5-28】 新建“New003.xlsx”文件，对第一个工作表 SheetA 的 A4、C2 单元格数据进行读写，并显示所有的单元格数据。

```
from openpyxl import Workbook
wb = Workbook()
ws1 = wb.create_sheet('SheetA', 0)   # 第一个
ws1['A4']=input("请输入你要输入 A4 的字符串：")
print("SheetA 的单元格 A4 修改值=",ws1.cell(row=4, column=1).value)
ws1['C2']=input("请输入你要输入 C2 的字符串：")
print("SheetA 的单元格 C2 修改值=",ws1.cell(row=2, column=3).value)
#创建完成以后，还需要保存下文件
wb.save('New003.xlsx')   # New003.xlsx 为文件名加文件扩展名
for row in ws1.rows:
    for cell in row:
        print(cell,"值=",cell.value)
```

运行结果：

```
请输入你要输入 A4 的字符串：中国↙
SheetA 的单元格 A4 修改值= 中国
请输入你要输入 C2 的字符串：自贸区↙
SheetA 的单元格 C2 修改值= 自贸区
<Cell 'SheetA'.A1> 值= None
<Cell 'SheetA'.B1> 值= None
<Cell 'SheetA'.C1> 值= None
<Cell 'SheetA'.A2> 值= None
<Cell 'SheetA'.B2> 值= None
<Cell 'SheetA'.C2> 值= 自贸区
<Cell 'SheetA'.A3> 值= None
```

```
<Cell 'SheetA'.B3> 值= None
<Cell 'SheetA'.C3> 值= None
<Cell 'SheetA'.A4> 值= 中国
<Cell 'SheetA'.B4> 值= None
<Cell 'SheetA'.C4> 值= None
```

这里可以看出，由于输入的数据范围包括最多到第 4 行的数据和最多到第 3 列的数据，因此构成一个包含 4×3=12 个数据点的表格。

5. 获取列

1）获取最大列数：用 sheet.max_column 属性。

2）获取每一列的值：与 sheet.rows 类似，不过这里的每一个元组都是每一列单元格的值。

```
for column in sheet.columns:
    for cell in column:
        print(cell.value)
```

因为按列操作，所以输出结果的顺序为 A1、A2、A3。

仍以【例 5-28】进行说明，将最后 3 行代码修改为：

```
for column in ws1.columns:
    for cell in column:
        print(cell,"值=",cell.value)
```

这样执行的结果顺序就不一样了。

6. 获取任意单元格的值

获取单个单元格的值最简单的方法就是使用索引。如果要获得某行或某列的数据，需要将 sheet.rows 与 sheet.columns 转换成 list 之后再使用索引，如使用 list(sheet.rows)[2]语句可以获取第二行所有的值，具体为：

```
for cell in list(sheet.rows)[2]:
    print(cell.value)
```

7. 获取任意区间单元格的值

可以使用 range() 函数，下面的写法，获得了以 A1 为左上角，D3 为右下角矩形区域的所有的单元格。需要注意的是，为了和 Excel 中的表达方式一致，range 是从 1 开始的。

```
for i in range(1, 4):
    for j in range(1, 5):
        print(sheet.cell(row=i, column=j).value)
```

还可以使用切片的方式，sheet['A1', 'D3']返回一个元组，该元组内部还是元组，每一行的单元格构成一个元组。

```
for row_cell in sheet['A1': 'D3']:
    for cell in row_cell:
        print(cell)
```

8. append() 函数

append() 函数可以一次添加多行数据，从第一个空白行开始（下面所有的都是空白行）写入。将 row 中的值分别写入到第一行的单元格中，其中 row 的值的类型必须是列表、元组、范围等。

【例 5-29】 新建“New004.xlsx”文件，对第一个工作表 SheetA 的 A4、C2 单元格数据进行读写，并利用 append() 函数在最后一行添加一行数据“1,2,3,4,5”。

```
from openpyxl import Workbook
wb = Workbook()
ws1 = wb.create_sheet('SheetA', 0)  # 第一个
ws1['A4']=input("请输入你要输入 A4 的字符串：")
print("SheetA 的单元格 A4 修改值=",ws1.cell(row=4, column=1).value)
ws1['C2']=input("请输入你要输入 C2 的字符串：")
print("SheetA 的单元格 C2 修改值=",ws1.cell(row=2, column=3).value)
#在最后一行后面添加相关数值
row = [1, 2, 3, 4, 5]
ws1.append(row)
wb.save('New004.xlsx')  # New004.xlsx 为文件名加文件扩展名
```

运行结果：

```
请输入你要输入 A4 的字符串：20
SheetA 的单元格 A4 修改值= 20
请输入你要输入 C2 的字符串：40
SheetA 的单元格 C2 修改值= 40
```

打开当前目录下新建的“New004.xlsx”文件，如图 5-5 所示，会发现增加了第 5 行，还会发现输入 A4、C2 的数据是字符不是数值，而新增加的一行数据是数值。

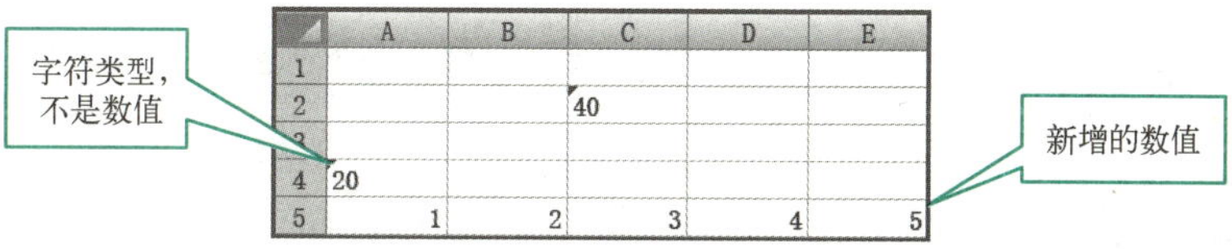

图 5-5　append() 函数结果

9. 设置单元格风格

在设置之前需要先导入模块，如：

```
from openpyxl.styles import Font, colors, Alignment          # 字体、颜色、对齐方式
bold_italic_24_font = Font(name='等线', size=24, italic=True, color=colors.RED, bold=True)  # 设置字体样式
sheet['A1'].font = bold_italic_24_font                        # 设置单元字体样式
```

设置对齐方式直接使用属性 alignment。若要指定垂直居中和左右居中，除了 center 参数外，还可以使用 right、left 等参数，如：

```
sheet['B1'].alignment = Alignment(horizontal='center', vertical='center')
sheet.row_dimensions[2].height = 40          # 设置第二行行高
sheet.column_dimensions['C'].width = 30      # 设置 C 列列宽
```

10．合并和拆分单元格

合并单元格是以合并区域的右上角的那个单元格为基准，覆盖其他单元格，称之为一个大单元格。合并单元格时是向左上角单元格写入数据，如果这些单元格都有数据，则只保存左上角的单元格的数据。

```
sheet.merge_cells('B1:G1')  # 合并一行中的单元格
sheet.merge_cells('A1:C3')  # 合并矩形区域的单元格
```

拆分单元格是将一个大单元格拆分为几个小单元格，拆分完成后，大单元格中的值回到 A1 的位置，如：

```
sheet.unmerge_cells('A1:C3')
```

5-8　Excel 文件操作实例

5.5.3　Excel 文件操作实例

【例 5-30】 将 10 位学生的成绩通过提示输入到已有序号、学号和姓名的 Excel 文件“name10.xlsx”的 Sheet1 工作表中，如图 5-6 所示。

	A	B	C	D
1	序号	学号	姓名	成绩
2	1	2025201	周*涛	
3	2	2025202	姚*蒙	
4	3	2025203	吴*晨	
5	4	2025205	董*淇	
6	5	2025206	陆*志	
7	6	2025207	丁*里	
8	7	2025208	吴*昊	
9	8	2025210	王*龙	
10	9	2025211	赵*坤	
11	10	2025212	潘*泉	

图 5-6　“name10.xlsx”文件截图

```
import openpyxl
# Excel 模板（原文件）
file1 = "score1.xlsx"
wb = openpyxl.load_workbook(file1)
# Excel 表格
ws = wb["Sheet1"]
#  输入成绩
for i in range(10):
    print("请输入",ws.cell(row=i+2, column=3).value,"的成绩")
    score= input("(输入范围 0～100)")
    ws.cell(row=i+2, column=4).value =int(score)
wb.save(file1)
```

运行结果：

```
>>>
请输入第 1 个学号  2025201  姓名周*涛的成绩
(输入范围 0～100)99↙
```

```
请输入第 2 个学号 2025202 姓名姚*蒙的成绩
(输入范围 0～100)76↙
```

这里会出现输入错误但无法修改的问题。例如，输入 8o，就会报错 ValueError: invalid literal for int() with base 10: '8o'。这时可以采取以下两种方式解决。

1）使用正则表达式，这里只引用了“匹配任意非数字”的功能，如程序中“score1= int(re.sub("\D", "", score))”语句。其他请参考本书配套的数字资源。

2）采用异常处理机制，即 try-except 语句等。

【例 5-31】 采用正则表达式方式处理输入异常。

```
import openpyxl
import re
# Excel 模板（原文件）
file1 = " score1.xlsx"
wb = openpyxl.load_workbook(file1)
# Excel 表格
ws = wb["Sheet1"]
#  输入成绩
for i in range(10):
    print("请输入第%d 个学号%s 姓名%s 的成绩"%(i+1,ws.cell(row=i+2, column=2).value,ws.cell(row=\
i+2, column=3).value))
    score= input("(输入范围 0～100)")
    score1= re.sub("\D", "", score)
    if score==score1:
        if (int(score)<=100) and (int(score)>=0):
            ws.cell(row=i+2, column=4).value =int(score1)
        else:
            score= input("您输入的数字超出范围 0～100，请再次输入，不在该区间的为 0 分:")
            score1= int(re.sub("\D", "", score))
            if (score1>=0) and (score1<=100):
                ws.cell(row=i+2, column=4).value =score1
            else:
                ws.cell(row=i+2, column=4).value =0
    else:
        score= input("您输入有非数字字符，请再次输入，非法输入为 0 分:")
        score1= int(re.sub("\D", "", score))
        if (score==score1) and (score1>=0) and (score1<=100):
            ws.cell(row=i+2, column=4).value =score1
        else:
            ws.cell(row=i+2, column=4).value =0
wb.save(file1)
```

运行结果：

```
>>>
请输入第 1 个学号 2025201 姓名周*涛的成绩
(输入范围 0～100)9p↙
```

```
您输入有非数字字符，请再次输入，非法输入为 0 分:56↙
请输入第 2 个学号 2025202 姓名姚*蒙的成绩
(输入范围 0～100)45↙
请输入第 3 个学号 2025203 姓名吴*晨的成绩
(输入范围 0～100)123↙
您输入的数字超出范围 0～100，请再次输入，不在该区间的为 0 分:23↙
```

5.6 综合案例分析

5.6.1 简易文件搜索引擎

【例 5-32】 在当前目录下有 a.txt、b.txt、c.txt、d.txt、e.txt 共 5 个文本文件，里面有不同的内容。现在要求实现简易文件搜索功能，即输入要搜索的文本片段，就能准确定位哪几个文件具有这些文本片段。

设计思路：定义父类 SearchEngineBase 类，具有搜索器、索引器、检索器方法；在继承父类基础上定义 SimpleEngine 子类，重写索引器（即以文件路径为键，文件内容为值，形成键值对，存储在字典中，由此建立索引）、检索器方法（即依次检索字典中的键值对，如果文件内容中包含用户要搜索的信息，则将此文件的文件路径存储在 results 列表中）。对于在检索过程出现的问题，需要手动建立异常处理机制。

```
#定义 SearchEngineBase 类
class SearchEngineBase:
    def __init__(self):
        pass
    #搜索器
    def add_corpus(self, file_path):
        with open(file_path, 'rb') as fin:
            text = fin.read().decode('utf-8')
        self.process_corpus(file_path, text)
    #索引器
    def process_corpus(self, id, text):
        raise Exception('process_corpus 未执行。')
    #检索器
    def search(self, query):
        raise Exception('搜索未执行。')
#用户接口
def main(search_engine):
    for file_path in ['a.txt', 'b.txt', 'c.txt', 'd.txt', 'e.txt']:
        search_engine.add_corpus(file_path)
    while True:
        query = input("请输入你要搜索的内容：")
        results = search_engine.search(query)
        print('发现 {} 个结果:'.format(len(results)))
        for result in results:
            print(result)
```

```
#继承 SearchEngineBase 类，并重写了 process_corpus 和 search 方法
class SimpleEngine(SearchEngineBase):
    def __init__(self):
        super(SimpleEngine, self).__init__()
        #建立索引时使用
        self.__id_to_texts = {}
    def process_corpus(self, id, text):
        #以文件路径为键，文件内容为值，形成键值对，存储在字典中，由此建立索引
        self.__id_to_texts[id] = text
    def search(self, query):
        results = []
        #依次检索字典中的键值对，如果文件内容中包含用户要搜索的信息，
#则将此文件的文件路径存储在 results 列表中
        for id, text in self.__id_to_texts.items():
            if query in text:
                results.append(id)
        return results
search_engine = SimpleEngine()
main(search_engine)
```

运行结果：

```
>>>
请输入你要搜索的内容：Python
发现 3 个结果:
b.txt
d.txt
e.txt
```

5.6.2　自动整理当前目录下的所有文件信息

【例 5-33】 自动整理当前目录下的所有文件信息到 Excel 表格。

设计思路：需要调用 os、time、openpyxl 共 3 个模块分别用于处理目录、时间和 Excel 表格。具体来说，需要读取当前目录下的文件，除文件本身外，获取每个文件的创建时间、文件更新时间和文件大小等属性，并以追加的方式写入当前活跃的工作表。

```
import os
import time
import openpyxl
#生成一个 Workbook 的实例化对象，wb 即代表一个工作簿（一个 Excel 文件）
wb = openpyxl.Workbook()
# 获取活跃的工作表，ws 代表 wb（工作簿）的一个工作表
ws = wb.active
#更改工作表 ws 的 title
ws.title = 'file1'
#将 ws 的第一个单元格传入数据并设置每一列宽度
ws['A1'] = '文件名';ws['B1'] = '创建时间';ws['C1'] = '更新时间';ws['D1'] = '文件大小（字节）'
ws.column_dimensions['A'].width =20;ws.column_dimensions['B'].width =40;
ws.column_dimensions['C'].width =40;ws.column_dimensions['D'].width =20;
```

```
#对 ws 的单个单元格传入数据（文件名、创建时间、更新时间、文件大小）
xlsx_file = '0001.xlsx'
date_format = '%Y/%m/%d %H:%M:%S'
file_list = []
for file in os.listdir("."):
    # 是否归档
    is_file = os.path.isfile(file)
    # 是否文件本身
    not_py_file = os.path.basename(__file__) != file
    # 是否列表 xlsx 文件
    not_xlsx_file = xlsx_file != file
    if is_file and not_py_file and not_xlsx_file:
        # 文件创建时间
        time_crt = time.strftime(date_format,time.localtime(os.path.getctime(file)))
        # 文件更新时间
        time_mod = time.strftime(date_format,time.localtime(os.path.getmtime(file)))
        # 文件大小
        file_size = os.path.getsize(file)
        # 以追加的方式写入当前活跃的工作表
        file_list.append([file, time_crt, time_mod, file_size])
#存储文件到 Excel
for each in file_list:
    ws.append(each)
wb.save(xlsx_file)
```

运行结果略。

拓展阅读：开源人才和开源社区

工业和信息化部发布的《"十四五"软件和信息、技术服务业发展规划》指出：大力发展国内开源基金会等开源组织，完善开源软件治理规则，普及开源软件文化。加快建设开源代码托管平台等基础设施。面向重点领域布局开源项目，建设开源社区，汇聚优秀开源人才，构建开源软件生态。加强与国际开源组织交流合作，提升国内企业在全球开源体系中的影响力。

思考与练习

5.1　请阐述文本文件的优点是什么。

5.2　现有两个文件"测试 1.xlsx"和"测试 2.xlsx"，请阐述如何合并两个文件并保存到第 3 个文件。

5.3　从键盘输入一连串的字符，作为"测试 1.txt"文件每行的数据。

5.4　请用 try-except 语句进行编程，要求当出现除数为 0 或文件打开异常时，触发异常事件，并显示"程序有异常"。

5.5　自动整理并归档当前目录下扩展名为".txt"的文件。

5.6　选择题

1．关于程序的异常处理，以下选项中描述错误的是（　　）。

A．程序异常发生经过妥善处理可以继续执行

B．异常语句可以与 else 和 finally 保留字配合使用

C．编程语言中的异常和错误是完全相同的概念

D．Python 通过 try、except 等保留字提供异常处理功能

2．关于 Python 对文件的处理，以下选项中描述错误的是（　　）。

A．Python 通过解释器内置的 open() 函数打开一个文件

B．当文件以文本方式打开时，读写按照字节流方式

C．文件使用结束后要用 close() 方法关闭，释放文件的使用授权

D．Python 能够以文本和二进制两种方式处理文件

3．以下选项中不是 Python 对文件的写操作方法的是（　　）。

A．writelines()

B．write() 和 seek()

C．writetext()

D．write()

4．当用户输入“1”时，下面代码的输出结果是（　　）。

```
def pow10(n):
    return n**10
try:
    n = input("请输入一个整数: ")
    print(pow10(n))
except:
    print("程序执行错误")
```

A．输出：1

B．程序没有任何输出

C．输出：0

D．输出：程序执行错误

第 6 章　交互界面设计

导读

当前流行的计算机桌面应用程序大多数为图形用户界面（Graphical User Interface，GUI），即通过鼠标对菜单、按钮等图形化元素触发指令，并从标签、对话框等图形化显示容器中获取人机对话信息。Python 自带的 tkinter 模块是一种流行的面向对象的 Python 编程接口，它提供了快速便利地创建 GUI 应用程序的方法。本章通过计算器制作、BOM 录入界面设计等综合案例，讲解如何应用 tkinter 模块进行 GUI 应用程序开发。

6.1　tkinter 基础

6.1.1　GUI 介绍

图形用户界面的全称是 Graphical User Interface，简称 GUI。GUI 应用程序与在命令提示符下运行的程序相比，对于用户来说体验更友好。因此，很多高级语言都会推出自己的 GUI 编程架构。Python 提供了多个图形界面开发的库，几个常用 Python GUI 库如下。

tkinter：tkinter 模块是 Python 的标准 tk GUI 工具包的接口。它可以在大多数 UNIX 平台下使用，同样也支持 Windows 和 macOS 系统。需要注意的是，在 Python 2.X 版本中 tkinter 的写法是第一个字母大写，即 Tkinter。

wxPython：wxPython 是一款开源软件，是 Python 语言的一套优秀的 GUI 图形库，允许 Python 程序员很方便地创建完整的、功能齐全的 GUI 用户界面。

图 6-1 所示是一种常见的 GUI 控件示意，它以容器（Container）为中心，向下是控件（Component），包括按钮（Button）、标签（Label）、复选框（Checkbox）、文本框（TextComponent）等；向上是窗口（Window）、对话框（Dialog）等。

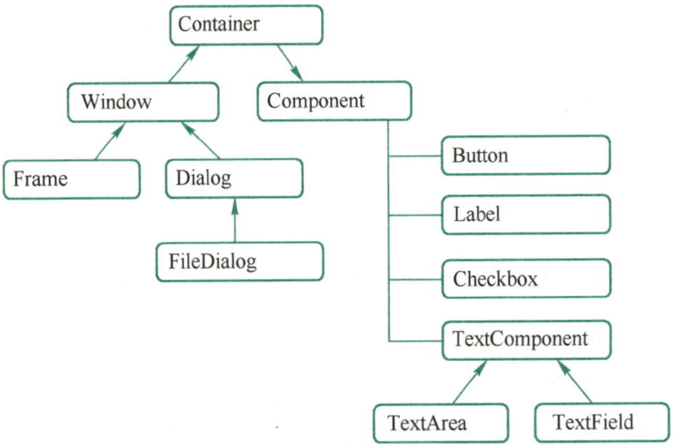

图 6-1　GUI 控件

6.1.2　创建 tkinter 窗口

6-1　创建 tkinter 窗口

tkinter 是 Python 的标准 GUI 库。Python 使用 tkinter 可以快速地创建 GUI 应用程序。由于 tkinter 已被内置到 Python 的安装包中，因此只要安装好 Python 就能导入 tkinter 库，而且 IDLE 也是用 tkinter 编写而成的，对于简单的图形界面 tkinter 还是能应付自如的。

创建一个 tkinter 窗口可以采用 5 步法进行：第一步，导入 tkinter 模块；第二步，创建 tkinter 窗口；第三步，申请 Frame 或 Toplevel 控件作为容器使用；第四步，创建其他控件；第五步，通过 GM（Geometry Manager）组织和管理整个控件区域。

1. 导入 tkinter 模块

可以用以下 2 种方式导入：import tkinter 或 from tkinter import *。

2. 创建 tkinter 窗口

在使用 tkinter 之前，需要创建一个 tkinter 窗口对象，通常称之为 root 。这个窗口将充当 GUI 应用程序的主窗口。

```
root= tkinter.Tk()                          #或者 root = Tk()
root.title("label-test")                    # 设置窗口标题
root.geometry("200x300")                    # 设置窗口大小，注意是 x 不是*
root.resizable(width=True, height=False)
 # 设置窗口是否可以变化长/宽，False 不可变，True 可变，默认为 True
```

3. 申请容器组件

Frame（框架）组件是屏幕上的一个矩形区域。Frame 组件主要是作为其他组件的框架基础，或为其他组件提供间距填充。

```
import tkinter as tk
master = tk.Tk()
tk.Label(text="标识 1").pack()
separator = tk.Frame(height=2, bd=1, relief="sunken")
separator.pack(fill="x", padx=5, pady=5)
tk.Label(text="标识 2").pack()
master.mainloop()
```

除了 Frame 组件外，还有一个容器组件为 Toplevel，它用来提供一个单独的对话框。

4. 创建其他控件

有了窗口和容器之后，就需要有按钮、标签和文本框等其他 GUI 应用程序会使用到的控件，具体如表 6-1 所示。

表 6-1　tkinter 常见控件

控件	描述
Button	按钮控件：在程序中显示按钮
Canvas	画布控件：显示图形元素如线条或文本
Checkbutton	复选框控件：用于在程序中提供多项选择框
Entry	文本框控件：用于显示简单的文本内容

（续）

控件	描述
Label	标签控件：可以显示文本和位图
Listbox	列表框控件：用来显示一个字符串列表给用户
Menubutton	菜单按钮控件：用于显示菜单项
Menu	菜单控件：显示菜单栏、下拉菜单和弹出菜单
Message	消息控件：用来显示多行文本，与 Label 比较类似
Radiobutton	单选按钮控件：显示一个单选的按钮状态
Scale	滑动条控件：显示一个数值刻度，为输出限定范围的数字区间
Scrollbar	滚动条控件：当内容超过可视化区域时使用，如列表框
Text	多行文本控件：用于显示多行文本

这些控件具有一些标准属性，如表 6-2 所示。

表 6-2　标准属性

属性	描述
dimension	控件大小
color	控件颜色
font	控件字体
anchor	锚点
relief	控件样式
bitmap	位图
cursor	光标

5. GM 管理

tkinter 控件有特定的几何状态管理方法，组织和管理整个控件区域，表 6-3 所示是 tkinter 的几何管理类：包装、网格、位置。

表 6-3　几何管理类

几何方法	描述
pack()	包装
grid()	网格
place()	位置

【例 6-1】 创建一个 tkinter 窗口，要求初始化大小为 180×180 像素，位于屏幕左上角（90,80）处，并设置一个按钮。

```
#第 1 步：导入库
from tkinter import *
#第 2 步：创建 tkinter 窗口
root = Tk()
# 180x180 代表了初始化时主窗口的大小，(90，80）代表了初始化时窗口所在的（x，y）位置
root.geometry('180x180+90+80')
```

```
#第 3 步：创建其他控件（如按钮等）
button = Button(root, text = 'tkinter 创建')
#第 4 步：GM 管理
button.pack()
# 进入消息循环
root.mainloop()
```

运行结果如图 6-2 所示。

需要注意的是：最后一句 mainloop() 是必须设置的一个循环运行机制，就如同一个猜数游戏，如果不使用循环流程，猜一次程序就结束了，所以要启用循环机制，才能将这个游戏持续玩下去。交互界面设计也是如此，tkinter 的 mainloop() 方法就是启动一个消息循环，只有当 Tk() 窗口销毁或者强制中止这个循环，tkinter 程序才会结束。

【例 6-2】 创建一个 tkinter 窗口，初始化大小为默认，并在该窗口中设置一个包含 4 个菜单项的菜单栏，菜单项分别是“1.登录系统”“2.信息管理”“3.修改密码”“4.退出系统”。

```
from tkinter import *
root = Tk()
li = ['4.退出系统','3.修改密码','2.信息管理','1.登录系统']
listb = Listbox(root)               #创建列表组件 Listbox
for item in li:                     #列表部件插入数据
    listb.insert(0,item)
listb.pack()                        #将列表放置到 frame 中
root.mainloop()                     #进入消息循环
```

运行结果如图 6-3 所示。

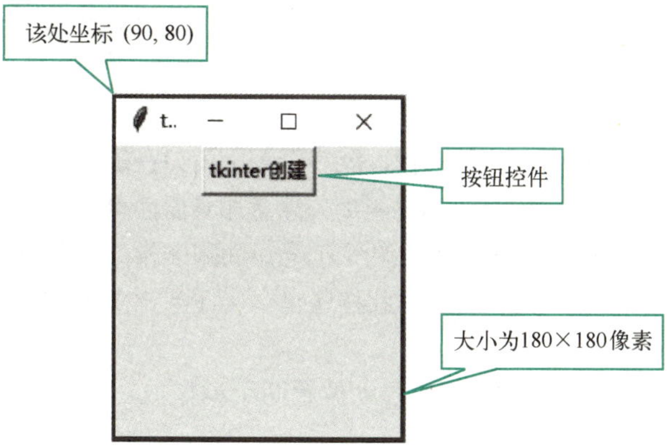

图 6-2　创建的 tkinter 窗口

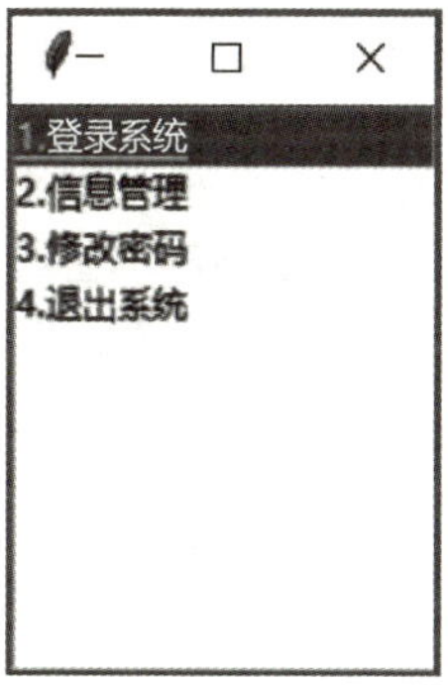

图 6-3　运行结果

拓展阅读：手机软件适老化改造

由于手机终端屏幕相对较小，老年人使用起来很不方便，近期工信部开展信息通信服务感知提升行动，App 适老化改造“多点开花”，数字消费是主要应用场景之一。比如，为提升老年人使用体验，京东到家特别推出针对老年用户的“长辈版”模式，聚焦老年人“超市购物”“生鲜果蔬”“粮油副食”“送药上门”等日常使用需求，软件首页功能更加简洁；“关怀版”支付宝将主界面的应用数量从 14 项缩减至 6 项，使老年人在使用 App 时更聚焦自己需要的商品或服务，操作界面更加友好；百度“大字版”App 在底部工具栏增设了“百宝箱”专区，包含“语音搜索”和“生活便利”等各种实用日常服务。

6.2　tkinter 控件的属性与函数

6.2.1　tkinter 窗口

Tk() 实例完成后，tkinter 窗口就可以通过 geometry() 函数设置窗口的宽和高，即使该窗口已经通过 resizable() 函数禁止调整宽高，也可以移动窗口在屏幕上的位置。

1. 设置宽高

【例 6-3】 设置 tkinter 窗口的大小为 600×600 像素。

```
import tkinter as tk
root = tk.Tk()
root.resizable(0,0)
root.geometry('600x600')
```

以上代码，将 root 窗口的宽和高都设置成 600 像素，同时已经禁止了用户调整其大小。需要注意的是，在 root.geometry('600x600') 中的符号为“x”，而不是“*”。

2. 移动窗口在屏幕上的位置

【例 6-4】 将 tkinter 窗口在屏幕中的位置从（0,0）移至（300,400）。

```
import tkinter as tk
root = tk.Tk()
root.geometry('+0+0')
root.geometry('+300+400')
```

当 geometry() 函数的参数是上面这种两个加号风格的时候，就表示调整窗口在屏幕上的位置，第 1 个加号是与屏幕左边的距离，第 2 个加号是与屏幕顶部的距离。注意加号后面可以跟负数，这是一种隐藏窗口的方式，例如 root.geometry('+-3000+-4000')。两个加号后面跟非常大的负数，这样的实际效果是，将窗口移动到屏幕外面，彻底看不见。这时，此程序仍会在任务栏中显示。

3. 同时设置宽高和移动位置

如 root.geometry('300x250+500+240')就是将设置宽高和移动位置两个动作放在一起进行的。

4. 获取此时窗口的宽高以及在屏幕上的位置

采用 geometry(None)，即 geometry() 函数的参数是 None 时，返回当前窗口的宽高以及在屏幕上的位置。

6.2.2　标签（Label）

tkinter 标签控件（Label）用于在指定的窗口中显示文本和图像。如果需要显示一行或多行文本且不允许用户修改，可以使用 Label 控件。

6-2　标签（Label）

语法格式如下：

w = Label (master, option, …)

其中，master 为标签的父容器；option 为可选项，即该标签的可设置的属性，如表 6-4 所示，这些选项可以用“键-值”的形式设置，并以逗号分隔。

表 6-4 可选项与描述

序号	可选项	描述
1	anchor	文本或图像在背景内容区的位置，默认为 center，可选值为（n,s,w,e,ne,nw,sw,se,center），e、s、w、n 分别是东、南、西、北英文的首字母
2	bg	标签背景颜色
3	bd	标签的大小，默认为两个像素
4	bitmap	指定标签上的位图，如果指定了图片，则该选项忽略
5	cursor	鼠标移动到标签时光标的形状，可以设置为 arrow、circle、cross、plus 等
6	font	设置字体
7	fg	设置前景色
8	height	标签的高度，默认值是 0
9	image	设置标签图像
10	justify	定义对齐方式，可选值有 LEFT、RIGHT、CENTER，默认为 CENTER
11	padx	x 轴间距，以像素计，默认为 1
12	pady	y 轴间距，以像素计，默认为 1
13	relief	边框样式，可选的有 FLAT、SUNKEN、RAISED、GROOVE、RIDGE，默认为 FLAT
14	text	设置文本，可以包含换行符（\n）
15	textvariable	标签显示 tkinter 变量，StringVar。如果变量被修改，标签文本将自动更新
16	underline	设置下画线，默认为-1，如果设置为 1，则是从第二个字符开始画下画线
17	width	设置标签宽度，默认值是 0，自动计算，单位为像素
18	wraplength	设置标签文本为多少行显示，默认为 0

【例 6-5】 在 tkinter 窗口设置标签，文字为“标签控件”，背景是红色。

```
import tkinter as tk
root = tk.Tk()
root.geometry('300x200+100+100')
w = tk.Label(root, text="标签控件",bg = 'red')
w.pack()
root.mainloop()
```

运行结果如图 6-4 所示。

【例 6-6】 在 tkinter 窗口中设置 5 个标签，分别显示“La1”“La2”……“La5”，背景是 5 种不同的颜色，同时采用网格布局。

```
import tkinter as tk
root = tk.Tk()
root.geometry('300x200+100+100')
#5 个标签属性
La1 = tk.Label(root, text = 'La1', bg = 'red')
```

```
La2 = tk.Label(root, text = 'La2', bg = 'gray')
La3 = tk.Label(root, text = 'La3', bg = 'green')
La4 = tk.Label(root, text = 'La4', bg = 'yellow')
La5 = tk.Label(root, text = 'La5', bg = 'purple')
#填充方向，网格布局
La1.grid(row = 0, column = 0)
La2.grid(row = 1, column = 0)
La3.grid(row = 1, column = 1)
La4.grid(row = 2 )
La5.grid(row = 0, column = 3)
root.mainloop()
```

图 6-4　标签控件

运行结果如图 6-5 所示。

图 6-5　标签布局

标签的布局，包括网格布局（grid）、左右布局和绝对布局。

左右布局语句示例如下：

```
tk.Label(root, text = 'La1', bg = 'red').pack(fill = Y, side = LEFT)
tk.Label(root, text = 'La2', bg = 'green').pack(fill = BOTH, side = RIGHT)
tk.Label(root, text = 'La3', bg = 'blue').pack(fill = X, side = LEFT)
```

绝对布局语句示例如下：

```
La4 =tk.Label(root, text = 'l4')
La4.place(x = 3, y = 3, anchor = NW)
```

6.2.3 按钮（Button）

Button 控件是一种标准 tkinter 控件，用来展现不同样式的按钮。Button 控件用于和用户交互，例如按钮被鼠标单击后，某种操作被启动。和 Label 控件类似，按钮可以展示图片或者文字。不同的是，Label 控件可以指定字体，Button 控件只能使用单一的字体。当然 Button 上的文字可以多行显示。

tkinter 按钮控件可用于监听用户行为，能够与一个 Python 函数关联，当按钮被按下时，会自动调用该函数，其语法格式如下：

```
w = Button ( master, option=value, … )
```

其中，master 是按钮的父容器；option 为可选项，即该按钮的可设置的属性。这些选项大部分与 Label 标签相同，如 bd、bg、fg、font、height、image、justify、padx、pady、relief、underline、width、wraplength、text、anchor。特有的属性包括如下内容。

1）activebackground：当鼠标放上去时，表示按钮的背景色。

2）activeforeground：当鼠标放上去时，表示按钮的前景色。

3）command：按钮关联的函数，当按钮被单击时，执行该函数。

4）state：设置按钮控件状态，可选的有 NORMAL（默认）、ACTIVE、DISABLED。

表 6-5 所示为按钮方法与描述。

表 6-5 按钮方法与描述

方法	描述
deselect()	清除单选按钮的激活状态
flash()	使单选按钮在激活状态颜色和正常颜色之间闪烁几次，但保持它开始时的状态
invoke()	可以调用此方法来模拟用户单击单选按钮的行为，执行与之相同的操作，以更改其状态
select()	设置单选按钮为激活状态

【例 6-7】 在 tkinter 窗口设置 1 个按钮，按钮上字符为“按下去”，同时带有图片（如'D:/Python/ch6/test1.gif'），当按钮按下时，调用函数，显示“按钮测试”字符。

```
from tkinter import *
Bu=Tk()
Bu.geometry('300x200+100+100')
#回调函数
def PrintButton():
    print("按钮测试")
img=PhotoImage(file='D:/Python/ch6/test1.gif')
Button(Bu,width=130,height=80,text='按下去',anchor='c',bg='gray',fg='red',\
        padx=20,pady=20,borderwidth=10,relief='ridge',image=img,compound='bottom',\
        command=PrintButton).pack()
Bu.mainloop()
```

运行程序，当单击图 6-6a 所示的按钮区域时，会出现图 6-6b 所示的变化以及如下字符：

```
>>>
按钮测试
```

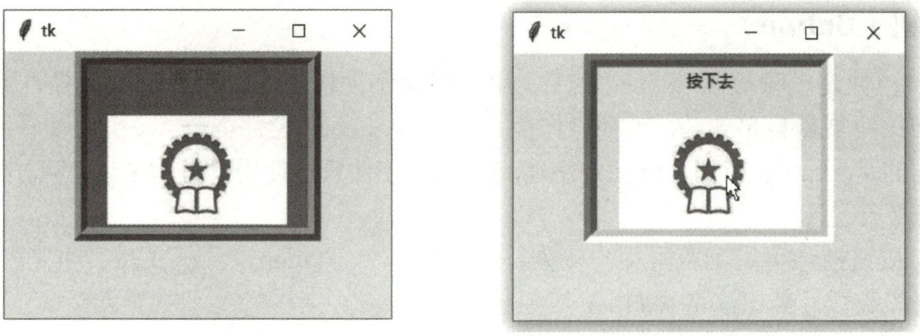

a)　　　　　b)

图 6-6　按钮测试界面

a) 单击按钮前　b) 单击按钮后

假如在 tkinter 窗口上设置 8 个按钮，按钮上的字符均为“anchor”，但其 anchor 属性分别是北、南、东、西、东北、西北、东南、西南。

```
from tkinter import *
root = Tk()
#文本显示的位置
for a in ['n','s','e','w','ne','nw','se','sw']:
    Button(root,text = 'anchor',anchor = a, width = 30, height = 2).pack()
root.mainloop()
```

运行结果如图 6-7 所示。

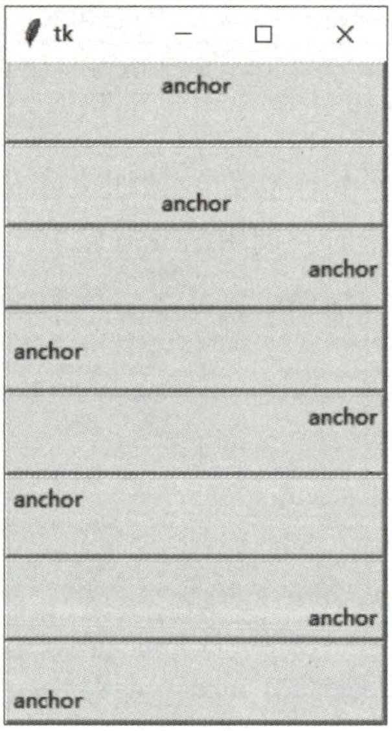

图 6-7　运行结果

6-3　文本框（Entry）

6.2.4　文本框（Entry）

文本框（Entry）用来让用户输入一行文本字符串，如果需要输入多行文本，可以使用 Text 控件。

语法格式如下：

```
w = Entry( master, option, …)
```

其中，master 是文本框的父容器；option 为可选项，即该文本框的可设置的属性，具体包括：bg（输入框背景颜色）；bd（边框的大小，默认为两个像素）；cursor（光标的形状设定，如 arrow、circle、cross、plus 等）；font（文本字体）；exportselection（在默认情况下如果在输入框中选中文本，文本会复制到粘贴板，如果要忽略这个功能则设置 exportselection=0）；fg（文字颜色，值为颜色或颜色代码，如'red','#ff0000'）；highlightcolor（文本框高亮边框颜色，当文本框获取焦点时显示）；justify（对齐方式）；relief（边框样式，设置控件 3D 效果，可选的有 FLAT、SUNKEN、RAISED、GROOVE、RIDGE，默认为 FLAT）；selectbackground（选中文字的背景颜色）；selectborderwidth（选中文字的背景边框宽度）；selectforeground（选中文字的颜色）；show（指定文本框内容显示为字符）；state（状态，默认为 state=NORMAL，文本框状态，分为只读和可写，值为 normal/disabled）；textvariable（文本框的值）；width（文本框宽度）；xscrollcommand（设置水平方向滚动条）。

【例 6-8】 在 tkinter 窗口上设置 1 个文本输入框、1 个按钮和 1 个标签，能在标签上显示文本输入框的字符。

```
import tkinter as tk
root=tk.Tk()
root.geometry('300x240')
b2=tk.Label(root,text='测试文本')
b2.pack()
b3 = tk.Entry(root,width=20)
b3.pack()
def change_b2(label,text):
    label['text']=text.get()
b1=tk.Button(root,text='文本输入改变标签文字',height=3,
             width=20,bg='yellow',
             command=lambda :change_b2(b2,b3))
b1.pack()
root.mainloop()
```

运行结果：输入文本后，单击图 6-8a 所示的按钮区域时，会出现图 6-8b 所示的变化。

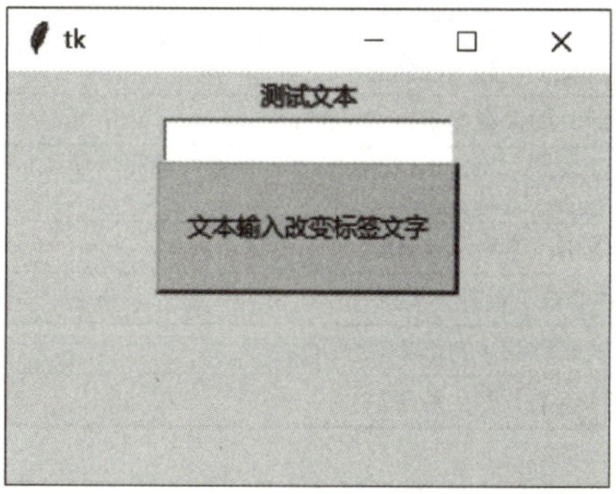

a)

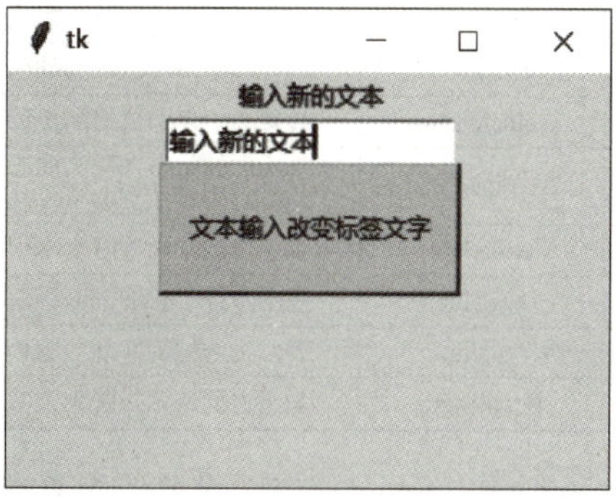

b)

图 6-8　运行结果

a) 初始状态　b) 输入文本后单击按钮区域

6.2.5 复选框（Checkbutton）

复选框用来选取需要的选项，它前面有个小正方形的方框，如果选中则显示一个对号，也可以再次单击以取消选中。

语法格式如下：

```
w = Checkbutton ( master, option=value, … )
```

其中，master 为复选框的父容器；option 为可选项，即该复选框的可设置的属性，大部分属性与 Button 类似，特殊的有：Checkbutton 的值不仅限于 1 或 0，还可以是其他类型的数值，可以通过 onvalue 和 offvalue 属性设置 Checkbutton 的状态值。

表 6-6 所示为复选框方法。

表 6-6　可选项与描述

序号	可选项	描述
1	activebackground	当鼠标指针位于复选框上时，它表示复选框的背景颜色
2	activeforeground	当鼠标指针位于复选框上时，它表示复选框的前景色
3	bg	复选框的背景颜色
4	bitmap	显示图像（单色）的按钮
5	bd	设置边框边界的大小
6	command	当复选框的状态发生更改时，它与要调用的函数相关联
7	cursor	当鼠标指针位于复选框上时，鼠标光标的形状
8	disableforeground	表示禁用复选框的文本的颜色
9	font	表示复选框的字体
10	fg	复选框的前景色（文本颜色）
11	height	表示复选框的高度（行数），默认高度为 1
12	highlightcolor	当复选框处于焦点下时，焦点突出的颜色
13	image	表示复选框的图像
14	justify	如果文本包含多行，则指定文本的对齐方式
15	offvalue	如果未选中复选框，则默认将关联的控件变量设置为 0，可以将未检查变量的状态更改为其他变量
16	onvalue	如果选中复选框，则默认将关联的控件变量设置为 1，可以将已检查变量的状态更改为其他变量
17	padx	复选框的水平填充
18	pady	复选框的垂直填充
19	relief	复选框边框的类型（默认情况下，它被设置为 FLAT）
20	selectcolor	设置选中复选框时的颜色（默认情况下，它是红色的）
21	selectimage	设置选中复选框的图像。设置好后，图像会显示在 Checkbutton 上
22	state	复选框的状态（默认情况下，它被设置为 normal），可以将其更改为禁用，使 Checkbutton 没有响应。当复选框处于光标下时，它的状态是 active
23	underline	表示要加下画线的文本中字符的索引，索引从 0 开始
24	variable	表示跟踪 Checkbutton 状态的关联变量，值为 1 表示选中，值为 0 表示不选中
25	width	表示复选框的宽度（它以文本形式表示的字符数来表示）
26	wraplength	如果将此选项设置为整数，则文本将被分割为若干块

【例 6-9】 在 tkinter 窗口中设置两个复选框。

```
import tkinter as tk
top = tk.Tk()
CheckVar1 = tk.IntVar()
```

```
CheckVar2 = tk.IntVar()
C1 = tk.Checkbutton(top, text = "选项一", variable = CheckVar1, \
                    onvalue = 1, offvalue = 0, height=5, \
                    width = 20)
C2 = tk.Checkbutton(top, text = "选项二", variable = CheckVar2, \
                    onvalue = 1, offvalue = 0, height=5, \
                    width = 20)
C1.pack()
C2.pack()
top.mainloop()
```

运行结果如图 6-9 所示。

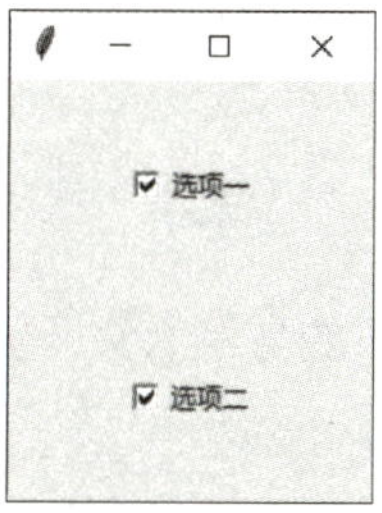

图 6-9　复选框

6-4　菜单（Menu）

6.2.6　菜单（Menu）

tkinter 允许用户创建的应用程序包含多种菜单类型，其核心功能提供了创建三种菜单类型的方法：弹出菜单、顶层菜单和下拉菜单。

语法如下：

```
w = Menu ( master, option, … )
```

其中，master 代表父窗口；option 是该控件最常用的选项列表，如 activebackground（鼠标按下的背景颜色）、activeborderwidth（指定一个边界的宽度绘制围绕的选择）、activeforeground（鼠标按下的前景颜色）、bg（背景颜色）、bd（边框线）、cursor（光标）、disabledforeground（状态为 DISABLED 的颜色）、font（字体）、fg（前景色）、postcommand（菜单弹出后执行的命令）、relief（边框样式）、image（图像）、selectcolor（选择颜色显示）、tearoff（菜单脱开）、title（标题选项）。

表 6-7 所示为菜单的方法及说明。

表 6-7　菜单的方法及描述

序号	方法	描述
1	add_command (options)	添加一个菜单项到菜单中
2	add_radiobutton(options)	创建一个单选按钮菜单项
3	add_checkbutton(options)	创建一个检查按钮菜单项
4	add_cascade(options)	由一个给定的父菜单关联创建一个新的分级菜单
5	add_separator()	增加一个分割线到菜单中
6	add(type, options)	增加一个特定类型的菜单项到菜单中
7	delete(startindex [, endindex])	删除范围将从 startindex 到 endindex 的菜单项

（续）

序号	方法	描述
8	entryconfig(index, options)	允许修改由索引标识的菜单项并改变其选项
9	index(item)	返回给定菜单项标签的索引号
10	insert_separator (index)	在由索引指定的位置插入一个新的分隔线
11	invoke (index)	调用在位置索引指定的菜单项相关联命令的回调。如果是 checkbutton，则其状态在设置和清除之间切换；如果是一个单选按钮，则设置该单选按钮的选择
12	type (index)	返回由索引指定的菜单项的类型："cascade""checkbutton""command""radiobutton""separator"或"tearoff"

要想显示菜单，必须在"要添加菜单的窗口对象"的 config 中允许添加上"菜单对象"，其语法为：

```
root.config(menu=menubar)
```

根据表 6-7，可以得出添加菜单按钮的方法有以下几种。

1）添加命令菜单：Menu 对象.add_command()。

2）添加多级菜单：Menu 对象.add_cascade(**options)。

3）添加分割线：Menu 对象.add_separator(**options)。

4）添加复选框菜单：Menu 对象.add_checkbutton(**options)。

5）添加单选框菜单：Menu 对象.add_radiobutton(**options)。

6）插入菜单：insert_separator()、insert_checkbutton()、insert_radiobutton()、insert_cascade()。

【例 6-10】 如图 6-10 所示，在 tkinter 窗口上设置文件、编辑、帮助 3 个主菜单，每个主菜单有子菜单，主菜单 1 的子菜单包括新建、打开、保存、保存为…、关闭和退出，其中退出之前为分割线；主菜单 2 的子菜单包括剪切、复制、粘贴、删除、全选，其中粘贴之前为分割线；主菜单 3 的子菜单包括帮助索引、关于…。

```
from tkinter import *
def donothing():
    filewin = Toplevel(root)      #Toplevel 是独立的顶级窗口
    button = Button(filewin, text="只是显示，啥也不做！")
    button.pack()
root = Tk()
#菜单
menubar = Menu(root)
#建立第一个主菜单"文件",add_command 后面是子菜单
filemenu = Menu(menubar, tearoff=0)
filemenu.add_command(label="新建", command=donothing)
filemenu.add_command(label="打开", command=donothing)
filemenu.add_command(label="保存", command=donothing)
filemenu.add_command(label="保存为…", command=donothing)
filemenu.add_command(label="关闭", command=donothing)
#增加了一个分割线到菜单
filemenu.add_separator()
```

```
filemenu.add_command(label="退出", command=root.quit)
menubar.add_cascade(label="文件", menu=filemenu)
#建立第二个主菜单“编辑”
editmenu = Menu(menubar, tearoff=0)
editmenu.add_command(label="取消", command=donothing)
#增加了一个分割线到菜单
editmenu.add_separator()
editmenu.add_command(label="剪切", command=donothing)
editmenu.add_command(label="复制", command=donothing)
editmenu.add_command(label="粘贴", command=donothing)
editmenu.add_command(label="删除", command=donothing)
editmenu.add_command(label="全选", command=donothing)
menubar.add_cascade(label="编辑", menu=editmenu)
#建立第三个主菜单“帮助”
helpmenu = Menu(menubar, tearoff=0)
helpmenu.add_command(label="帮助索引", command=donothing)
helpmenu.add_command(label="关于…", command=donothing)
menubar.add_cascade(label="帮助", menu=helpmenu)
#菜单配置
root.config(menu=menubar)
root.mainloop()
```

运行程序，单击任意一个子菜单项，结果如图 6-11 所示。

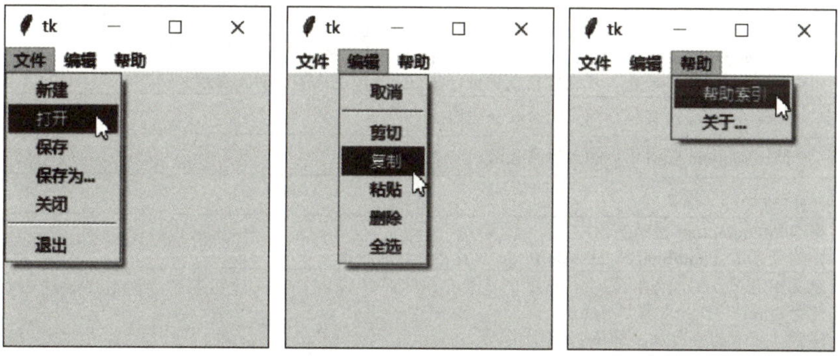

a)　　b)　　c)

图 6-10　菜单

a) 主菜单 1　b) 主菜单 2　c) 主菜单 3

图 6-11　按钮结果

6.2.7　菜单按钮（Menubutton）

该控件既包括 Menu 的属性，也包括 Button 的方法。当菜单与 Menubutton 相关联时，可以在单击时显示 Menubutton 的选项。其语法格式为：

```
Menubutton(master=None, option)
```

其中，master 代表父窗口；option 是最常用的选项列表，如表 6-8 所示（其他控件相关选项也可以参考本表）。

表 6-8　选项列表

选　项	含　义
activebackground	设置当 Menubutton 处于"active"状态（通过 state 选项设置状态）的背景色
activeforeground	设置当 Menubutton 处于"active"状态（通过 state 选项设置状态）的前景色
anchor	1. 控制文本（或图像）在 Menubutton 中显示的位置 2. "n""ne""e""se""s""sw""w""nw"或"center"来定位（e、w、s、n 代表东、西、南、北） 3. 默认值是"center"
background	设置背景颜色
bg	与 background 一样
bitmap	指定显示到 Menubutton 上的位图
borderwidth	指定 Menubutton 的边框宽度
bd	与 borderwidth 一样
compound	1. 控制 Menubutton 中文本和图像的混合模式 2. 如果该选项设置为"center"，文本显示在图像上（文本重叠图像） 3. 如果该选项设置为"bottom""left""right"或"top"，那么图像显示在文本的旁边（如 "bottom"，则图像在文本的下方） 4. 默认值是 NONE
cursor	指定当鼠标在 Menubutton 上悬停的时候鼠标的样式
direction	1. 在默认情况下菜单显示在按钮的下方，可以通过修改此选项来改变这一特征 2. 可以将该选项设置为"left"（按钮的左边），"right"（按钮的右边），"above"（按钮的上方）
disabledforeground	指定当 Menubutton 不可用时的前景色
font	指定 Menubutton 中文本的字体
foreground	设置 Menubutton 的文本和位图的颜色
fg	与 foreground 一样
height	1. 设置 Menubutton 的高度 2. 如果 Menubutton 显示的是文本，那么单位是文本单元 3. 如果 Menubutton 显示的是图像，那么单位是像素（或屏幕单元） 4. 如果设置为 0 或不设置，那么会自动根据 Menubutton 的内容计算出高度
highlightbackground	指定当 Menubutton 没有获得焦点的时候高亮边框的颜色
highlightcolor	指定当 Menubutton 获得焦点的时候高亮边框的颜色
highlightthickness	指定高亮边框的宽度
image	1. 指定 Menubutton 显示的图片 2. 该值应该是 PhotoImage、BitmapImage 或者能兼容的对象
justify	1. 定义如何对齐多行文本 2. 使用"left""right"或"center" 3. 注意，文本的位置取决于 anchor 选项 4. 默认值是"center"
menu	指定与 Menubutton 相关联的 menu 控件
padx	指定 Menubutton 水平方向上的额外间距（内容和边框间）
pady	指定 Menubutton 垂直方向上的额外间距（内容和边框间）
relief	1. 指定边框样式 2. 默认值是"flat" 3. 可以设置为"sunken""raised""groove""ridge"
state	1. 指定 Menubutton 的状态 2. 默认值是"normal" 3. 另外还可以设置为"active"或"disabled"
takefocus	指定使用〈Tab〉键可以将焦点移到该 Button 控件上（这样按下空格键也相当于触发按钮事件）
text	1. 指定 Menubutton 显示的文本 2. 文本可以包含换行符
textvariable	1. Menubutton 显示 tkinter 变量（通常是一个 StringVar 变量）的内容 2. 如果变量被修改，Menubutton 的文本会自动更新

（续）

选　项	含　义
underline	1．与 text 选项一起使用，用于指定哪一个字符画下画线（例如用于表示键盘快捷键） 2．默认值是 -1 3．例如设置为 1，则说明在 Menubutton 的第 2 个字符处画下画线
width	1．设置 Menubutton 的宽度 2．如果 Menubutton 显示的是文本，那么单位是文本单元 3．如果 Menubutton 显示的是图像，那么单位是像素（或屏幕单元） 4．如果设置为 0 或者干脆不设置，那么会自动根据 Menubutton 的内容计算出宽度
wraplength	1．决定 Menubutton 的文本应该被分成多少行 2．该选项指定每行的长度，单位是像素 3．默认值是 0

【例 6-11】 在 tkinter 窗口上设置菜单按钮。

```
import tkinter as tk
root = tk.Tk()
root.geometry('300x200+100+100')
def callback():
    print("~被调用了~")
mb = tk.Menubutton(root, text="点我", relief="raised")
mb.pack()
filemenu = tk.Menu(mb, tearoff=False)
filemenu.add_checkbutton(label="打开", command=callback, selectcolor="yellow")
filemenu.add_command(label="保存", command=callback)
filemenu.add_separator()
filemenu.add_command(label="退出", command=root.quit)
mb.config(menu = filemenu)
root.mainloop()
```

运行结果如图 6-12 所示。

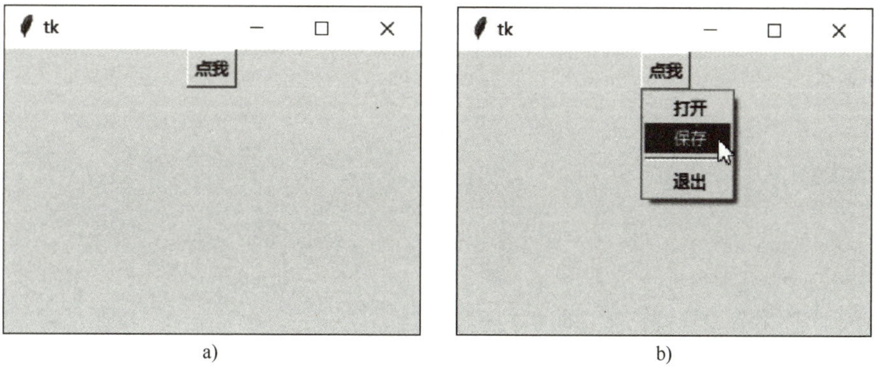

图 6-12　运行结果

a) 菜单按钮　b) 菜单

6.2.8 列表框（Listbox）

Listbox 控件用于创建一个列表框，框内包含许多选项，用户可以选择一项或多项。语法如下：

```
w = Listbox (master, option, …)
```

其中，master 表示父窗口；option 是常用的选项列表，如 bg、bd、cursor、font、fg、height、highlightcolor、highlightthickness、relief、selectbackground（显示所选文本背景颜色）、selectmode（选择模式）、width、xscrollcommand（可以将列表框小部件链接到水平滚动条）及 yscrollcommand（链接到竖直滚动条）等。其中 selectmode 属性设置列表框的种类，可以是 SINGLE、MULTIPLE、EXTENDED 或 BROWSE。

- SINGLE：只能选择一行，并且无法拖动鼠标。
- MULTIPLE：可以一次选择任意数量的行。单击任何一行都会切换是否选中它。
- EXTENDED：通过单击第一行并拖动到最后一行来一次选择任何数量的相邻行。
- BROWSE：只能从列表框中选择一行。如果单击某个项目然后拖动到不同的行，则选择将会跟随鼠标所在的选项，这是默认值。

Listbox 控件的方法如下。

（1）delete(row [, lastrow])

删除指定行 row，或者删除 row 到 lastrow 之间的行。

（2）get(row)

获取指定行 row 内的字符串。

（3）insert(row, string)

在指定行 row 插入字符串 string。

（4）see(row)

将指定行 row 变为可视状态。

（5）select_clear()

清除选择项。

（6）select_set(startrow, endrow)

选择 startrow 与 endrow 之间的行。

【例 6-12】 在 tkinter 窗口上创建一个列表框，并插入“塑料”“金属”“橡胶”“纸张”“半导体”5 个选项。

```
from tkinter import *
tk = Tk()
#创建窗体
frame = Frame(tk)
#创建列表框选项列表
name = ["塑料","金属","橡胶","纸张","半导体"]
#创建 Listbox 控件
listbox = Listbox(frame)
#清除 Listbox 控件的内容
listbox.delete(0,END)
#在 Listbox 控件内插入选项
for i in range (5) :
    listbox.insert(END,name[i] )
listbox.pack()
frame.pack ()
```

```
#开始程序循环
tk.mainloop ()
```

运行结果如图 6-13 所示。

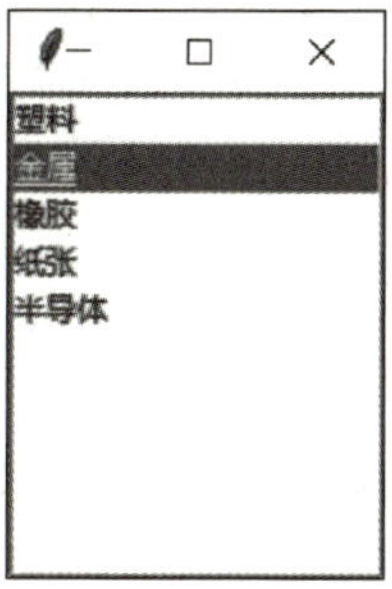

图 6-13　运行结果

【例 6-13】 在 tkinter 窗口上创建一个列表框，并删除其中第一个选项。

```
from tkinter import *
root = Tk()
LB1 = Listbox(root,selectmode=MULTIPLE,height=11)#height=11 设置 listbox 组件的高度，默认是 10 行
LB1.pack()
for item in['浙江','重庆','北京','上海','天津',]:
    LB1.insert(END,item)    #END 表示每插入一个都是在最后一个位置
BU1= Button(root,text='删除',command=lambda x=LB1:x.delete(ACTIVE))
BU1.pack()
mainloop()
```

运行结果如图 6-14 所示。

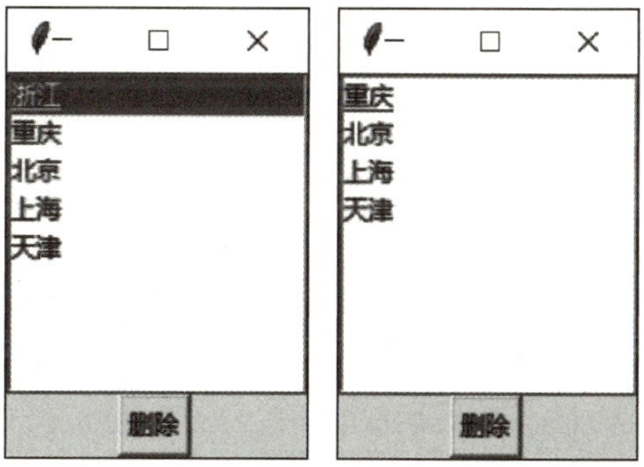

a)　　　　b)

图 6-14　运行结果

a) 删除前　b) 删除后

6.2.9　滑动条（Scale）

Scale 控件用于创建一个标尺式的滑动条对象，让用户可以移动标尺上的光标来设置数值。其语法如下：

```
w = Scale ( master, option, … )
```

其中，master 表示父窗口；option 是选项列表，包括 activebackground（鼠标悬停在刻度上时的背景颜色）、bg（背景颜色）、bd（边框线）、command（每次移动滑块时调用的过程）、cursor（光标）、digits（位数）、font（字体）、fg（文本颜色）、from_（浮点数或整数值，用于定义范围的起端）、highlightbackground（焦点背景色）、highlightcolor（焦点颜色）、label（标签）、length（长度）、orient（方位设置）、relief（指定标签周围装饰边框的外观）、repeatdelay（重复延时）、resolution（比例）、showvalue（文本显示刻度的当前值）、sliderlength（滑块长度）、state（状态）、takefocus（选取焦点）、tickinterval（显示周期性刻度值）、to（浮点数或整数值，用于定义范围的末端）、troughcolor（槽的颜色）、variable（控制变量）及 width（宽度）等。

Scale 控件的常用方法如下。

1）get()：取得目前标尺上的光标值。

2）set(value)：设置目前标尺上的光标值。

【例 6-14】 在 tkinter 窗口上添加一个滑动条、标签和按钮，移动滑动条可以实时显示当前值，单击“读取滑动条值”按钮，在标签上显示当前值。

```
from tkinter import *
def sel():
    selection = "Value = " + str(var.get())
    label.config(text = selection)
root = Tk()
var = DoubleVar()
scale = Scale( root, variable = var )
scale.pack(anchor=CENTER)
button = Button(root, text="读取滑动条值", command=sel)
button.pack(anchor=CENTER)
label = Label(root)
label.pack()
root.mainloop()
```

运行结果如图 6-15 所示。

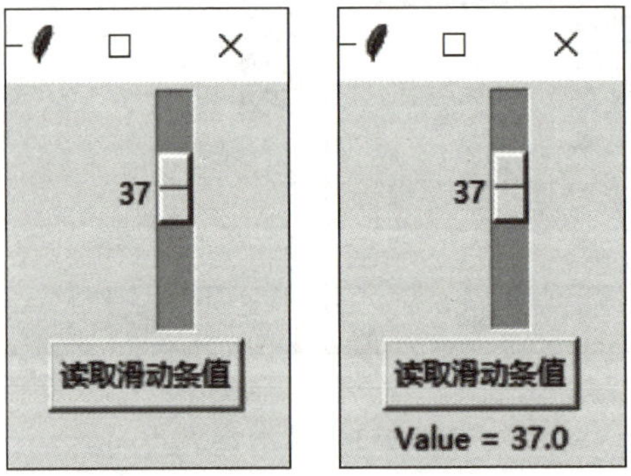

a)　　b)

图 6-15　滑动条应用

a) 单击按钮前　b) 单击按钮后显示当前值

6.2.10　滚动条（Scrollbar）

Scrollbar 滚动条语法如下：

```
w = Scrollbar ( master, option, …)
```

其中，master 表示父窗口；option 是选项列表，如 activebackground（鼠标悬停在滑块和箭头上时的颜色）、bg（背景色）、bd（边框线）、command（移动滚动条时要调用的过程）、cursor（光标）、elementborderwidth（箭头和滑块周围边框的宽度）、highlightbackground（焦点背景）、highlightcolor（焦点颜色）、highlightthickness（焦点的厚度）、orient（方位设置，为水平滚动条设置 orient = HORIZONTAL，为垂直滚动条设置 orient = VERTICAL）、troughcolor（槽的颜色）、width（宽度）、jump（控制用户拖动滑块时发生的情况）、repeatdelay（重复延时）及 takefocus（选择焦点）等。

表 6-9 所示为滚动条的 get() 和 set() 方法与描述。

表 6-9　滚动条的方法与描述

方法	描述
get()	返回两个数字（a，b），描述滑块的当前位置。对于水平和垂直滚动条，a 值分别给出滑块左边或上边缘的位置；b 值给出右边或底边的位置
set (first, last)	返回滚动条滑块的位置。first 和 last 用于指定滑块可视范围（即滚动框）的起始和结束位置

【例 6-15】 在 tkinter 窗口右侧添加滚动条。

```
from tkinter import *
def main():
    root = Tk()
    scroll = Scrollbar(root)
    scroll.pack(side=RIGHT, fill=Y)
    mainloop()
if __name__ == '__main__':
    main()
```

运行结果如图 6-16 所示。

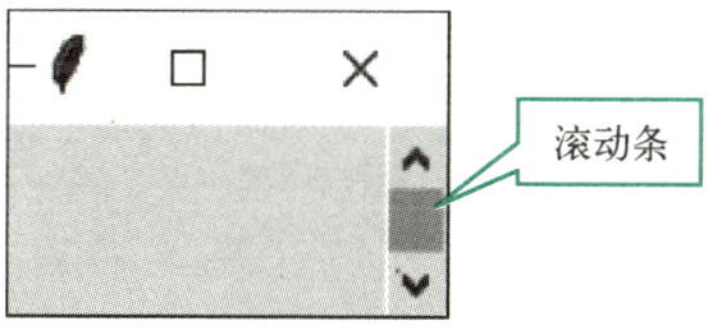

图 6-16　滚动条

【例 6-16】 在 tkinter 窗口上为 Listbox 添加滚动条。

```
from tkinter import *
root = Tk()
sb = Scrollbar(root)      #垂直滚动条组件
sb.pack(side=RIGHT,fill=Y)  #设置垂直滚动条显示的位置
lb = Listbox(root,yscrollcommand=sb.set)    #Listbox 组件添加 Scrollbar 组件的 set()方法
for i in range(200):
    lb.insert(END,i)
lb.pack(side=LEFT,fill=BOTH)
sb.config(command=lb.yview) #设置 Scrollbar 组件的 command 选项为该组件的 yview()方法
mainloop()
```

运行结果如图 6-17 所示。

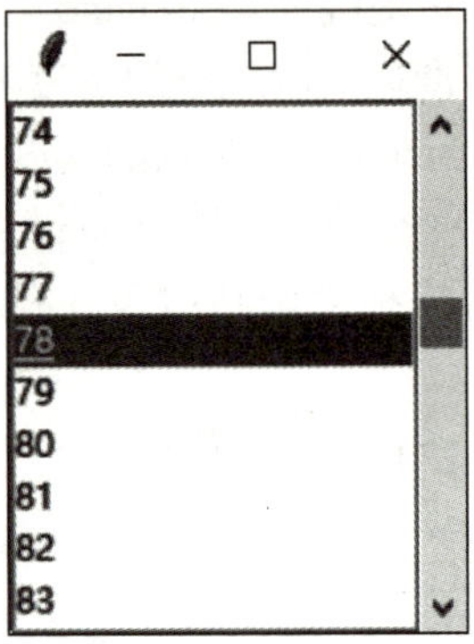

图 6-17　为 Listbox 添加滚动条

6-5　画布（Canvas）

6.2.11　画布（Canvas）

画布（Canvas）控件和 HTML5 中的画布一样，都是用来绘图的，可以将图形、文本、小部件或框架放置在画布上。

语法格式如下：

```
w = Canvas ( master, option=value, …)
```

其中，master 是画布的父容器。option 是可选项，即该画布的可设置的属性。这些选项可以用“键 = 值”的形式设置，并以逗号分隔，如 bd（边框宽度，默认为 2 像素）、bg（背景色）、confine（如果为 true，即默认值，画布不能滚动到可滑动的区域外）、cursor（光标的形状设定）、height（高度）、highlightcolor（高亮的颜色）、relief（边框样式）、scrollregion（画布可滚动的最大区域）、width（画布大小）、xscrollincrement（水平滚动值）及 yscrollincrement（垂直滚动值）等。

Canvas 控件还支持以下标准方法。

（1）arc（创建一个扇形）

```
coord = 10, 50, 240, 210
arc = canvas.create_arc(coord, start=0, extent=150, fill="blue")
```

（2）image（创建图像）

```
filename = PhotoImage(file = "sunshine.gif")
image = canvas.create_image(50, 50, anchor=NE, image=filename)
```

（3）line（创建线条）

```
line = canvas.create_line(x0, y0, x1, y1, …, xn, yn, options)
```

（4）oval（创建一个椭圆）

```
oval = canvas.create_oval(x0, y0, x1, y1, options)
```

（5）polygon（创建一个至少有 3 个顶点的多边形）

```
polygon = canvas.create_polygon(x0, y0, x1, y1,⋯,xn, yn, options)
```

【例 6-17】 在 tkinter 窗口上绘制一个心形。

```
from tkinter import *
root = Tk()
root.title('画布应用')
cv = Canvas(root, background = 'white',
        width = 200, height = 200)
cv.pack(fill = BOTH, expand = YES)
# 绘制左上角半圆
cv.create_arc((5, 5, 85, 85),
        width = 2,
        outline = "red",
        start = 0,
        extent = 180,
        style = ARC)# 绘制右上角半圆
cv.create_arc((85, 5, 165, 85),
        width = 2,
        outline = "red",
        start = 0,
        extent = 180,
        style = ARC)# 绘制下方半圆
cv.create_arc((5, -45, 165, 125),
        width = 2,
        outline = "red",
        start = 180,
        extent = 180,
        style = ARC)
root.mainloop()
```

运行结果如图 6-18 所示。

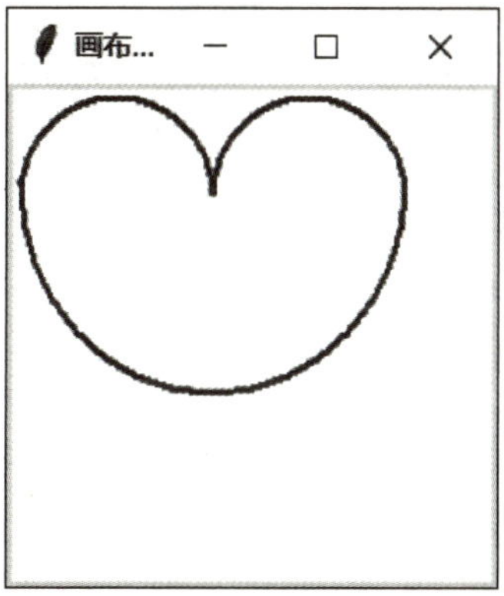

图 6-18　绘制心形

6.2.12 多行文本（Text）

Text（多行文本），又称文本小部件。它可以格式化显示的方式，例如更改其颜色和字体，还可以使用标签和标记等结构来查找文本的特定部分，并将更改应用于这些区域。

语法格式如下：

```
w = Text (master, option, …)
```

其中，master 表示父窗口；option 是最常用的选项列表，如表 6-10 所示。

表 6-10 选项列表

序号	选项	描述
1	bg	文本小部件的默认背景颜色
2	bd	文本小部件周围边框的宽度。默认值为 2 像素
3	cursor	鼠标悬停在文本小部件上时显示的光标样式
4	exportselection	控制是否将在文本小部件中选择的文本导出为窗口管理器中的选择。如果不想要该行为，请设置 exportselection = 0
5	font	插入窗口小部件的文本的默认字体
6	fg	窗口小部件中用于文本（和位图）的颜色。可以更改标记区域的颜色；此选项设置默认文本颜色
7	height	线条小部件的高度（不是像素），根据当前字体大小测量
8	highlightbackground	当文本小部件没有焦点时，焦点的颜色会突出显示
9	highlightcolor	当文本小部件具有焦点时，焦点的颜色会突出显示
10	highlightthickness	焦点的厚度突出显示。默认值为 1，设置 highlightthickness = 0 以禁止显示焦点高亮
11	insertbackground	插入光标的颜色。默认为黑色
12	insertborderwidth	插入光标周围的边框的宽度。默认值为 0
13	insertofftime	插入光标在闪烁周期内关闭的毫秒数。将此选项设置为零可抑制闪烁。默认值为 300
14	insertontime	插入光标在闪烁周期内的毫秒数。默认值为 600
15	insertwidth	插入光标的宽度（其高度由其行中最高的项确定）。默认值为 2 像素
16	padx	内部填充的大小添加到文本区域的左侧和右侧。默认值为 1 像素
17	pady	内部填充的大小添加在文本区域的上方和下方。默认值为 1 像素
18	relief	文本小部件的三维外观。 默认是 SUNKEN
19	selectbackground	要使用的背景颜色显示所选文本
20	selectborderwidth	要在所选文本周围使用的边框宽度
21	spacing1	此选项指定在每行文本上方放置多少额外垂直空间。如果换行，则仅在它占据屏幕的第一行之前添加此空间。默认值为 0
22	spacing2	此选项指定在逻辑行换行时在显示的文本行之间添加多少额外垂直空间。默认值为 0
23	spacing3	此选项指定在每行文本下方添加多少额外垂直空间。如果换行，则仅在它占据屏幕的最后一行之后添加此空间。默认值为 0
24	state	通常，文本小部件响应键盘和鼠标事件；设置 state = NORMAL 以获得此行为。如果设置 state = DISABLED，文本小部件将不会响应，也无法以编程方式修改其内容
25	tabs	此选项控制制表符如何定位文本
26	width	小部件的宽度（不是像素），根据当前字体大小测量
27	wrap	此选项控制过宽的行的显示方式。设置 wrap = WORD，它将在最后一个适合的单词之后断开该行。使用默认行为 wrap = CHAR，任何过长的行都将在任何字符处被断开
28	xscrollcommand	要使文本窗口小部件可水平滚动，请将此选项设置为水平滚动条的 set()方法
29	yscrollcommand	要使文本窗口小部件可垂直滚动，请将此选项设置为垂直滚动条的 set()方法

文本控件支持三种不同的辅助结构：标记、标签和索引，其中标记用于标记给定文本中两个字符之间的位置；标签用于将名称与文本区域相关联，这使得修改特定文本区域的显示设置变得容易，标签还用于将事件回调绑定到特定范围的文本。索引是用来指向控件中文本的位置。表 6-11 所示是文本的方法与描述。

表 6-11　方法与描述

序号	方法	描述
1	delete(startindex [,endindex])	此方法删除特定字符或文本范围
2	get(startindex [,endindex])	此方法返回特定字符或文本范围
3	index(index)	返回基于给定索引的绝对索引值
4	insert(index [,string]…)	此方法在指定的索引位置插入字符串
5	see(index)	如果位于索引位置的文本可见，则此方法返回 true
6	index(mark)	返回特定标记的行和列位置
7	mark_gravity(mark [,gravity])	返回给定标记的重力。如果提供了第二个参数，则为给定标记设置重力
8	mark_names()	返回 Text 小部件中的所有标记的名称列表
9	mark_set(mark, index)	通知给定标记的新位置
10	mark_unset(mark)	从“文本”小部件中删除给定标记
11	tag_add(tagname, startindex[,endindex]…)	此方法标记由 startindex 定义的位置或由位置 startindex 和 endindex 分隔的范围
12	tag_config	可以使用此方法配置标记属性，包括 justify（中心、左侧或右侧）、tabs（此属性具有与 Text 小部件选项卡属性相同的功能）和下画线（用于为标记文本加下画线）
13	tag_delete(tagname)	此方法用于删除给定标记
14	tag_remove(tagname [,startindex[.endindex]]…)	应用此方法后，将从提供的区域中删除给定标记，而不删除实际的标记定义

【例 6-18】 在 tkinter 窗口上添加多行文本。

```
from tkinter import *
def onclick():
    pass
root = Tk()
text = Text(root)
text.insert(INSERT, "你好…")
text.insert(END, "再见…")
text.pack()
text.tag_add("here", "1.0", "1.4")
text.tag_add("start", "1.9", "1.14")
text.tag_config("here", background="yellow", foreground="blue")
text.tag_config("start", background="black", foreground="green")
root.mainloop()
```

运行结果如图 6-19 所示。

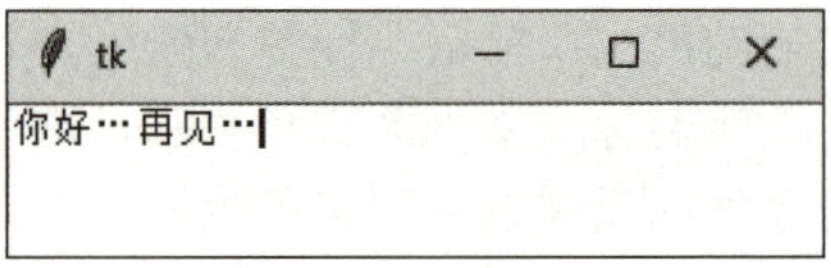

图 6-19 多行文本实例

拓展阅读：超导量子计算机

中国科学技术大学潘建伟院士团队一直致力于量子信息和量子纠缠理论的研究，率先通过超导量子计算机证明了复数形式量子理论的通用性，此次实验不仅提供了一个新的证明方法，同时也证明新量子技术的测试技术可以为量子基础研究提供更好的支撑。随着量子计算机逐渐成熟，能够处理更大的数据集，人工智能和机器学习应用程序也将因此受益，拥有更快的学习速度以及更出色的算法能力。

6.2.13 其他控件

1. Message 控件

Message 控件（即消息控件）是 Label 控件的变体，用于显示多行文本信息。Message 控件能够自动换行，并调整文本的尺寸，适应整个窗口的布局。

【例 6-19】 在 tkinter 窗口上添加消息控件。

```
from tkinter import *
root = Tk()
var = StringVar()
label = Message( root, textvariable=var, relief=RAISED )
var.set("错误！应用程序错误！")
label.pack()
root.mainloop()
```

运行结果如图 6-20 所示。

图 6-20 消息控件

2. Radiobutton 控件

Radiobutton 控件（即单选按钮控件）实现了一个多选项，它向用户提供许多可能选择，但仅允许用户选择其中的一个。为了实现此功能，每组 Radiobutton 必须与同一个变量相关联，并且每个按钮必须符号化一个值，可以使用〈Tab〉键从一个 Radiobutton 切换到另一个 Radiobutton。

【例 6-20】 在 tkinter 窗口上添加多选按钮。

```
from tkinter import *
def sel():
    selection = "你选择的是：答案 " + str(var.get())
    label.config(text = selection)
root = Tk()
var = IntVar()
R1 = Radiobutton(root, text="答案 1", variable=var, value=1, command=sel)
R1.pack( anchor = W )
R2 = Radiobutton(root, text="答案 2", variable=var, value=2, command=sel)
R2.pack( anchor = W )
```

```
R3 = Radiobutton(root, text="答案 3", variable=var, value=3, command=sel)
R3.pack( anchor = W)
label = Label(root)
label.pack()
root.mainloop()
```

运行结果如图 6-21 所示。

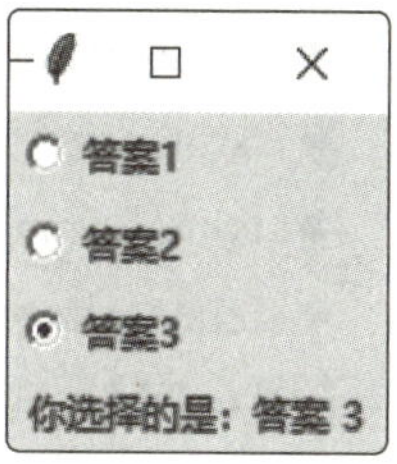

图 6-21　多选按钮

6.3　tkinter 控件的模块

6.3.1　messagebox 模块

messagebox 模块用于在应用程序中显示消息框。此模块提供了许多可用于显示不同类型消息的功能，如 showinfo()、showwarning()、showerror()、askquestion()、askokcancel()、askyesno()和 askretryignore()。

语法格式如下：

```
tkinter. messagebox.FunctionName(title, message [, option])
```

其中，FunctionName 是相应消息框功能的名称；title 是要在消息框的标题栏中显示的文本；message 是要显示为消息的文本；option 选项是可用于定制标准消息框的备选选项，可以使用的一些选项包括 default 和 parent。default 选项用于指定消息框中的默认按钮，例如 ABORT、RETRY 或 IGNORE；parent 选项用于指定要在其上显示消息框的窗口。

【例 6-21】 在 tkinter 窗口上添加消息框。

```
import tkinter
from tkinter import messagebox
top = tkinter.Tk()
def hello():
    tkinter.messagebox.showinfo("你好！", "你好，Python 爱好者！")
B1 = tkinter.Button(top, text = "打声招呼", command = hello)
B1.pack()
top.mainloop()
```

运行结果如图 6-22 所示。

图 6-22　messagebox 消息框模块

6.3.2　simpledialog 模块

Simpledialog 模块（即对话框模块）是较为常见的一个模块，其参数如下。

- title：指定对话框的标题；
- prompt：显示在对话框中的提示文字；
- initialvalue：指定输入框的初始值；
- tkinter.simpledialog.askstring(title,prompt,initialvalue)：输入字符串；
- tkinter.simpledialog.askinteger(title,prompt,initialvalue)：输入整数；
- tkinter.simpledialog.askfloat(title,prompt,initialvalue)：输入浮点数。

【例 6-22】　在 tkinter 窗口上添加对话框。

```
# 简单对话框，包括字符、整数和浮点数
import tkinter as tk
from tkinter import simpledialog
def input_str():
    r = simpledialog.askstring('字符录入', '请输入字符', initialvalue='hello world!')
    if r:
        print(r)
        label['text'] = '输入的是：' + r
def input_int():
    r = simpledialog.askinteger('整数录入', '请输入整数', initialvalue=100)
    if r:
        print(r)
        label['text'] = '输入的是：' + str(r)
def input_float():
    r = simpledialog.askfloat('浮点数录入', '请输入浮点数', initialvalue=1.01)
    if r:
        print(r)
        label['text'] = '输入的是：' + str(r)
root = tk.Tk()
root.title('对话框')
root.geometry('300x100+300+300')
label = tk.Label(root, text='输入对话框，包括字符、整数和浮点数', font='宋体 -14', pady=8)
label.pack()
frm = tk.Frame(root)
btn_str = tk.Button(frm, text='字符', width=6, command=input_str)
btn_str.pack(side=tk.LEFT)
btn_int = tk.Button(frm, text='整数', width=6, command=input_int)
btn_int.pack(side=tk.LEFT)
btn_int = tk.Button(frm, text='浮点数', width=6, command=input_float)
btn_int.pack(side=tk.LEFT)
frm.pack()
root.mainloop()
```

部分运行结果如图 6-23 所示。

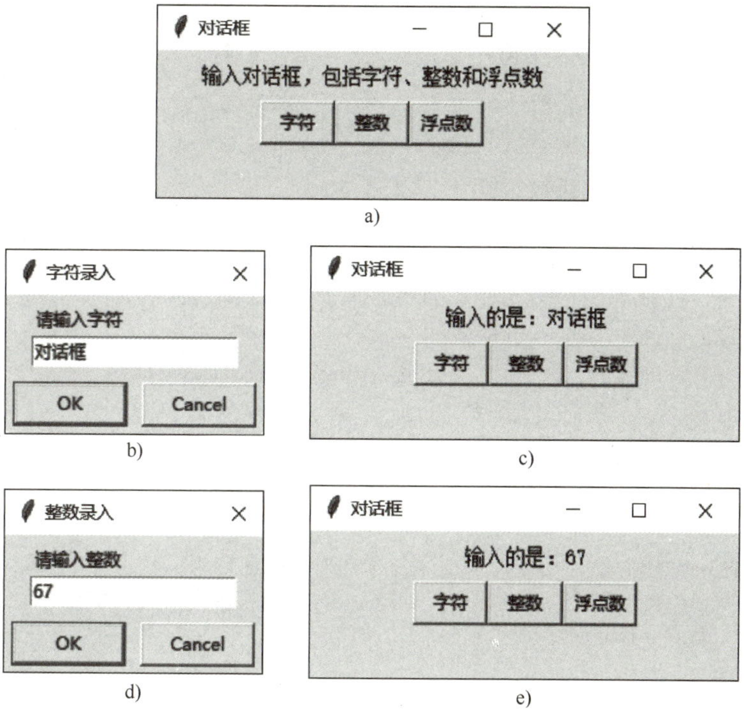

图 6-23　simpledialog 对话框模块

6.3.3　tkinter.filedialog 模块

tkinter.filedialog 模块可以使用多种类型的对话框。

filedialog 模块的参数如下。

- filetype：指定文件类型；
- initialdir：指定默认目录；
- initialfile：指定默认文件。

【例 6-23】 为了使用 Python 进行数据分析，编写一个图形界面，选择一个 Excel 文件（或 CSV 文件），然后进行后续处理。

```
from tkinter import *
from tkinter import filedialog
import tkinter.messagebox
def main():
    def selectExcelfile():
        sfname = filedialog.askopenfilename(title='选择 Excel 文件', filetypes=[('Excel', '*.xlsx'),\('All Files', '*')])
        print(sfname)
        text1.insert(INSERT,sfname)
    def closeThisWindow():
        root.destroy()
    def doProcess():
```

```
        tkinter.messagebox.showinfo('提示','处理 Excel 文件的示例程序。')
    #初始化
    root=Tk()
    #设置窗体标题
    root.title('文件对话框实例')
    #设置窗口大小和位置
    root.geometry('500x300+570+200')
    label1=Label(root,text='请选择文件:')
    text1=Entry(root,bg='white',width=45)
    button1=Button(root,text='浏览',width=8,command=selectExcelfile)
    button2=Button(root,text='处理',width=8,command=doProcess)
    button3=Button(root,text='退出',width=8,command=closeThisWindow)
    label1.pack()
    text1.pack()
    button1.pack()
    button2.pack()
    button3.pack()
    label1.place(x=30,y=30)
    text1.place(x=100,y=30)
    button1.place(x=390,y=26)
    button2.place(x=160,y=80)
    button3.place(x=260,y=80)
    root.mainloop()
if __name__=="__main__":
    main()
```

运行结果如图 6-24～图 6-27 所示。

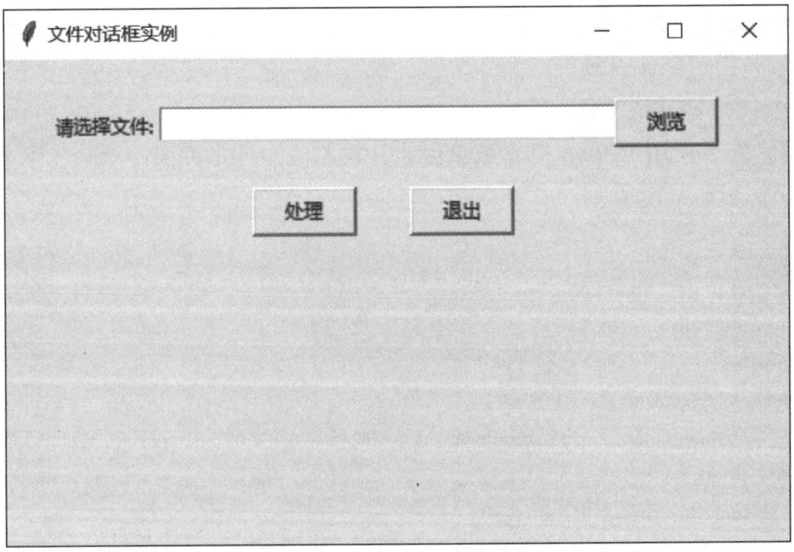

图 6-24　对话框界面

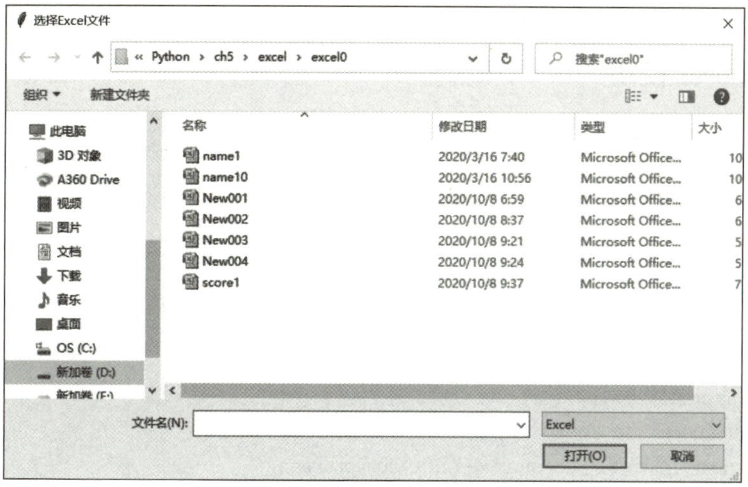

图 6-25　选择对话框

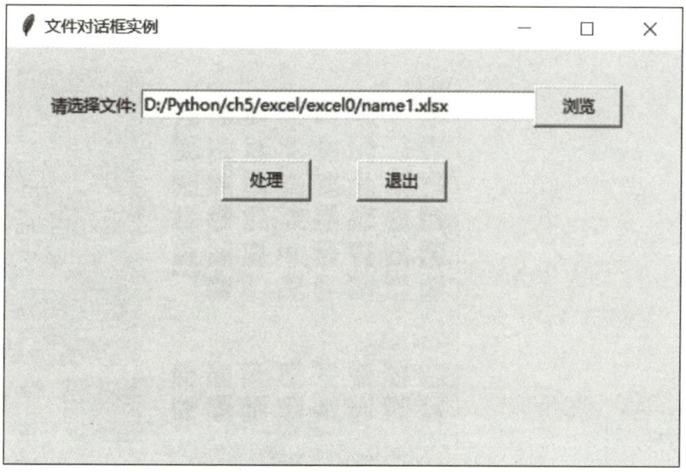

图 6-26　选择文件

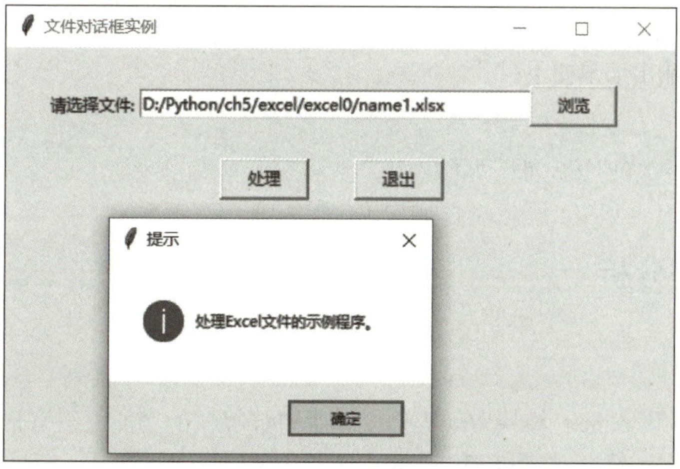

图 6-27　处理

6.3.4　colorchooser 模块

6-6　colorchooser 模块

colorchooser 模块是颜色选择的界面设计模块。

【例 6-24】 选择颜色界面的设计。

```
from tkinter import *
import tkinter.colorchooser as cc
tk= Tk()
def CallColor():
    Color=cc.askcolor()
    print(Color)
Button(tk,text="选择颜色",command=CallColor).pack()
mainloop()
```

运行结果如图 6-28 和图 6-29 所示。

图 6-28　“选择颜色”按钮

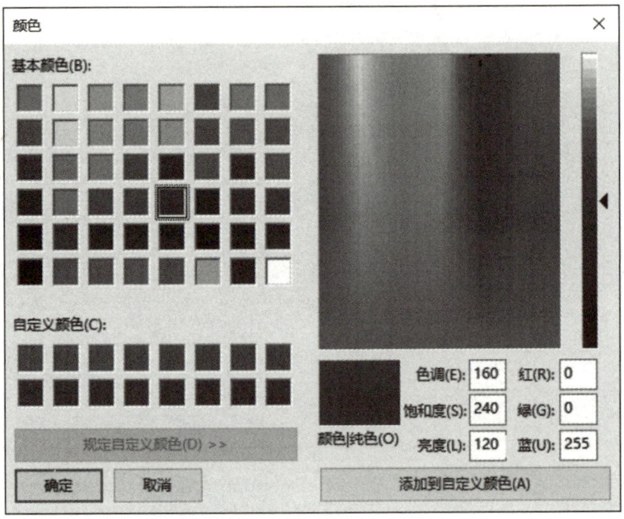

图 6-29　颜色选择界面

运行后的同步输出信息如下：

```
>>>
((0.0, 0.0, 255.99609375), '#0000ff')
```

6.4　综合案例分析

6.4.1　计算器制作

【例 6-25】 采用 tkinter 模块实现类似安卓手机计算器的功能（没有括号，简单的四则运算，并支持长表达式运算），如图 6-30 所示。

设计思路：共分 7 步来设计。第 1 步：定义按钮位置，共有四行：['7', '8', '9', '/']、['4', '5', '6', '*']、

['1', '2', '3', '−']、['0', '.', '=', '+']；第 2 步：创建所有按钮的事件处理函数；第 3 步：计算公式，采用 eval() 函数；第 4 步：创建一个 tkinter 窗口；第 5 步：实现显示部分，包括文本框输入和标签显示；第 6 步：创建所有计算器按钮；第 7 步：进入消息循环。

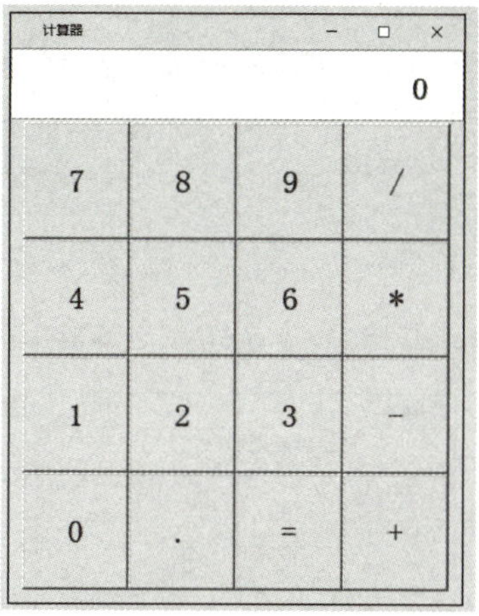

图 6-30　计算器界面

```
import tkinter as tk
# 定义按钮位置 --- (*1)
BUTTONS = [
   ['7', '8', '9', '/'],
   ['4', '5', '6', '*'],
   ['1', '2', '3', '−'],
   ['0', '.', '=', '+']
]
# 按钮事件创建功能 --- (*2)
def make_click(ch):
      def click(e):
            print(ch)
            if ch == '=': calc(0); return
            else: disp.insert(tk.END, ch)
      return click
# 计算公式 --- (*3)
def calc(e):
      label["text"] = '= ' + str(eval(disp.get()))
# 创建一个窗口 --- (*4)
win = tk.Tk()
win.title("计算器")
win.geometry("400x480")
# 显示部分 --- (*5)
disp = tk.Entry(win, font=('', 20), justify="center")
disp.pack(fill='x')
disp.bind('<Return>', calc)
label = tk.Label(win, font=('', 20), anchor="center")
label.pack(fill='x')
```

```
    # 创建所有计算器按钮 --- (*6)
    fr = tk.Frame(win)
    fr.pack()
    for y, cols in enumerate(BUTTONS):
        for x, n in enumerate(cols):
            btn = tk.Button(fr, text=n, font=('', 20), width=6, height=3)
            btn.grid(row=y+1, column=x+1)
            btn.bind('<1>', make_click(n))
    # 进入消息循环 --- (*7)
    win.mainloop()
```

运行后将显示计算器，输入公式并按“=”按钮在文本框中显示计算结果，如图 6-31 所示。

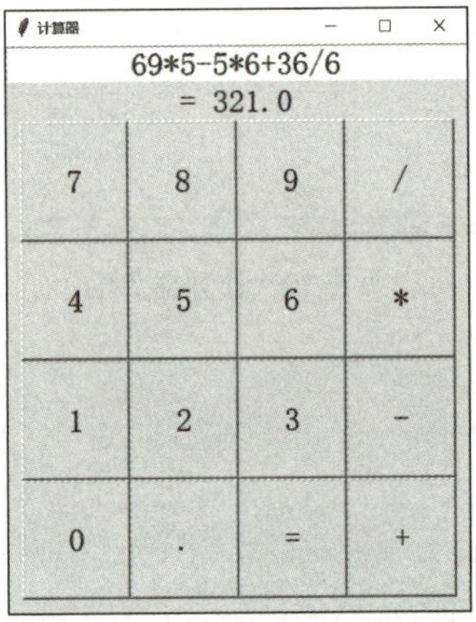

图 6-31　计算器的实际运行

6.4.2　BOM 录入界面设计

【例 6-26】 BOM 就是物料生产清单。在很多企业，均需要将物料（通常是完成品或半成品、部品）的组成情况录入到 ERP 系统中。现要求设计一个关于螺母配件的 BOM 录入界面，该界面有 4 个录入内容，包括录入内容 1：螺母配件编号；录入内容 2：螺母种类选择（从“自锁螺母”“防松螺母”“锁紧螺母”“四爪螺母”“旋入螺母保险螺母”“细杆螺钉连接螺母”“自锁六角盖形螺母”中选择其中一种）；录入内容 3：是否符合 GB6170；录入内容 4：用途说明。录入每一条信息后，需要显示所有相关信息并进行信息确认。

设计思路：需要构建两个文件，即包含 Gui 类的文件（GUIS.py）和应用文件（GUI 应用.py）。Gui 类方法包括__init__ (self, title='BOM 录入界面')、text_box(self, label)、text_area(self, label)、check_box(self, label, var)、combo_box(self, label, values, select)、button(self, label, command)、show(self)及 msgbox(self, msg1, msg2)等，与录入内容相关。应用文件则是将 Gui 类实例化，并按照录入界面要求进行设计。

GUIS.py 代码如下：

```
import tkinter as tk
from tkinter import messagebox
#建立 Gui 类
class Gui:
```

```
    def __init__(self, title='BOM 录入界面'):
        self.window_width = 640
        self.window_height = 480
        self.left_space = 20
        self.right_space = 30
        self.top_space = 20
        self.row_span = 50
        self.col_span = 10
        self.label_width = 80
        self.x = self.left_space
        self.y = self.top_space
        self.root = tk.Tk()
        self.root.title(title)
        self.root.geometry(str(self.window_width) +\
                                "x" + str(self.window_height))
        self.parts_list = []
    def text_box(self, label):
        x = self.x
        y = self.y
        w = self.label_width
        pw = 80
        lb = tk.Label(text=label)
        lb.place(x=x, y=y)
        box = tk.Entry(width=pw)
        box.place(x=x + w + self.col_span, y=y)
        self.y = self.y + self.row_span
        return box
    def text_area(self, label):
        x = self.x
        y = self.y
        w = self.label_width
        pw = 68
        lb = tk.Label(text=label)
        lb.place(x=x, y=y)
        box = tk.Text(width=pw, height=6)
        box.place(x=x + w + self.col_span, y=y)
        self.y = self.y + self.row_span + 50
        return box
    def check_box(self, label, var):
        x = self.x
        y = self.y
        w = self.label_width
        box = tk.Checkbutton(text=label, variable=var)
        box.place(x=x + w + self.col_span, y=y)
        self.y = self.y + self.row_span
        return box
    def combo_box(self, label, values, select):
        x = self.x
        y = self.y
```

```
            w = self.label_width
            lb = tk.Label(text=label)
            lb.place(x=x, y=y)
            optionList = values
            variable = tk.StringVar(self.root)
            variable.set(optionList[0])
            box = tk.OptionMenu(self.root, variable, *optionList, command=select)
            box.place(x=x + w + self.col_span, y=y)
            self.y = self.y + self.row_span
            return box
        def button(self, label, command):
            button = tk.Button(text=label, command=command)
            button.place(x=self.x, y=self.y)
            self.y = self.y + self.row_span
            return button
        def show(self):
            self.root.mainloop()
        def msgbox(self, msg1, msg2):
            messagebox.showinfo(msg1, msg2)
        def textindex1(self):
            return '1.0'
        def textindex2(self):
            return 'end -1c'
```

GUI 应用.py 代码如下：

```
import GUIS as gt
import tkinter as tk
#信息确认显示
def button_click():
    if chkValue.get():
        ss="符合 GB6170"
    else:
        ss="非标定制"
    s = t1.get() + "\n" + selected + "\n" + ss + "\n" +\
        t4.get(wdw.textindex1(), wdw.textindex2())
    wdw.msgbox("信息确认", s)
#选择函数
def select(value):
    global selected
    selected = value
#实例化 Gui 类
wdw = gt.Gui()
#录入内容 1
t1 = wdw.text_box(label='螺母配件编号')
#录入内容 2
oplist = ["自锁螺母","防松螺母","锁紧螺母","四爪螺母",\
         "旋入螺母保险螺母","细杆螺钉连接螺母","自锁六角盖形螺母"]
selected = oplist[0]
```

```
chkValue = tk.BooleanVar()
chkValue.set(True)
t2 = wdw.combo_box(label='螺母种类选择', values=oplist, select=select)
#录入内容 3
t3 = wdw.check_box(label='符合 GB6170', var=chkValue)
#录入内容 4
t4 = wdw.text_area(label='用途说明')
#录入按钮
b1 = wdw.button(label='录入', command=button_click)
wdw.show()
```

运行结果如图 6-32～图 6-34 所示。

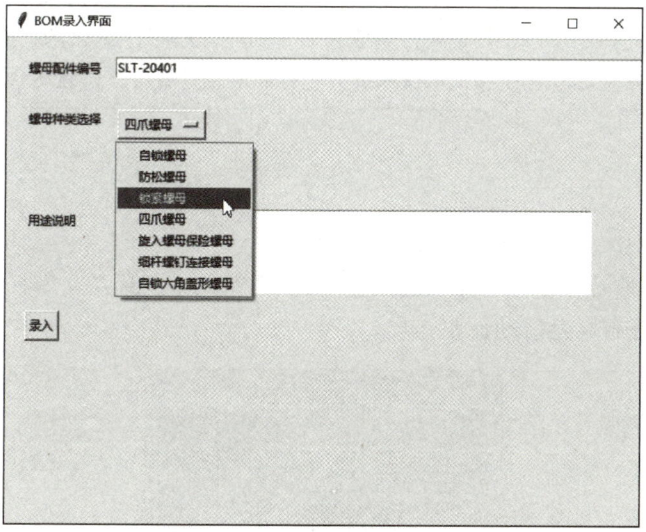

图 6-32　BOM 录入界面（螺母种类选择）

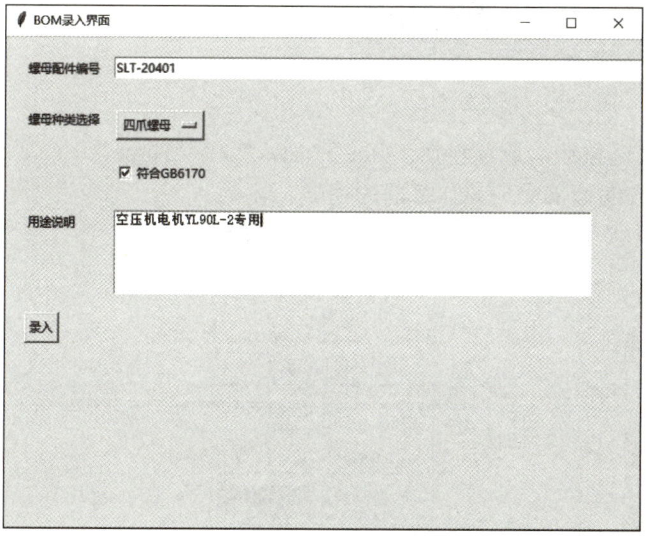

图 6-33　BOM 录入界面所有选项

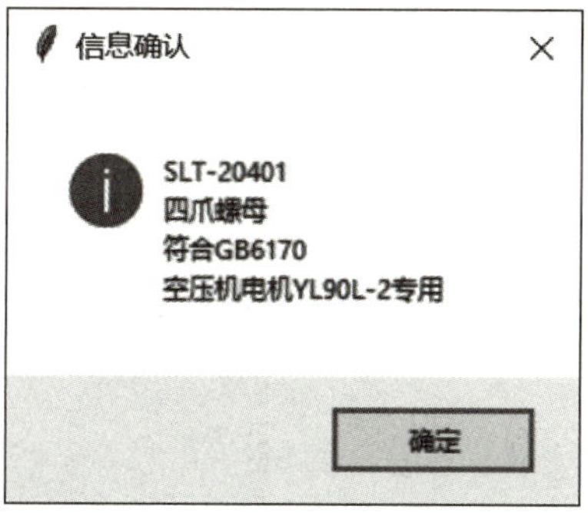

图 6-34　信息确认

拓展阅读：科大讯飞智能语音

在以 ChatGPT 为代表的大模型浪潮到来之前，人工智能领域落地最为成功的毫无疑问是小爱同学、天猫精灵等智能产品，它们遍布在智能手机、汽车座舱、家居家电等各种智能终端之上，成为消费者打开智能体验的钥匙。大模型浪潮到来后，技术路径变成了语音转文字、大模型生成回复文本、语音合成的三步流程，大模型在逐步替代原有的技术后台。而科大讯飞推出的“极速超拟人交互”产品则让交互体验面临迭代。传统指令型语音技术只能通过对某些特定发音的识别给出响应，而超拟人交互技术不仅可以从用户声音中获取指令信息，还能够通过语速、语调、口音以及咳嗽、哭声、宠物叫声等独特的声音信息，综合感知用户的喜、怒、哀、乐、害怕、困惑等各种情绪状态。而在表达方面，不仅可以准确响应指令，而且可以反馈富有情感的回应，还可以在不需要调试的情况下直接按照用户提出的需求让声音变换表达方式，或激昂、或低沉、或幽默、或以方言或悄悄话的形式，甚至可以“角色扮演”，变化为孙悟空等人物形象的声音。从响应指令到回应表达，超拟人交互技术正引领智能语音领域用户体验迭代式发展的无限可能。

思考与练习

6.1 请以一个案例来说明 GUI 控件的名称与含义。

6.2 如图 6-35 所示，创建一个 tkinter 窗口，内有背景图片及文本，文本为“大家好，才是真的好”，同时设置布局为自动调整布局。

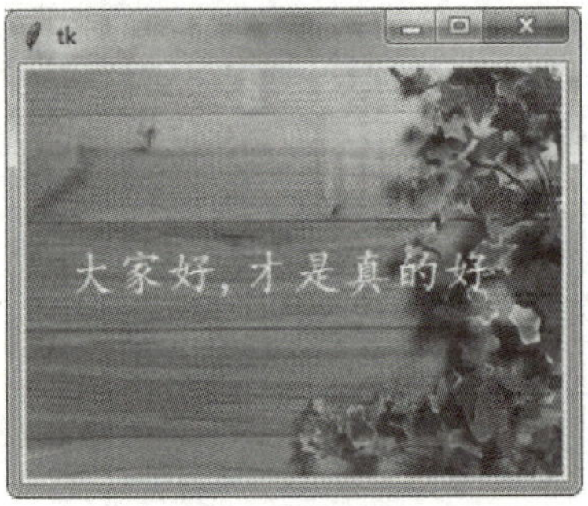

图 6-35 题 6.2 图

6.3 如图 6-36 所示，创建一个多选按钮，选项包括“One”“Two”和“Three”。

6.4 如图 6-37 所示，请用 Python 编程来实现该计算器的功能。

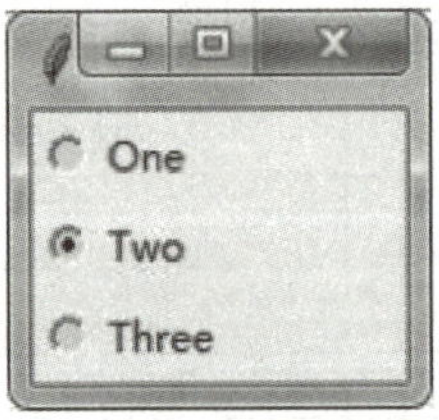

图 6-36 题 6.3 图

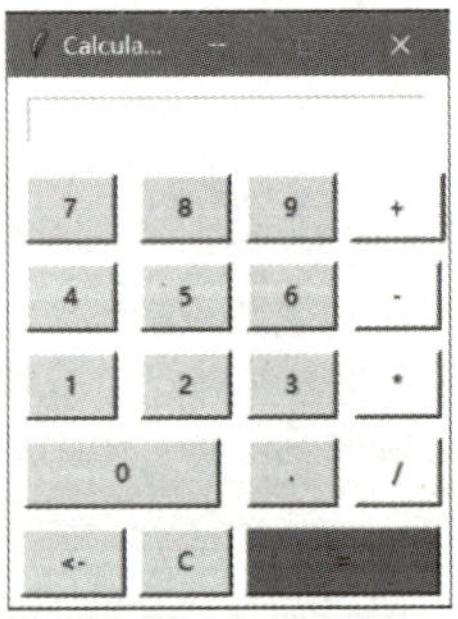

图 6-37 题 6.4 图

6.5 以“BOM 录入界面设计”为基础，请用 Python 编程实现螺母配件的数量增减界面。

第 7 章　网络爬虫应用

导读

网络爬虫是一种自动提取网页内容的程序，它为搜索引擎从万维网上下载网页，是搜索引擎的重要组成部分。爬虫流程是从一个或若干初始网页的 URL 开始，获得初始网页上的 URL，在抓取网页的过程中不断从当前页面上抽取新的 URL 放入队列，直到满足系统的停止条件。爬虫技术是根据一定的搜索策略从队列中选择下一步要抓取的网页 URL，并重复上述过程，直到达到系统的某一条件时停止。本章介绍了编写 Python 程序模拟浏览器请求站点的行为，把站点返回的 HTML 代码抓取到本地，进而提取自己需要的数据，存储起来使用。

7.1　网络与网页基础

7.1.1　OSI 参考模型

OSI（Open System Interconnection，开放系统互联）参考模型是国际标准化组织（ISO）制定的一个用于计算机或通信系统间互联的标准体系，一般称为 OSI 参考模型或七层模型。图 7-1 所示为基于 OSI 参考模型的数据发送和接收示意。

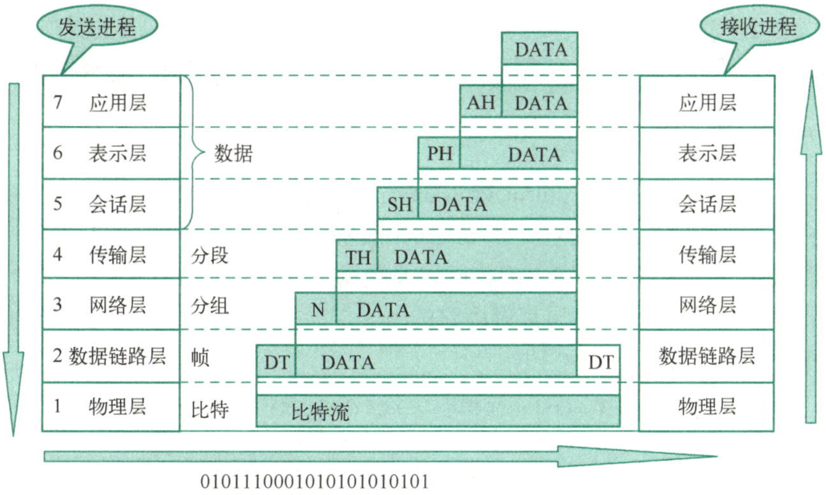

图 7-1　基于 OSI 参考模型的数据发送和接收示意

1. 物理层

物理层具有建立、维护、断开物理连接的功能，包括网卡、网线、集线器、中继器、调制解调器等物理设备。在该层传输的是比特流信号，即 0、1 信号。

2. 数据链路层

数据链路层具有建立逻辑连接、进行硬件地址寻址、差错校验等功能，在该层传输过程中，将位组合成字节，进而组合成帧，用 MAC 地址访问介质。其相应的产品都具有 MAC 地址，包括网桥、交换机等。

网络中每台设备都有一个唯一的网络标识，这个地址叫 MAC 地址，由网络设备制造商生产时写在硬件内部。MAC 地址是 48 位的（6 个字节），通常表示为 12 个 16 进制数，每两个 16 进制数之间用冒号隔开，如 08：00：20：0A：8C：6D 就是一个 MAC 地址，其前 3 字节表示 OUI（Organizationally Unique Identifier），是 IEEE 的注册管理机构给不同厂家分配的代码，区分不同的厂家；后 3 字节由厂家自行分配。

3. 网络层

网络层主要进行逻辑地址寻址，以实现不同网络之间的路径选择。该层通过路由器进行传输数据报（分组），其协议有 ICMP、IGMP、IP（IPv4 和 IPv6）、ARP、RARP 等。

4. 传输层

传输层通过网关定义传输数据的协议端口号，并进行流量控制和差错校验。该层协议有 TCP、UDP，数据报一旦离开网络层，即进入网络传输层，传输层会根据需求对较大的数据报进行分段传输。

5. 会话层

会话层具有建立、管理及终止会话功能，对应主机进程，指定本地主机与远程主机正在进行的会话。

6. 表示层

表示层进行数据的表示、加密、解密及压缩，可能涉及 JPEG 图像压缩等技术。

7. 应用层

应用层是用户与网络服务的一个接口，协议有 HTTP、FTP、TFTP、SMTP、SNMP、DNS、TELNET、HTTPS、POP3 和 DHCP 等。

从图 7-1 中可以看出 OSI 参考模型的七层结构分为两部分，上三层主要与网络应用相关，负责对用户数据进行编码等操作；下四层主要是网络通信，负责将用户的数据传输到目的地。

7.1.2 TCP/IP 模型

TCP/IP 是英文 Transmission Control Protocol/Internet Protocol 的缩写，翻译为传输控制协议/因特网互联协议，又名网络通信协议，是 Internet 最基本的协议之一。

TCP/IP 定义了电子设备如何连入因特网以及数据如何在这些设备之间传输的标准。该协议体系采用了四层的层级结构，每一层都调用它的下一层所提供的协议来完成自己的功能。表 7-1 是 OSI 七层模型与 TCP/IP 模型的对比。

表 7-1　OSI 七层模型与 TCP/IP 四层模型的对比

OSI 七层模型	TCP/IP 四层模型	
应用层	应用层	TELNET、FTP、HTTP、SMTP、DNS 等
表示层		
会话层		
传输层	传输层	TCP、UDP
网络层	网络层	IP、ICMP、ARP、RARP
数据链路层	网络接口层	各种物理通信网络接口
物理层		

1. 网络接口层

网络接口层负责数据在物理链路上的封装和传输，屏蔽了物理传输的细节，它一方面从网络层接收数据，然后封装发送出去；另一方面接收物理链路的数据并提交给网络层。

2. 网络层

网络层是整个体系结构的关键部分，使主机可以把分组发往任何网络，并使分组独立地传向目标。这些分组可能经由不同的网络，到达的顺序和发送的顺序也可能不同。高层如果需要顺序收发，就必须自行处理对分组的排序。

3. 传输层

传输层负责在源端和目的端机器上的对等实体之间建立会话。在这一层定义了两个端到端的协议：TCP 和 UDP（用户数据报协议）。如图 7-2 所示，TCP 是面向连接的协议，它提供可靠的报文传输和对上层应用的连接服务，为此除了基本的数据传输外，它还有可靠性保证、流量控制、多路复用、优先权和安全性控制等功能。UDP 是面向无连接的不可靠的传输协议，主要用于不需要 TCP 的排序和流量控制等功能的应用程序。

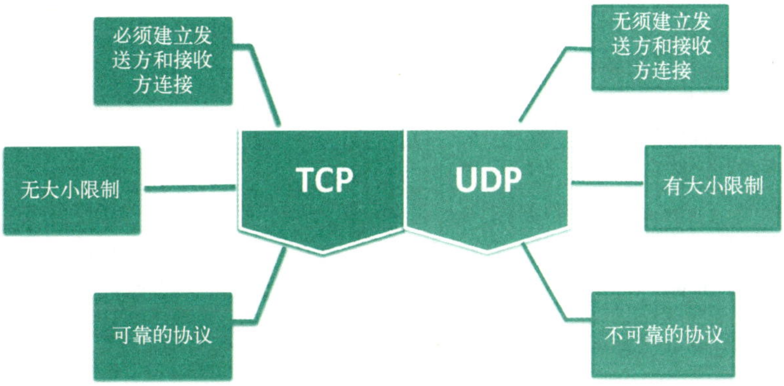

图 7-2 TCP 与 UDP 的区别

4. 应用层

应用层包含所有的高层协议，如虚拟终端协议（Telnet）、文件传输协议（FTP）、电子邮件传输协议（SMTP）、域名服务（DNS）、网上新闻传输协议（NNTP）和超文本传送协议（HTTP）等。互联网中所有运用 TCP/IP 进行网络通信的主机操作系统都实现了相同的协议栈，因此当网络中的两台主机要通信时，其数据传输过程如图 7-3 所示。

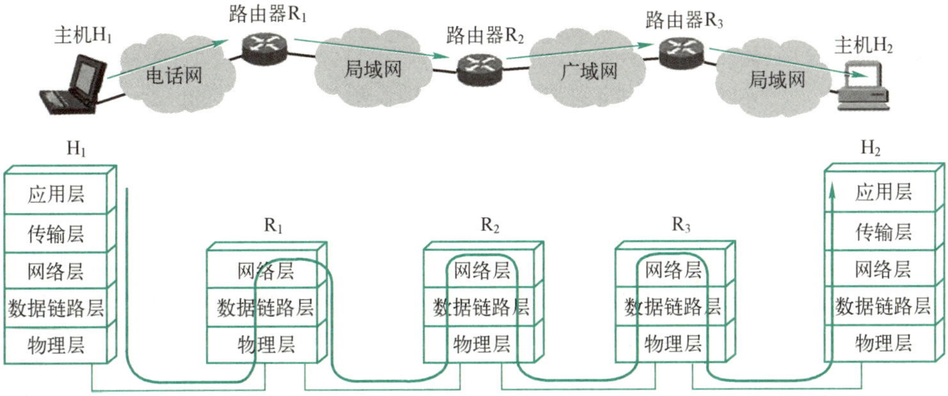

图 7-3 数据传输过程

7.1.3　URL 格式

在因特网的万维网（WWW）上，每一个信息资源都有统一的且在网上唯一的地址，该地址就叫 URL（Uniform Resource Locator，统一资源定位器），就是指网络地址。

URL 由资源类型、存储资源的主机域名、资源文件名等构成，其一般语法格式为（带方括号[]的为可选项）：

```
protocol :// hostname[:port] / path / [;parameters][?query]#fragment
```

1．protocol（协议）

指定使用的传输协议，表 7-2 列出 protocol 属性的有效方案，其中最常用的是 HTTP，它也是 WWW 中应用最广的协议。

表 7-2　protocol 属性的有效方案

有效方案名称	具体描述	格式
file	本地计算机上的文件资源	file:///，注意后边应是三个斜杠
ftp	通过 FTP 访问资源	FTP://
http	通过 HTTP 访问该资源	HTTP://
https	通过安全的 HTTPS 访问该资源	HTTPS://
mailto	资源为电子邮件地址，通过 SMTP 访问	mailto:
MMS	通过支持 MMS（流媒体）协议的播放该资源，如 Windows Media Player	MMS://
ed2k	通过支持 ed2k（专用下载链接）协议的 P2P 软件访问该资源，如电驴	ed2k://
Flashget	通过支持 Flashget（专用下载链接）协议的 P2P 软件访问该资源	Flashget://
thunder	通过支持 thunder（专用下载链接）协议的 P2P 软件访问该资源，如迅雷	thunder://

2．hostname（主机名）

是指存储资源的服务器的域名系统（DNS）主机名或 IP 地址。有时，在主机名前也可以包含连接到服务器所需要的用户名和密码（格式：username:password@hostname）。

3．port（端口号）

端口号为整数，省略时使用协议的默认端口。各种传输协议都有默认的端口号，如 HTTP 的默认端口为 80。如果输入时省略，系统将自动使用默认端口号。有时候出于安全或其他考虑，可以在服务器上对端口进行重定义，即采用非标准端口号，此时，URL 中就不能省略端口号这一项。

4．path（路径）

由 0 个或多个“/”符号隔开的字符串组成，一般用来表示主机上的一个目录或文件地址。

5．parameters（参数）

这是用于指定特殊参数的可选项。

6．query（查询）

可选，用于给动态网页（如使用 CGI、ISAPI、PHP/JSP/ASP/ASP.NET 等技术制作的网页）传递参数，可包含多个参数，用“&”符号隔开，每个参数的名和值用“=”隔开。

7．fragment（信息片断）

用于指定网络资源中的片断。例如一个网页中有多个名词解释时，可使用 fragment 直接定位到某一名词解释。

7.1.4　爬虫的定义与基本流程

网络爬虫（又称为网页蜘蛛、网络机器人、网页追逐者）是一种按照一定的规则，自动地抓取万维网信息的程序或者脚本。另外一些不常使用的名字还有蚂蚁、自动索引、模拟程序或者蠕虫。如图 7-4 所示，如果把互联网比作一张大的蜘蛛网，数据便存储于蜘蛛网的各个节点，而爬虫就是一只小蜘蛛，沿着网络抓取自己的“猎物”（数据 1、数据 2、……）。从这个角度讲，爬虫是通过程序获取 Web 页面上所需的数据，也就是自动抓取数据。

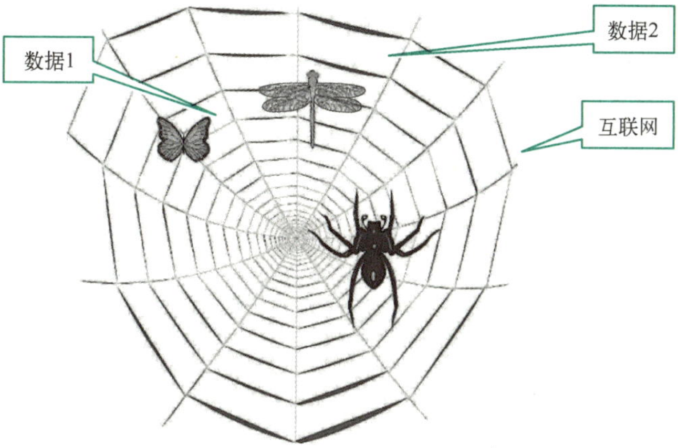

图 7-4　爬虫的含义

如图 7-5 所示，爬虫的基本流程如下。

第一步：发起请求。

通过 HTTP 库向目标站点发起请求，也就是发送一个 Request，请求可以包含额外的 header 等信息，等待服务器响应。

第二步：获取响应内容。

如果服务器能正常响应，会得到一个 Response，Response 的内容就是所要获取的页面内容，类型可能是 HTML、JSON 字符串及二进制数据（图片或者视频）等。

第三步：解析内容。

得到的内容可能是 HTML，可以用正则表达式、页面解析库进行解析；可能是 JSON，可以直接转换为 JSON 对象解析；可能是二进制数据，可以保存或者做进一步的处理，包括 BeautifulSoup 解析处理、PyQuery 解析处理及 XPath 解析处理等。

第四步：保存数据。

保存形式多样，可以保存为文本，也可以保存到数据库。此外，还可以将数据保存为特定格式的文件。其中数据库包括关系型数据库，如 MySQL、Oracle、SQL Server 等结构化数据库；非关系型数据库，如 MongoDB、Redis 等，它们通常以键值对形式存储数据。

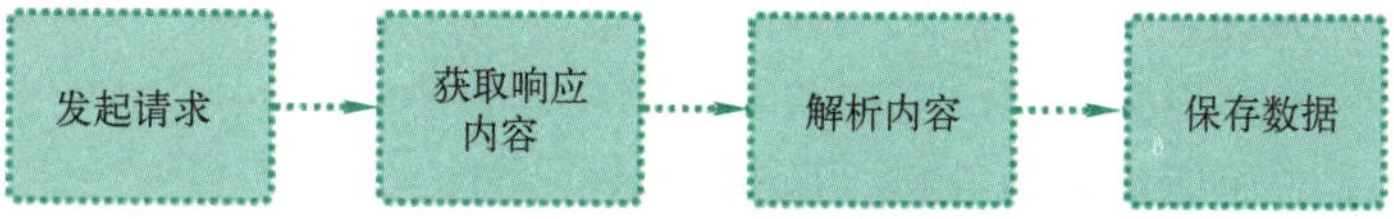

图 7-5　爬虫的基本流程

7.1.5　网页构成简述

网页的组成包括以下几部分：HTML，即网页的具体内容和结构；CSS，即网页的样式（美化网页最重要的一部分）；JavaScript，即网页的交互效果，例如对用户鼠标事件做出响应等。

1．HTML

HTML 的全称是 HyperText Markup Language，超文本标记语言，其实它就是文本，由浏览器负责将它解析成具体的网页内容。例如，浏览器会将下面的 HTML 代码：

```
<ul>
    <li>知乎</li>
    <li>CSDN</li>
    <li>博客园</li>
</ul>
```

转化成如下所示内容：

```
知乎
CSDN
博客园
```

常见的 HTML 标签主要包括以下内容。

（1）基本结构标签

<HTML>，表示该文件为 HTML 文件；

<HEAD>，包含文件的标题、使用的脚本、样式定义等；

<TITLE>…</TITLE>，包含文件的标题，标题出现在浏览器标题栏中；

</HEAD>，<HEAD>的结束标志；

<BODY>，放置浏览器中显示信息的所有内容和属性，其中内容在浏览器中显示；

</BODY>，<BODY>的结束标志；

</HTML>，<HTML>的结束标志。

（2）其他主要标签

以下所有标签用在<BODY>…</BODY>中:

<A，HREF="…"></A>，链接标签，"…"为链接的文件地址；

<IMG，SRC="…">，显示图片标签，"…"为图片的地址；

，换行标签；

<P>，分段标签；

<B>…</B>，采用粗体字；

<I>…</I>，采用斜体字；

<HR>，水平画线；

<TABLE>…</TABLE>，定义表格，HTML 中重要的标签；

<TR>…</TR>，定义表格的行，用在<TABLE>…</TABLE>中；

<TD>…</TD>，定义表格的单元格，用在<TR>…</TR>中；

<FONT>…</FONT>，字体样式标签。

2．CSS

CSS 的全称是 Cascading Style Sheets，层叠样式表，它用来控制 HTML 标签的样式，在美化网页中起到了非常重要的作用。CSS 的编写格式是键值对形式的，冒号左侧是属性名，冒号右侧是属性值，其代码如下：

```
color : red
background-color : blue
font-size : 20px
```

CSS 有三种书写方式，具体如下。

（1）行内样式（内联样式）

该样式就是直接在标签的 style 属性中书写，如：

```
<span style="color:red;background-color:red;">123</span>
```

（2）页内样式

在本网页的 style 标签中书写，如：

```
<span>123</span>
<style type="text/css">
    span {
        color:yellow;
        background-color:blue
    }
</style>
```

（3）外部样式

在单独的 CSS 文件中书写，然后在网页中用 link 标签引用。

test.css

```
span {
        color:yellow;
        background-color:blue
    }
```

test.html

```
<span>123</span>
<link rel="stylesheet" href="test.css">
```

CSS 在语法结构上有一个重要的概念就是选择器，其作用就是选择对应的标签或元素，为其添加样式。CSS 选择器包括如下种类：标签选择器，即根据标签名找到标签；类选择器，一个标签可以有多个类名，从而可以通过类名选中多个或特定的一组元素；id 选择器，id 是唯一的；选择器组合；属性选择器等。

3. JavaScript

JavaScript 的特点就是边解释、边运行。在 HTML 中应用 JavaScript，有三种引用方式，具体如下。

（1）内部 JavaScript

在 HTML 内部的任意地方添加 script 标签，在标签内可以编写 JavaScript 代码。

（2）外部 JavaScript

将 JavaScript 代码专门写在一个 JavaScript 文件中，在 HTML 中使用 script 标签的 src 属性引用。

（3）标签内 JavaScript

需要与标签的事件结合使用，通过事件调用 JavaScript 代码。

在使用时，由于内部 JavaScript 和外部 JavaScript 都是使用 script 标签，因此当使用外部 JavaScript 时，引入的 script 标签内不能编写其他的 JavaScript 代码。

【例 7-1】 设置一个按钮，可以手动单击，也可以每隔 5s 自动触发单击事件，使单击实现自动执行。

网页代码如下：

```
<!doctype html>
<html>
<head>
<meta charset="utf-8">
<title>自动单击示例</title>
</head>
<body onload="alert('这是默认单击弹窗')">
<script type="text/javascript">
setInterval(function() {
if(document.all) {
document.getElementById("buttonid").click();
}
else {
var e = document.createEvent("MouseEvents");
e.initEvent("click", true, true);
document.getElementById("buttonid").dispatchEvent(e);
}
}, 5000);
</script>
<input id="buttonid" type="button" value="按钮" onclick="alert('这是自动单击弹窗')" />
<style type="text/css">
input{background:red;color:#fff;padding:10px;margin:20px;}
</style>
</body>
</html>
```

运行结果如图 7-6 所示。

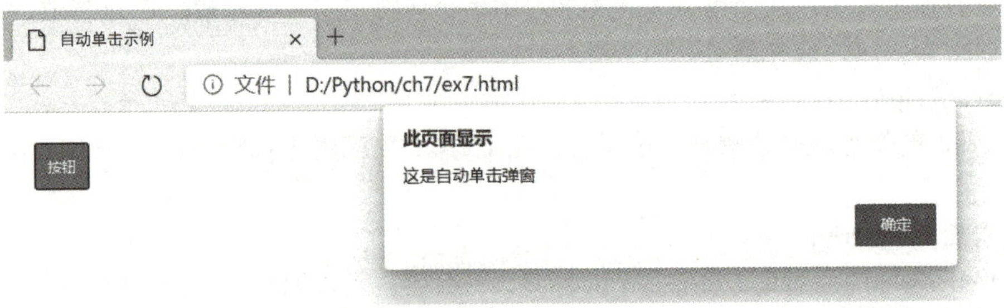

图 7-6　自动单击示例

7.2　urllib 基本应用

urllib 模块主要处理 Web 服务，它有如下子模块。

1）urllib.request，用于打开或请求 URL。

该子模块定义了适用于在各种复杂情况下打开 URL（主要是 HTTP）的函数和类。

2）urllib.error，用于捕获和处理请求时产生的异常。

该子模块可以接收由 urllib.request 产生的异常，主要包括 URLError 和 HTTPError 两种异常类型。

3）urllib.parse，用于解析 URL。

该子模块定义了 URL 的标准解析接口，实现对 URL 各部分的抽取功能。

4）urllib.robotparser，用于解析 robots.txt 文件。

该子模块所解析的 robots.txt 是一种存储于网站根目录下的文本文件，用来告诉网络爬虫，可以查看服务器上的哪些文件。

7-1　urllib.request 模块

7.2.1　urllib.request 模块

用于打开或请求 URL 的 request 模块可以采用如下方法打开网页 URL：

```
request.urlopen(url，data=None)
```

其中，url 是网页，data 是携带的数据。

urlopen()方法的返回值始终为一个对象，并可以调用相应的方法获取返回的信息，如 read()从服务器返回的原始数据。其中对于 http 及 https 的 URL 来说会返回一个 http.client.HTTPResponse 对象。

【例 7-2】 打开一个网页（如“新华网”）并显示网页源代码。

```
# urllib 模块
import urllib.request
# 向 Web 服务器发送一个请求，打开网页
x = urllib.request.urlopen('http://www.xinhuanet.com/')
# 打印页面源代码
print(x.read())
```

运行结果略。

urllib.request 模块中还包含其他方法，如 geturl() 返回获取资源的 URL，info()返回页面的元信息，getcode()返回页面的状态码等。

7.2.2　urllib. parse 模块

urllib.parse 模块定义了 URL 的标准解析接口，实现对 URL 各部分的抽取功能，具体包括 URL 的解析、合并、编码及解码等。

【例 7-3】 打开一个网页（如“http://httpbin.org/”）并显示网页源代码。

```
import urllib.parse
import urllib.request
```

```
data = bytes(urllib.parse.urlencode({'word': 'hello'}), encoding='utf8')
print(data)
response = urllib.request.urlopen('http://httpbin.org/post', data=data)
print(response.read())
```

运行结果如下：

```
>>>
b'word=hello'
b'{\n  "args": {}, \n  "data": "", \n  "files": {}, \n  "form": {\n    "word": "hello"\n  }, \n  "headers": {\n    "Accept-Encoding": "identity", \n    "Content-Length": "10", \n    "Content-Type": "application/x-www-form-urlencoded", \n    "Host": "httpbin.org", \n    "User-Agent": "Python-urllib/3.8", \n    "X-Amzn-Trace-Id": "Root=1-5f8c32a8-6519e4da49a1f38348bee7e5"\n  }, \n  "json": null, \n  "origin": "115.215.253.204", \n  "url": "http://httpbin.org/post"\n}\n'
```

这里就用到 urllib.parse，通过 bytes(urllib.parse.urlencode())方法可以对 post 数据进行转换并放到 urllib.request.urlopen 的 data 参数中。这样就完成了一次 post 请求。所以如果添加了 data 参数就是 post 请求方式，如果没有 data 参数就是 get 请求方式。

【例 7-4】 quote()可以将中文转换为 URL 编码格式。

```
from urllib import parse
word = '中国梦'
url = 'http://www.baidu.com/s?wd='+parse.quote(word)
print(parse.quote(word))
print(url)
#unquote:可以将 URL 编码进行解码
url = 'http://www.baidu.com/s?wd=%E4%B8%AD%E5%9B%BD%E6%A2%A6'
print(parse.unquote(url))
```

运行结果如下：

```
>>>
%E4%B8%AD%E5%9B%BD%E6%A2%A6
http://www.baidu.com/s?wd=%E4%B8%AD%E5%9B%BD%E6%A2%A6
http://www.baidu.com/s?wd=中国梦
```

7.3 BeautifulSoup 基本应用

7-2 BeautifulSoup 基本应用

BeautifulSoup 是 Python 的一个库，它提供了丰富的类和方法，用来处理导航、搜索及修改操作，通过解析网页为用户提供需要的数据。BeautifulSoup 还可以自动将输入文档转换为 Unicode 编码，并且支持输出文档转换为 UTF-8 编码。

通过“pip3 install Beautifulsoup4”指令可以安装最新版本的 BeautifulSoup4 库。

BeautifulSoup 默认支持 Python 的标准 HTML 解析库，同时它也支持一些第三方的解析库，具体如表 7-3 所示。

表 7-3　BeautifulSoup 支持的解析库列表

序号	解析库	使用方法	优势	劣势
1	Python 标准库	BeautifulSoup(html，'html.parser')	Python 内置标准库；执行速度快	容错能力较弱
2	lxml HTML 解析库	BeautifulSoup(html，'lxml')	速度快；容错能力强	需要安装，需要 C 语言库
3	lxml XML 解析库	BeautifulSoup(html，['lxml'，'xml'])	速度快；容错能力强；支持 XML 格式	需要 C 语言库
4	html5lib 解析库	BeautifulSoup(html，'html5lib')	以浏览器方式解析，容错能力最强	速度慢

要使用相关解析库，需要先进行安装，如使用 pip3 install html5lib 或 pip3 install lxml 命令安装 html5lib 或 lxml。

7.3.1　BeautifulSoup 标签定位方法

BeautifulSoup 有两个基本函数 find() 和 findAll()，两个函数基本相同，区别在于 find() 返回第一个符合要求的标签，而 findAll() 返回一个由所有符合要求的标签组成的列表。

方法 1：直接定位

某网页 HTML 代码如下：

```
<body>
    <table>
        <td>apple</td>
        <td>banana</td>
    </table>
</body>
```

可以采用语句“label_loc = bs.body.table.td”直接定位到 apple 和 banana。其中 bs 为 BeautifulSoup()的实例化对象，下同。

方法 2：通过标签名定位

某网页 HTML 代码如下：

```
<table>
    <td>apple</td>
    <td>banana</td>
</table>
```

采用 bs.find("td") 返回第一个<td></td>；bs.findAll("td") 返回所有<td></td>。

方法 3：通过标签属性定位

某网页 HTML 代码如下：

```
<table>
    <td name="fruit">apple</td>
    <td name="fruit">apple</td>
</table>
```

采用 bs.find(name="fruit") 返回第一个<td></td>；bs.findAll(name="fruit") 返回所有<td></td>。

方法 4：通过标签名和属性定位

某网页 HTML 与方法 3 中相同。

采用 bs.find("td"，{"name":"fruit"}) 返回第一个<td></td>；findAll()同上述方法。

需要注意方法 3 与方法 4 的区别，find(name="fruit")不等于 find("td"，{"name":"fruit"})，其中方法 4 有<td>的限制条件。

方法 5：通过 text 定位

某网页 HTML 与方法 2 中相同。

采用 find(text="apple") 返回第一个<td></td>。

需要注意的是：text 匹配必须完全相同，而且应在同一标签内。find(text="app") 返回 None。

方法 6：通过正则表达式与以上方式组合

某网页 HTML 与方法 3 中相同。

采用 bs.find(text=re.compile("apple")) 返回包含文本 apple 的第一个标签；bs.find("td", {"name":re. compile("fruit")})返回包含属性名 fruit 的第一个标签。

7.3.2　BeautifulSoup 标签选择器

以下是一段 HTML 代码，通过语句 soup = BeautifulSoup(html，'lxml')创建 soup 对象，就可以获取整个标签的内容。

```
<html>
    <head><title>Python 学习小组</title></head>
    <body>
        <p class="title" name="dromouse"><b>具体分组</b></p>
        <p class="story">根据课程需要，分成以下几组：
        <a href="http://example.com/elsie" class="sister" id="link1">第一组任务</a> ；
        <a href="http://example.com/lacie" class="sister" id="link2">第二组任务</a>
        其他组任务</p>
        <p class="story">…</p>
    </body>
</html>
```

（1）通过“对象.标签”或“对象.标签.string”获取标签内容

```
print(soup.title)
print(soup.title.string)
print(soup.p)      #soup.p 获取的是第一个 p 标签的内容，以下同理
print(soup.a)
print(soup.a.string)
```

（2）通过“对象.标签[属性]”或“对象.标签.attrs[属性]”获取属性的值

```
print(soup.p['name'])
print(soup.p['class'])
print(soup.p.attrs['name'])
print(soup.p.attrs['class'])
```

（3）获取兄弟节点

采用“对象.p 标签.next_siblings”找的是第一个 p 标签的下面的兄弟节点，如：

```
print(soup.p.next_siblings)
print(list(soup.p.next_siblings))
```

而“对象.p 标签.previous_siblings”找的是第一个 p 标签的上面的兄弟节点。

（4）前后节点

采用“对象.next_element”或“对象.previous_element”属性。与 next_sibling、previous_sibling 不同，它并不是针对兄弟节点，而是不分层次的所有节点。

7.3.3 使用 Python 标准库解析网页输出

通过调用 BeautifulSoup(html,‘html.parser’)可以解析网页，其特点是执行速度快。

【例 7-5】 打开“中国天气网”，显示上海市当天及以后 7 天的天气情况，具体网址为 http://www.weather.com.cn/weather/101020100.shtml。

调用 BeautifulSoup(html，'html.parser')方法解析网页源代码可以找到上海市当天及以后 7 天的天气情况。

```
<ul class="t clearfix">
    <li class="sky skyid lv3 on">
        <h1>21 日（今天）</h1>
        <big class="png40 d07"></big>
        <big class="png40 n02"></big>
        <p title="小雨转阴" class="wea">小雨转阴</p>
        <p class="tem">
        <span>20</span>/<i>15℃</i>
        </p>
        <p class="win">
        <em>
        <span title="西北风" class="NW"></span>
        <span title="西北风" class="NW"></span>
        </em>
        <i><3 级</i>
        </p>
        <div class="slid"></div>
    </li>
```

根据标签属性，可以编写如下程序：

```
from bs4 import BeautifulSoup
import urllib.request
import random
# 数据地址，从浏览器复制过来
url = 'http://www.weather.com.cn/weather/101020100.shtml'
req = urllib.request.urlopen(url)
content = req.read().decode('utf-8')
soup = BeautifulSoup(content, 'html.parser')
```

```
# 分析得 <ul class="t clearfix"> 标签下记录了想要的数据，因此只需要解析这个标签即可
ul_tag = soup.find('ul', 't clearfix')  # 利用 css 查找
# 取出七天数据
li_tag = ul_tag.findAll('li')
for tag in li_tag:
    print(tag.find('h1').string)  # 时间
    print(tag.find('p', 'wea').string)  # wea
    # 温度的 tag 格式不统一，做容错
    try:
        print(tag.find('p', 'tem').find('span').string)  # 高温
        print(tag.find('p', 'tem').find('i').string)       # 低温
    except:
        print('没有高温或低温数据')
        pass
    print(tag.find('p', 'win').find('i').string)  # win
    print("______________ 分割线 ___________________")
```

运行结果如下：

```
>>>
21 日（今天）
小雨转阴
20
15℃
<3 级
______________ 分割线 ___________________
（以下略）
```

7.3.4　使用 lxml 解析库分析网页输出

通过调用 BeautifulSoup(html,'lxml')可以解析网页，其特点是速度快，容错能力强。

【例 7-6】 打开“中国天气网”相关网页并按最高温度从高到低排序显示第二天华北各省会（直辖市）的名称、最高温度及最低温度。

中国天气网将中国分为华北、东北、华南、西北、西南、华东、华中及港澳台，共 8 个地区，分别用拼音首字母表示。以华北为例，其网页为http://www.weather.com.cn/textFC/hb.shtml，如图 7-7 所示。

根据图 7-7 所示找到源代码 HTML 的标签，并进行网页分析如下。

（1）每日天气

其格式为：<div class="conMidtab">。

conMidtab 一共有 7 个，后 6 个添加了隐藏样式 style="display:none;"，是后 6 天的天气预报，本实例需要取第二个，即第二天的天气。

（2）各省会（直辖市）天气

其格式为：<div class="conMidtab2">。

每个省份的数据都在这个 div 标签中，只要使用 findAll() 方法即可获取。

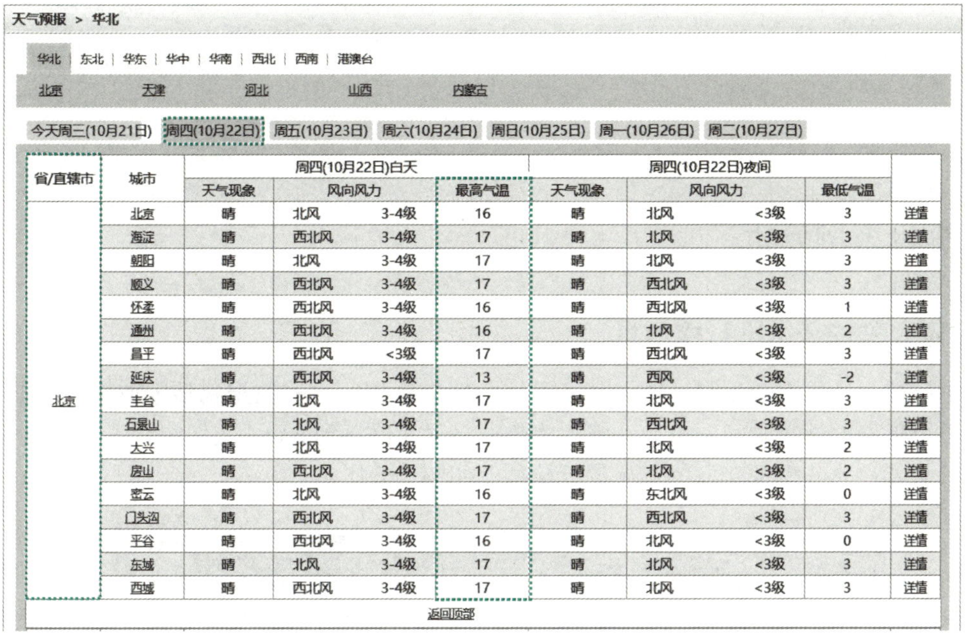

天气预报 > 华北

华北 | 东北 | 华东 | 华中 | 华南 | 西北 | 西南 | 港澳台

北京 天津 河北 山西 内蒙古

今天周三(10月21日) 周四(10月22日) 周五(10月23日) 周六(10月24日) 周日(10月25日) 周一(10月26日) 周二(10月27日)

省/直辖市	城市	周四(10月22日)白天			周四(10月22日)夜间			
		天气现象	风向风力	最高气温	天气现象	风向风力	最低气温	
北京	北京	晴	北风 3-4级	16	晴	北风 <3级	3	详情
	海淀	晴	西北风 3-4级	17	晴	北风 <3级	3	详情
	朝阳	晴	北风 3-4级	17	晴	北风 <3级	3	详情
	顺义	晴	西北风 3-4级	17	晴	西北风 <3级	3	详情
	怀柔	晴	西北风 3-4级	16	晴	西北风 <3级	1	详情
	通州	晴	西北风 3-4级	16	晴	北风 <3级	2	详情
	昌平	晴	西北风 <3级	17	晴	西北风 <3级	3	详情
	延庆	晴	西北风 3-4级	13	晴	西风 <3级	-2	详情
	丰台	晴	北风 3-4级	17	晴	北风 <3级	3	详情
	石景山	晴	北风 3-4级	17	晴	西北风 <3级	3	详情
	大兴	晴	北风 3-4级	17	晴	北风 <3级	2	详情
	房山	晴	西北风 3-4级	17	晴	北风 <3级	2	详情
	密云	晴	北风 3-4级	16	晴	东北风 <3级	0	详情
	门头沟	晴	西北风 3-4级	17	晴	西北风 <3级	3	详情
	平谷	晴	西北风 3-4级	16	晴	北风 <3级	0	详情
	东城	晴	北风 3-4级	17	晴	北风 <3级	3	详情
	西城	晴	西北风 3-4级	17	晴	北风 <3级	3	详情

返回顶部

图 7-7 网页截图

（3）数据获取

省会城市名称、最高温度、最低温度分别在相关联的 td 标签中，使用 findAll() 方法获取相关标签后，使用列表切片[1:8:3]即可获取。

具体程序代码如下：

```
import urllib.request
from bs4 import BeautifulSoup
import time
class TempComparison:
    def __init__(self):
        self.cityInfoList = []
        self.cityInfoList1 = []
    def get_request(self):
        areas_list = ['hb'] #华北，其他地区分别为 'db', 'hd', 'hz', 'hn', 'xb', 'xn'
        for area in areas_list:
            req =urllib.request.urlopen("http://www.weather.com.cn/textFC/%s.shtml" % area)
            content = req.read().decode('utf-8')
            soup = BeautifulSoup(content, 'lxml')
            for line in soup.findAll('div', {'class': 'conMidtab'}):
                for line1 in line.findAll('div', {'class': 'conMidtab2'}):
                    td_list = line1.findAll('tr')[2].findAll('td')[1:8:3]
                    self.cityInfoList.append(list(map(lambda x: x.text.strip(), td_list)))
    def filter_result(self):
        self.cityInfoList1=self.cityInfoList[5:9]
        top_city_info = sorted(self.cityInfoList1, key=lambda x: x[1], reverse=True)
        city, high_temp, low_temp = list(zip(*top_city_info))
        print(top_city_info)
if __name__ == '__main__':
```

```
main = TempComparison()
main.get_request()
main.filter_result()
```

运行结果略。

7.4　综合案例分析

7.4.1　爬取酷狗音乐排行榜信息

【例 7-7】 从酷狗音乐网站爬取其音乐排行榜的数据。这些数据包括歌曲排名、歌曲名、歌手名以及歌曲的播放时间。然后，将这些数据整理并保存到 Excel 文件中。

设计思路：本实例要爬取的音乐排行榜截图如图 7-8 所示。

图 7-8　酷狗音乐排行榜截图

图 7-9 为该网页部分 HTML 源代码，分析如下。

```
<div class="pc_temp_content">
    <div class="pc_temp_container">
        <div class="pc_rank_title clear_fix">
            <div id="pc_temp_title" class="pc_temp_title">
                <h3>酷狗飙升榜</h3>
                        <span class="rank_update">2024-08-30 更新</span>
                        <a href="javascript:;" class="pc_temp_btn_s02 pc_temp_bicon_play" title="播放全部" data-active="play" data-index=""  hidefocus="true"><span><i class="t2"></i>播放全部</span></a>

            </div>
        </div>
        <div id="rankWrap">
            <div class="pc_temp_songhead clear_fix">
                <span class="pc_temp_btn_check pc_temp_btn_checked checkedAll"></span>全选
            </div>
            <div class="pc_temp_songlist  pc_rank_songlist_short">
                <ul>
                            <li class=" " title="潘成（皮卡潘） - 白鸽乌鸦相爱的戏码" data-index="0" data-eid="avg21f93">
                    <span class="pc_temp_btn_check pc_temp_btn_checked" data-index="0"></span>
                    <span class="pc_temp_coverlayer"></span>
                    <span class="pc_temp_num">
                                            <strong>1</strong>
                                </span>
                              <span class="pc_temp_tips_l">
                      <i class="pc_temp_icon_new" title="新入榜"></i>
                    </span>
                              <a
                      href="https://www.kugou.com/mixsong/avg21f93.html"
                      data-active="playDwn" data-index="0" class="pc_temp_songname"
                      title="潘成（皮卡潘） - 白鸽乌鸦相爱的戏码"
                      hidefocus="true"
                    >
                      白鸽乌鸦相爱的戏码
                                    <span style="color: #999;"> - 潘成（皮卡潘）</span>
                                </a>
                    <span class="pc_temp_tips_r">
                                    <a href="javascript:;" data-active="play" data-index="0" class="pc_temp_btn_listen" title="播放" hidefocus="true">播放</a>
                      <a href="javascript:;" onclick="_hmt.push(['_trackEvent', 'hidedown', 'hidecilick', 'hidepc']);" data-active="download" data-index="0" class="pc_temp_btn_download" title="下载" hidefocus="true">下载</a>
                      <a href="javascript:;" data-active="share" data-index="0" class="pc_temp_btn_share" title="分享" hidefocus="true">分享</a>
                      <span class="pc_temp_time">
                                            2:53
                      </span>
                    </span>
                </li>
```

图 7-9　酷狗音乐网站 HTML 部分源代码

排名：可以通过 span.pc_temp_num 元素来获取每首歌曲的排名。

歌曲名和歌手：歌曲名和歌手名共同位于一个 a 标签内，该标签的类为 pc_temp_songname。歌曲名和歌手名由“-”分隔，因此需要通过分割字符串来分别获取它们。

播放时间：通过 span.pc_temp_time 元素可以获取歌曲的播放时间。

注意：书中已经给出了网址，只需要右击鼠标就可以给出代码详情，所以不提供完整的截图。

本实例的编程如下所示。

```
import requests
from bs4 import BeautifulSoup
import time
from openpyxl import Workbook
headers = {
    'User-Agent': 'Mozilla/5.0 (Windows NT 10.0; Win64; x64) AppleWebKit/537.36 (KHTML, like Gecko)
            Chrome/117.0.0.0 Safari/537.36 Edg/117.0.2045.60'
}
def get_info(url):
wb_data = requests.get(url, headers=headers)
    soup = BeautifulSoup(wb_data.text, 'html.parser')
    ranks = soup.select('span.pc_temp_num')
    titles = soup.select('div.pc_temp_songlist> ul > li > a')
    times = soup.select('span.pc_temp_tips_r> span')
    for rank, title, time in zip(ranks, titles, times):
        data = {
            'rank': rank.get_text().strip(),
            'song': title.get_text().split('-')[0].strip().replace('\n', '').replace('\t', ''),
            'singer': title.get_text().split('-')[1].strip().replace('\n', '').replace('\t', ''),
            'time': time.get_text().strip()
        }
        yield data
if __name__ == '__main__':
    # 创建一个新的 Excel 工作簿
wb = Workbook()
ws = wb.active
ws.title = "Songs Ranking"

    # 添加标题行
ws.append(['Rank', 'Song', 'Singer', 'Time'])
urls = ['http://www.kugou.com/yy/rank/home/{}-8888.html']
for url in urls:
    for data in get_info(url):
        ws.append([data['rank'], data['song'], data['singer'], data['time']])
        time.sleep(1)
            # 保存工作簿
        wb.save('songs_ranking.xlsx')
```

首先，在当前文件夹建立“songs_ranking.xlsx”文件，运行后打开该文件后，截图如图 7-10 所示。（结果仅做参考，因为排行榜音乐数据随时更新。）

7.4.2　爬取当当网 Python 书籍信息

【例 7-8】 获取当当网搜索“Python”关键字结果中的书籍信息，并将这些信息（包括但不限于书名、作者、价格等保存到当前目录下的 Excel 文件中）。

设计思路：本实例网址为 http://search.dangdang.com/?key=python&act=input，注意 key 参数可以修改成想要搜索的其他内容，截图如图 7-11 所示。

Rank	Song	Singer	Time
1	白鸽乌鸦相爱的戏码	潘成(皮卡潘)	2:53
2	回不去的何止时间	吖毛	2:40
3	其实都没有	于冬然	3:42
4	一句先苦后甜	侯泽润	3:26
5	瞬	郑润泽	4:44
6	离别开出花	就是南方	3:50
7	如果这就是爱情	张靓颖	4:42
8	悬溺	葛东琪	3:17
9	姑娘别哭泣（女生版）	池鱼	3:55
10	我的纸飞机	GooGoo、	3:16
11	兜兜转转	小京东	3:30
12	王招君（你看你拉住我的模样）	任素汐	4:15
13	太阳（你看着我眼睛）	刘鹏	3:46
14	HEAVEN (Original Version)	Ailee	3:36
15	凄美地	郭顶	4:10
16	隐形的翅膀	张韶涵	3:44
17	最好的安排	曲婉婷	4:11
18	出现又离开（Live）	梁博	6:56

图 7-10　部分运行结果

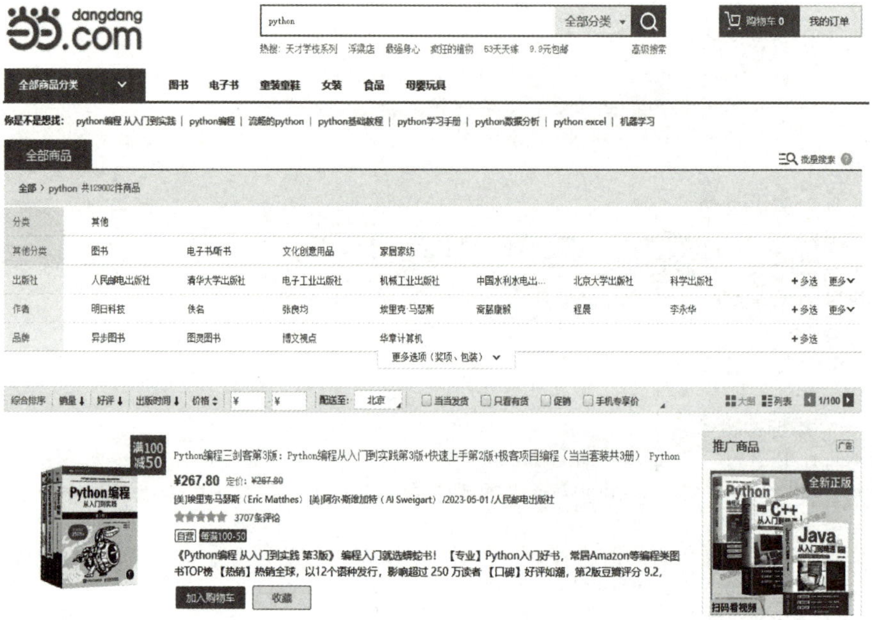

图 7-11　当当网搜索“Python”关键字结果中的书籍信息截图

对该网页的 HTML 源代码，分析如下：

商品区域定位：id="search_nature_rg" 和 dd_name="普通商品区域" 两个属性标记的 div 元素是搜索结果的开始。这个 div 包含了所有搜索到的商品项，每个商品项代表一个书籍项。

书籍列表结构：在这个 div 内部，有一个 ul 元素（class="bigimg" 和 id="component_59"），它包含了多个 li 元素。每个 li 元素代表一个搜索到的书籍项，如图 7-12 所示。

单个书籍项的结构：每个 li 元素代表一个书籍项，它包含了书籍的详细信息，如书名、价格等。书名通常位于 p 元素（class="name"）内部，它包含一个 a 元素，这个 a 元素的 title 属性包含了书名和一些额外信息。书籍的价格信息位于另一个 p 元素（class="price"）内，其中的 span 元素（class="search_now_price"）包含了当前价格。

书籍详细信息提取：书籍的详细描述通常在 p 元素（class="detail"）内。如果需要提取更多信息，如作者、出版社等，可能需要进一步解析 li 元素内部的其他标签。

```
<div id="search_nature_rg" dd_name="普通商品区域">
<ul class="bigimg" id="component_59">
            <li ddt-pit="1" class="line1" id="p29574070">
      <a title=" Python编程三剑客第3版：Python编程从入门到实践第3版+快速上手第2版+极客项目编程（当当套装共3册）" ddclick="act=normalResult_picture&pos=2
            <li ddt-pit="2" class="line2" id="p29564789">
      <a title=" Python编程从入门到实践 第3版" ddclick="act=normalResult_picture&pos=29564789_1_1_q" class="pic" name="itemlist-picture" dd_name="单品图
            <li ddt-pit="3" class="line3" id="p29594969">
      <a title=" 零基础学Python (Python 3.10全彩版)" ddclick="act=normalResult_picture&pos=29594969_2_1_q" class="pic" name="itemlist-picture" dd_name="
            单品图 <li ddt-pit="4" class="line4" id="p12100010244">
      <a title=" Python编程三剑客第3版：Python编程从入门到实践第3版+快速上手第2版+极客项目编程（当当套装共3册）" ddclick="act=normalResult_picture&pos=1
            <li ddt-pit="5" class="line5" id="p29260052">
      <a title=" Python编程实战 妙趣横生的项目之旅" ddclick="act=normalResult_picture&pos=29260052_4_1_q" class="pic" name="itemlist-picture" dd_name="
            <li ddt-pit="6" class="line6" id="p29342404">
      <a title=" 程序员数学 用Python学透线性代数和微积分" ddclick="act=normalResult_picture&pos=29342404_5_1_q" class="pic" name="itemlist-picture" dd_
            <li ddt-pit="7" class="line7" id="p29456260">
      <a title=" O&#039;Reilly：Python文本分析" ddclick="act=normalResult_picture&pos=29456260_6_1_q" class="pic" name="itemlist-picture" dd_name="单品
            <li ddt-pit="8" class="line8" id="p29489349">
      <a title=" Python数据分析与机器学习（微课视频版）" ddclick="act=normalResult_picture&pos=29489349_7_1_q" class="pic" name="itemlist-picture" dd_n
            <li ddt-pit="9" class="line9" id="p29637369">
```

图 7-12　当当网部分 HTML 源代码

注：截图不全，仅做参考。

注意：书中已经给出了网址，只需要右击鼠标就可以给出代码详情，所以这里不提供完整的截图。

本实例的编程如下所示。

```
import requests
from bs4 import BeautifulSoup
import openpyxl
def get_html(url):
    headers = {
        'User-Agent': 'Mozilla/5.0 (Windows NT 10.0; Win64; x64) AppleWebKit/537.36 (KHTML, 'like
              Gecko) Chrome/119.0.0.0 Safari/537.36 Edg/119.0.0.0'
    }
    response = requests.get(url, headers=headers)
    return response.content
def parse_html(html):
    soup = BeautifulSoup(html, 'html.parser')

    # 定位到具有特定 dd_name 和 id 的 div 元素
target_div = soup.find('div', {'dd_name': '普通商品区域', 'id': 'search_nature_rg'})
books_info = []
    if target_div:
        books = target_div.find_all('li')
        for book in books:
            book_info = {
                'title': book.find('p', class_='name').get_text(strip=True),
                'author': book.find('p', class_='search_book_author').find('a').get_text(strip=True),
                'price': book.find('span', class_='search_now_price').get_text(strip=True)
            }
            books_info.append(book_info)
    else:
        print("未找到指定的 div 元素")
    return books_info
def save_to_excel(books_info):
    file_name = "books_info.xlsx"
```

```
        wb = openpyxl.Workbook()
        ws = wb.active
        ws.append(['书名', '作者', '价格'])
    for book in books_info:
            ws.append([book['title'], book['author'], book['price']])
            wb.save(file_name)
            print(f"信息已保存到{file_name}")
def main():
        url = 'http://search.dangdang.com/?key=python&act=input'
        html = get_html(url)
        books_info = parse_html(html)
        save_to_excel(books_info)
if __name__ == '__main__':
main()
```

首先，在当前文件夹建立“books_info.xlsx”文件，运行并打开该文件后，截图如图 7-13 所示。

	A	B	C
1	书名	作者	价格
2	Python编程三剑客第3版：Python编程从	埃里克・马瑟斯	¥267.80
3	Python编程 从入门到实践 第3版	埃里克・马瑟斯	¥54.90
4	零基础学Python（Python3.10全彩版）	明日科技	¥78.20

图 7-13　部分运行结果

拓展阅读：《中华人民共和国网络安全法》

《中华人民共和国网络安全法》是为了保障网络安全，维护网络空间主权和国家安全、社会公共利益，保护公民、法人和其他组织的合法权益，促进经济社会信息化健康发展，制定的法规。该法律是 2016 年 11 月 7 日经第十二届全国人民代表大会常务委员会第二十四次会议通过，自 2017 年 6 月 1 日起施行。该法律是我国第一部全面规范网络空间安全管理方面问题的基础性法律，是我国网络空间法治建设的重要里程碑，是依法治网、化解网络风险的法律重器，是让互联网在法治轨道上健康运行的重要保障。

思考与练习

7.1　在 OSI 参考模型下，数据是如何发送和如何接收的？

7.2　请阐述 URL 的构成及其格式。

7.3　描述如何打开“北京二手车”网页（https://www.che168.com/beijing/），显示网页源代码，并找到最新上架的第一辆二手车。

7.4　打开“中国天气网”，显示苏州市今天及未来 7 天的天气情况。

7.5　打开“中国天气网”并按照温度从高到低的顺序显示浙江省各个城市的天气情况。

7.6　打开“软科网”（https://www.shanghairanking.cn/rankings），任选一种排名方式，编写该排名方式下的大学排行榜代码。

7.7　打开“新华网教育频道”（http://education.news.cn/），将“热点”新闻罗列出来，并保存到当前文件夹下面，包括新闻标题、时间等必要信息。

第 8 章　数据可视化编程

导读

在日常工作中，为了更直观地发现数据中潜在的规律，察觉变量之间的相互作用与关联，人们常常借助可视化来解释某种现象，做到“一图胜千文”的说明效果。可视化之前，先要用 NumPy 库进行数据的生成、整理、存储。在数据分析领域，最知名的绘图工具之一就是 MATLAB，在 Python 中存在一个有类似功能的绘图库，即 Matplotlib。作为绘图库，它可与 NumPy 等一起使用，提供了一种有效的 MATLAB 开源替代方案。

8.1　NumPy 库

8.1.1　NumPy 库介绍

NumPy 是 Python 的一种扩展库，它支持大量的维度数组和矩阵运算，并提供了丰富的数学函数库来执行数组运算。

NumPy 比 Python 列表更具优势，第一个优势是速度。在对大型数组执行操作时，NumPy 的速度比 Python 列表的速度快了好几百倍。因为 NumPy 数组在存储时能节省内存，并且 NumPy 在执行算术、统计和线性代数运算时采用了优化算法。它具有可以表示向量和矩阵的多维数组数据结构，并且对矩阵运算进行了优化，使用户能够高效地执行线性代数运算，使其非常适合用于解决机器学习等问题。

与 Python 列表相比，NumPy 具有的第二个优势是内置了大量优化的数学函数。这些函数使用户能够非常快速地进行各种复杂的数学计算，并且简化了代码量（无需编写复杂的循环结构），使程序更加简洁、易读且易于理解。

8.1.2　NumPy 库基本数据类型与函数

1. 基本数据类型

NumPy 常见的基本数据类型如表 8-1 所示。

表 8-1　NumPy 常见的基本数据类型

数据类型	描述
bool	布尔类型（Ture 或 False），存储为一个字节
int	默认整数类型（与 C long 兼容；通常为 int64 或 int32）
intc	与 C int 兼容（通常为 int32 或 int64）
intp	用于索引的整数（与 C ssize_t 兼容；通常为 int32 或 int64）

（续）

数据类型	描述
int8	整数（-128 到 127）
int16	整数（-32768 到 32767）
int32	整数（-2147483648 至 2147483647）
int64	整数（-9223372036854775808 至 9223372036854775807）
uint8	无符号整数（0 到 255）
uint16	无符号整数（0 到 65535）
uint32	无符号整数（0 至 4294967295）
uint64	无符号整数（0 至 18446744073709551615）
float	默认为 float64
float16	半精度浮点：符号位，5 位指数，10 位尾数
float32	单精度浮点：符号位，8 位指数，23 位尾数
float64	双精度浮点：符号位，11 位指数，52 位尾数
complex	默认为 complex128
complex64	复数，由两个单精度浮点组成（实数和虚数分量）
complex128	复数，由两个双精度浮点组成（实数和虚数分量）

2. mat()函数和 array() 函数

NumPy 函数库中存在两种不同的数据类型（矩阵 matrix 和数组 array），都可以用于处理以行列表示的数字元素，虽然它们看起来很相似，但是在这两种数据类型上执行相同的数学运算可能会得到不同的结果。

在 NumPy 中，mat()函数对应生成矩阵 matrix 对象，array()函数对应生成数组 array 对象。使用 np.mat()方法生成矩阵对象时，其参数 data 可以是列表和元组的任意混合嵌套、字符串或 array 对象。其中每一行字符串以分号分割，每列元素以逗号隔开。使用 np.array()方法生成 array 对象时，需要注意的是，matrix 对象的 shape 属性只能是二维的，而 array 对象的 shape 属性可以是多维度的。注：NumPy 2.0 已将 np.mat()方法替换为 np.asmatrix()方法，本书仍使用 NumPy 2.0 之前的版本。

【例 8-1】 mat()函数和 array()函数简单应用。

```
import numpy as np
a = np.mat('1 3;5 7')
b = np.mat([[1,2],[3,4]])
print(a)
print(b)
print(type(a))
print(type(b))
c = np.array([[1,3],[4,5]])
print(c)
print(type(c))
```

运行结果：

```
>>>
```

```
[[1 3]
 [5 7]]
[[1 2]
 [3 4]]
<class 'numpy.matrix'>
<class 'numpy.matrix'>
[[1 3]
 [4 5]]
<class 'numpy.ndarray'>
```

从例子中可以看出，mat() 函数与 array()函数生成矩阵所需的数据格式有区别，mat()函数中数据可以是字符串以分号（;）分割或者是列表形式以逗号（,）分割，而 array()函数中数据只能是列表形式并以逗号（,）分割。需要注意的是，用 mat() 函数将数据转换为矩阵类型后才能进行某些线性代数的操作。

【例 8-2】 随机数组的产生和矩阵转化。

```
import numpy as np
# 构建一个 3*4 的随机数组
array_1 = np.random.rand(3,4)
print(array_1)
print(type(array_1))
# 使用 mat 函数将数组转化为矩阵
matrix_1 = np.mat(array_1)
print(matrix_1)
print(type(matrix_1))
```

运行结果：

```
>>>
[[0.00150214 0.12503171 0.37425143 0.64625749]
 [0.5770464  0.7976616  0.71250092 0.12946093]
 [0.65616594 0.89710715 0.92097518 0.65488694]]
<class 'numpy.ndarray'>
[[0.00150214 0.12503171 0.37425143 0.64625749]
 [0.5770464  0.7976616  0.71250092 0.12946093]
 [0.65616594 0.89710715 0.92097518 0.65488694]]
<class 'numpy.matrix'>
```

需要注意的是，例中采用了 numpy.random.rand() 函数，该函数用于生成一个 N 维数组。数组元素是[0,1)区间的随机浮点数，数组形状由传入的参数决定。

【例 8-3】 采用函数创建常见的矩阵。

```
import numpy as np
# 创建一个 4*4 的零矩阵，这里 zeros 函数的参数是一个 tuple 类型（4,4）
data1 = np.mat(np.zeros((4,4)))
```

```
print("data1=\n",data1)
# 创建一个 2*4 的全 1 矩阵，默认是浮点型的数据，例中是 int，所以需要使用 dtype=int
data2 = np.mat(np.ones((2,4),dtype=int))
print("data2=\n",data2)
# 这里使用 numpy 的 random 模块
# random.rand(2,2)创建的是一个二维数组，但是需要将其转化为 matrix
data3 = np.mat(np.random.rand(2,2))
print("data3=\n",data3)
# 生成一个 3*3 的 0～20 之间的随机整数矩阵，如果需要指定下界可以多加一个参数
data4 = np.mat(np.random.randint(20,size=(3,3)))
print("data4=\n",data4)
# 产生一个 1～5 之间的随机整数矩阵
data5 = np.mat(np.random.randint(1,5,size=(2,4)))
print("data5=\n",data5)
# 产生一个 3*3 的单位对角矩阵
data6 = np.mat(np.eye(3,3,dtype=int))
print("data6=\n",data6)
# 生成一个对角线为 3,4,5 的对角矩阵
a1 = [3,4,5]
data7= np.mat(np.diag(a1))
print("data7=\n",data7)
```

运行结果：

```
>>>
data1=
 [[0. 0. 0. 0.]
 [0. 0. 0. 0.]
 [0. 0. 0. 0.]
 [0. 0. 0. 0.]]
data2=
 [[1 1 1 1]
 [1 1 1 1]]
data3=
 [[0.17787313 0.12648399]
 [0.41520289 0.58765838]]
data4=
 [[16 15 14]
 [16 18  3]
 [16 12  2]]
data5=
 [[2 1 1 2]
 [3 3 1 2]]
```

```
data6=
 [[1 0 0]
 [0 1 0]
 [0 0 1]]
data7=
 [[3 0 0]
 [0 4 0]
 [0 0 5]]
```

例中可以看出相关函数的用法：

1）zeros() 函数用于生成指定维数的全 0 数组。比如：myMat=np.zeros(3) 用于生成一个 1 维的全 0 数组；myMat1=np.zeros((3,2)) 用于生成一个 3*2 的全 0 数组。

2）random.randint(low, high=None, size=None, dtype=int)函数用于生成一个 N 维整数数组，数组元素的取数范围为[low,high)区间内的随机整数。

3）ones() 函数用于生成一个全 1 的数组。比如：onesMat=np.ones(3) 用于生成 1*3 的全 1 数组；onesMat1=np.ones((2,3)) 用于生成一个 2*3 的全 1 数组。

4）eye() 函数用于生成指定行数的单位矩阵。比如：eyeMat=np.eye(4)用于生成一个 4 行的单位矩阵。

3．full() 和 nonzero() 函数

（1）full() 函数

它返回一个根据指定 shape 属性和 dtype 属性，并用 fill_value 属性值填充的新数组，其语法为：

```
numpy.full(shape, fill_value, dtype=None, order='C')
```

其中，shape 是整数或整数序列，用来定义新数组的形态。单个值代表一维，参数传递为元组代表多维，元组中元素个数就代表数组维度，例如，(2, 3) or 2；fill_value 是标量（不支持向量），用于填充数组元素的值；dtypc 是数据类型，可选，默认值为 None，如需查看 fill_value 的数据类型用 np.array(fill_value).dtype；order，可选{‘C’,‘F’}，其中‘C’表示在内存中以行为主（C 风格）存储，‘F’表示以列为主（Fortran 风格）顺序存储多维数据。

（2）nonzero() 函数

它是 NumPy 中用于得到数组中非零元素位置（数组索引）的函数。它的返回值是一个长度为 a.ndim（数组 a 的轴数）的元组，元组的每个元素都是一个整数数组，其值为非零元素的下标在对应轴上的值。只有数组中的非零元素才会返回索引值，零值元素不返回索引值，通过 a[nonzero(a)]得到数组 a 中的所有非零值。

【例 8-4】 nonzero() 函数的应用。

```
import numpy as np
SS = [0,0,0,0]
re = np.array(SS)
print(SS)
print(np.nonzero(re))
b = np.array([[1,1,1,0,1,1],[1,1,1,0,1,0],[1,1,1,0,1,1]])
```

```
print(b)
c = np.nonzero(b)
print(c)
```

运行结果：

```
>>>
[0, 0, 0, 0]
(array([], dtype=int64),)
[[1 1 1 0 1 1]
 [1 1 1 0 1 0]
 [1 1 1 0 1 1]]
(array([0, 0, 0, 0, 0, 1, 1, 1, 1, 2, 2, 2, 2, 2], dtype=int64), array([0, 1, 2, 4, 5, 0, 1, 2, 4, 0, 1, 2, 4, 5],
dtype=int64))
```

从例中可以看到，一维的情况比较容易理解。对于二维矩阵 b，需要结合起来看，即索引 b[0,0]、b[0,1]、b[0,2]、b[0,4]、b[0,5]、b[1,0]、b[1,1]、b[1,2]、b[1,4]、b[2,0]、b[2,1]、b[2,2]、b[2,4]、b[2,5]位置上元素的值非零。

4．getA() 函数

getA() 的作用是将矩阵转化成一个数组，它与 mat() 函数的功能相反。如果不转化，矩阵的元素可能无法被索引，会造成越界的问题。

5．arange() 函数

arange() 函数返回一个有起点和终点的具有固定步长的整数序列，例如 arange(1,6,1)会返回[1 2 3 4 5]，起点为 1，终点为 6（不包含 6），步长为 1。

arange()函数参数个数有以下三种情况。

1）一个参数时，参数值为终点，起点取默认值为 0，步长取默认值为 1。

比如：表达式 a = np.arange(3)输出为 [0 1 2]。

2）两个参数时，第一个参数为起点，第二个参数为终点，步长默认值为 1。

比如：表达式 a = np.arange(3,9) 输出[3 4 5 6 7 8]。

3）三个参数时，第一个参数为起点，第二个参数为终点，第三个参数为步长，其中步长支持小数。

比如：表达式 a = np.arange(0,2,0.1) 输出为[0.0 0.1 0.2 0.3 0.4 0.5 0.6 0.7 0.8 0.9 1.0 1.1 1.2 1.3 1.4 1.5 1.6 1.7 1.8 1.9]。

6．linspace() 函数

linspace()函数用于依照定义间隔生成均匀分布的数值，其语法定义为：

```
linspace(start, stop, num, endpoint, retstep, dtype)
```

其中，start 表示起始点；stop 表示终止点；num 默认值为 50，即生成 start 和 stop 之间 50 个等差间隔的元素；endpoint 为布尔值，如果是 True，则生成等差间隔的元素，且包含 stop，如果是 False，则不包含 stop；retstep 为布尔值，当值为 True 时会改变输出结果的结构，输出为一个（array，num）元组，这里 array 是结果数列，num 是数列的步长值，默认为 False；dtype 是输出数组的类型。

8.2　Matplotlib 库

8.2.1　Matplotlib 库绘图入门

1．概述

Matplotlib 是 Python 的一个绘图库。它可与 NumPy、pandas 等一起使用，提供了一种 MATLAB 的有效开源替代方案。它也可以和图形工具包一起使用，如 PyQt5 和 wxPython。这里介绍的是其 pyplot 模块。

一个 Matplotlib 基本图表通常包括以下元素。

1）Figure：指的是图像窗口，它是包括 Axes（子图）、Title（标题）、Legend（图例）等组件在内的最外层窗口。它最主要的元素是 Axes，可以有一或多个，但至少有一个用于显示内容。

2）Axes：指的是子图，又称轴域，是带有数据的图像区域，可以理解为覆盖在 Figure 上的图像面板。

3）Axis：指的是数据的坐标轴，如 X 轴和 Y 轴，包括刻度及其标签等。

2．pyplot.figure() 函数

建立图像窗口的语法格式为：

```
figure(num=None, figsize=None, dpi=None, facecolor=None, edgecolor=None, frameon=True)
```

其中，num 是图像编号或名称，数字时为编号，字符串时为名称；figsize 指定 figure 的宽和高，单位为 in（英寸为非法定计量单位，1in=2.54cm）；dpi 参数用于指定绘图对象的分辨率，即每英寸包含多少个像素，默认值为 80；facecolor 是背景颜色；edgecolor 是边框颜色；frameon 表示是否显示边框。

3．pyplot .plot() 函数

绘图函数 plot() 的语法格式为：

```
plot(x,y,format_string,**kwargs)
```

其中，x 表示曲线点的 x 轴数据；y 表示曲线点的 y 轴数据，可选列表或数组形式；format_string，可选，控制曲线的格式字符串，由颜色字符、风格字符和标记字符组成，具体如表 8-2～表 8-4 所示；**kwargs 允许用户传递额外的关键字参数，如(x,y,format_string)。当绘制多条曲线时，需要分别为每条曲线指定 x 和 y 数据。

表 8-2　format_string 颜色字符说明

颜色字符	说明	颜色字符	说明
b	蓝色	m	洋红色
g	绿色	y	黄色
r	红色	k	黑色
c	青绿色	w	白色
#008000	RGB 某颜色	0.8	灰度值字符串

表 8-3　format_string 风格字符说明

颜色字符	说明	颜色字符	说明
-	实线	:	点线
-.	点画线		无线条

表 8-4　format_string 标记字符说明

标记字符	说明	标记字符	说明
.	点标记	1	下花三角标记
,	像素标记（极小点）	2	上花三角标记
o	实心圈标记	3	左花三角标记
v	倒三角标记	4	右花三角标记
^	上三角标记	s	实心方形标记
>	右三角标记	p	实心五角标记
<	左三角标记	*	星形标记
h	竖六边形标记	+	十字标记
H	横六边形标记	x	x 标记
D	菱形标记	|	垂直线标记
d	瘦菱形标记		

上面格式中标记字符需要加单引号或双引号，两者可以相互替换，对于线条颜色，必须传递参数，如写上 color='red'，而不能只写' '，否则会报错“SyntaxError: positional argument follows keyword argument”，意思是由于参数位置不正确导致错误。

4．pyplot.legend() 函数

设置图例的位置等参数可以采用 pyplot.legend()函数，其语法为：

```
pyplot.legend(*args, **kwargs)
```

其中，主要参数关键字和描述如表 8-5 所示，每个关键字又有不同的含义，比如 loc 参数的含义如表 8-6 所示，用于对图例的位置进行调整。

表 8-5　pyplot.legend() 函数主要参数关键字和描述

关键字	描述
loc	图例所在图片上的位置
prop	字体参数
fontsize	字号大小
markerscale	图例标记与原始标记的相对大小
markerfirst	布尔值，设置图例标记位于图例标签的左侧还是右侧
numpoints	为线条图图例条目创建的标记点数
scatterpoints	为散点图图例条目创建的标记点数
scatteryoffsets	为散点图图例条目创建的标记的垂直偏移量
frameon	控制是否应在图例周围绘制边框
fancybox	控制是否应在构成图例背景周围启用圆边

（续）

关键字	描述
shadow	控制是否在图例后面画一个阴影
framealpha	控制图例框架的透明度
ncol	设置图例分为 n 列展示
borderpad	图例边框的内边距
labelspacing	图例条目之间的垂直间距
handlelength	图例句柄的长度
handleheight	图例句柄的高度
handletextpad	图例句柄和文本之间的间距
borderaxespad	轴与图例边框之间的距离
columnspacing	列间距
title	指定图例的标题
bbox_to_anchor	指定图例在轴上的位置

表 8-6 loc 参数的含义

位置字符串	位置代码
upper right	1
upper left	2
lower left	3
lower right	4
right	5
center left	6
center right	7
lower center	8
upper center	9
center	10

5. pyplot.subplot() 函数

一个 Figure 图表对象包含了多个子图，可以使用 subplot()函数来绘制子图，其语法为：

```
subplot（numbRow ,numbCol ,plotNum  ）
```

其中，numbRow 是子图的行数；numbCol 是子图的列数；plotNum 用于指示第几行第几列的第几幅图。比如，subplot(2,2,1)表示一个 2*2 的矩阵图，也就是说，该图总共有 4 个子图，“1”就代表了第一幅图。

需要注意的是，subplot()函数中参数之间的逗号可以省略，如 subplot(2,2,1)=subplot(2 2 1)。

6. 中文显示

可以采用 fontproperties 属性进行中文显示的参数设置（如表 8-7 所示），比如：

```
plt.ylabel("y 轴", fontproperties="SimSun") #显示宋体字
```

表 8-7　中文显示的参数设置

fontproperties 属性	SimSun	SimHei	Microsoft YaHei	Microsoft JhengHei	NSimSun	PMingLiU
中文字体型号	宋体	黑体	微软雅黑	微软正黑体	新宋体	新细明体
fontproperties 属性	MingLiU	DFKai-SB	FangSong	KaiTi	LiSu	YouYuan
中文字体型号	细明体	标楷体	仿宋	楷体	隶书	幼圆
fontproperties 属性	STXihei	STKaiti	STSong	STZhongsong	STFangsong	FZShuTi
中文字体型号	华文细黑	华文楷体	华文宋体	华文中宋	华文仿宋	方正舒体
fontproperties 属性	FZYaoti	STCaiyun	STHupo	STLiti	STXingkai	STXinwei
中文字体型号	方正姚体	华文彩云	华文琥珀	华文隶书	华文行楷	华文新魏

除此之外，也可以采用 plt.rcParams['font.sans-serif']=['SimSun']显示中文标签。

【例 8-5】 绘制 y=2*x+100 的图像。

```
import numpy as np
import matplotlib.pyplot as plt
# 生成 0~50 的数据
# 定义 x 轴的数据
x = np.arange(0,50,1)
# 定义 y 轴的数据
y = x * 2 + 100
plt.plot(x,y)
# 显示图像
plt.show()
```

运行结果如图 8-1 所示。

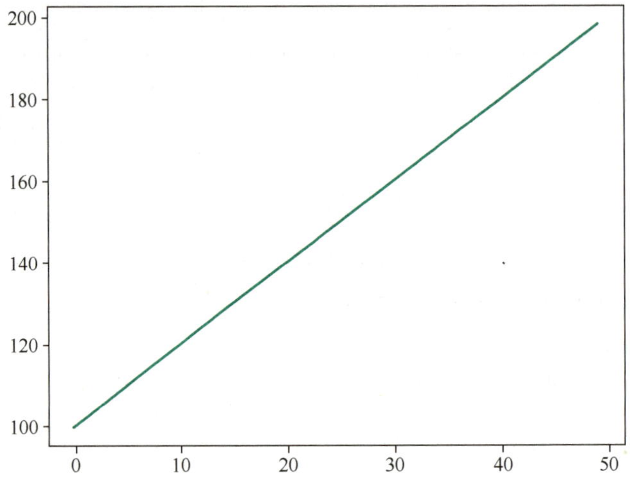

图 8-1　y=2*x+100 的图像

【例 8-6】 绘制正弦和余弦曲线。

```
import numpy as np
import matplotlib.pyplot as plt
# 计算正弦和余弦曲线上的点的 x 和 y 坐标
x = np.arange(0,3* np.pi,0.1)
y_sin = np.sin(x)
y_cos = np.cos(x)
# 建立 subplot 网格，高为 3，宽为 1
# 激活第一个 subplot
plt.subplot(2,1,1)
# 绘制第一个图像
plt.plot(x,y_sin)
plt.xlabel('X 轴',fontproperties="SimSun")
plt.ylabel('Y 轴',fontproperties="SimSun")
plt.title('正弦',fontproperties="SimSun")
# 将第二个 subplot 激活，并绘制第三个图像（第二个图像为空）
plt.subplot(3,1,3)
plt.plot(x,y_cos)
plt.xlabel('X 轴',fontproperties="SimSun")
plt.ylabel('Y 轴',fontproperties="SimSun")
plt.title('余弦',fontproperties="SimSun")
# 展示图像
plt.show()
```

运行结果如图 8-2 所示。

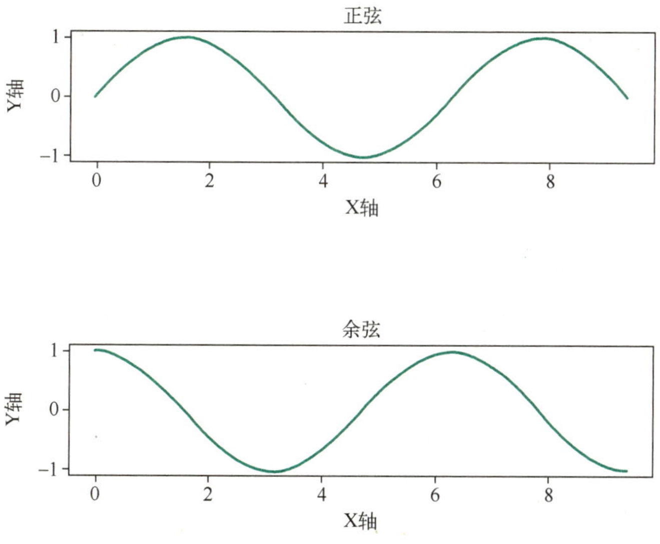

图 8-2 正弦和余弦曲线图

【例 8-7】 绘制两个线条。

```
import matplotlib.pyplot as plt
```

```
line1,= plt.plot([1,2,3], label="Line 1", linestyle='--')
line2,= plt.plot([3,2,1], label="Line 2", linewidth=4)
# 为第一个线条创建图例
first_legend = plt.legend(handles=[line1], loc=1)
# 手动将图例添加到当前轴域
ax = plt.gca().add_artist(first_legend)
# 为第二个线条创建另一个图例
plt.legend(handles=[line2], loc=4)
plt.xlabel('X 轴',fontproperties="SimSun")
plt.ylabel('Y 轴',fontproperties="SimSun")
plt.title('两个线条两个图例',fontproperties="SimSun")
plt.show()
```

运行结果如图 8-3 所示。

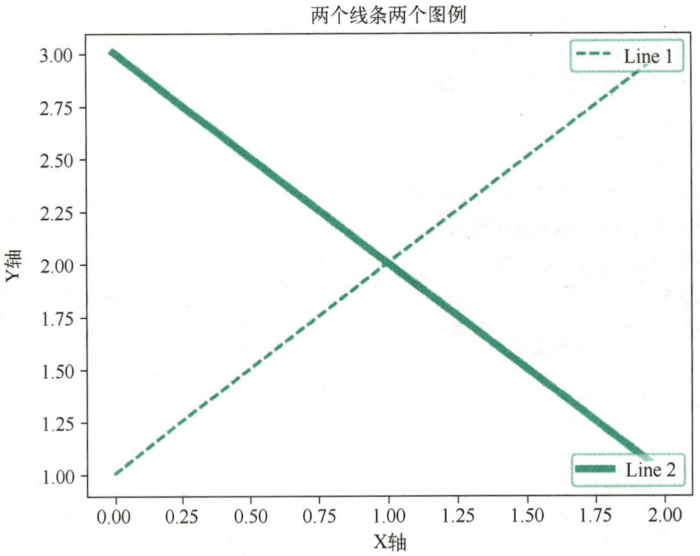

图 8-3　两个线条的绘制

例中，可以使用 pyplot.gcf() 函数和 pyplot.gca() 函数分别获取 Figure 和 Axes 对象。

【例 8-8】 绘制三个线条。

```
#其中 x,y,z,v 为变量，自己定义即可
import matplotlib.pyplot as plt
from matplotlib import font_manager
plt.xlabel('X 轴',fontproperties="SimSun")
plt.ylabel('Y 轴',fontproperties="SimSun")
A,=plt.plot([1,2,3], label=u'第一条',color='blue')
B,=plt.plot([1,3,5], label=u'第二条', color='red')
C,=plt.plot([1,4,9], label=u'第三条', color='green')
font1={'family':'SimHei',
        'weight':'normal',
```

```
        'size':16,}
legend=plt.legend(handles=[A, B, C], prop=font1)
plt.show()
```

运行结果如图 8-4 所示。

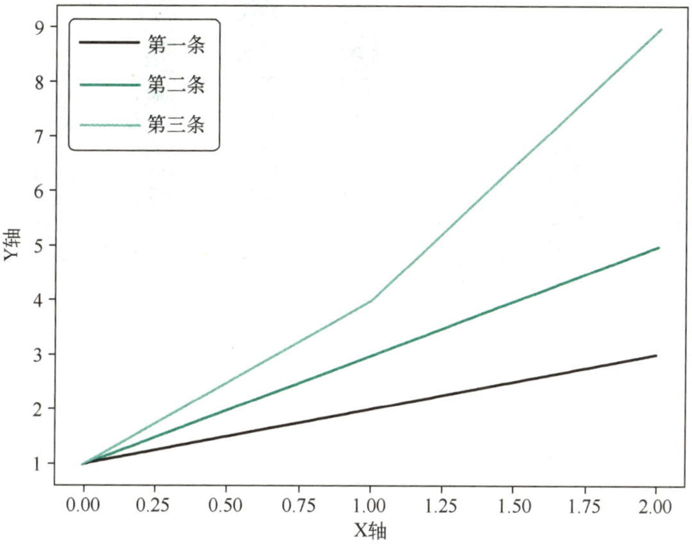

8-1　三个线条的绘制

图 8-4　三个线条的绘制

8.2.2　基本 2D 图绘制

1．柱状图

采用 bar() 来绘制柱状图，其语法为：

```
pyplot.bar(left, height, width=0.8, bottom=None, hold=None, data=None, **kwargs)
```

其中，left 为每一个柱形的 X 坐标；height 是每一个柱形的高度；width 是每一个柱形的宽度；bottom 是柱形的 Y 坐标；color 是柱形的颜色。

【例 8-9】 绘制柱状图。

```
import numpy as np
import matplotlib.pyplot as plt
X=[0,1,2,3,4,5]
Y=[222,42,455,664,454,334]
fig = plt.figure()
plt.bar(X,Y,0.4,color="green")
plt.xlabel("X 轴",fontproperties="SimSun")
plt.ylabel("Y 轴",fontproperties="SimSun")
plt.title("柱状图",fontproperties="SimSun")
plt.show()
```

运行结果如图 8-5 所示。

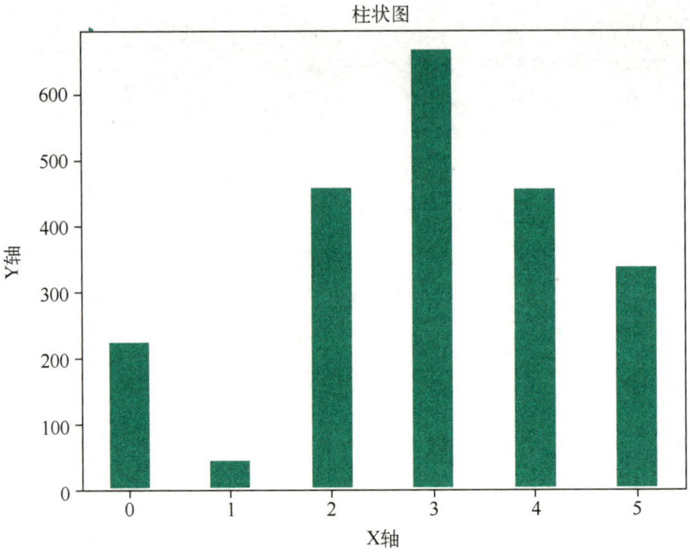

图 8-5　柱状图

【例 8-10】 用不同颜色绘制柱状图。

```
import numpy as np
import matplotlib.pyplot as plt
x = np.arange(5)
y = [3,1,9,15,6]
color =["g","b","w","r","pink"]#绿 蓝 白 红 粉
plt.bar(x, y, color=color, edgecolor="black")
plt.show()
```

运行结果如图 8-6 所示。

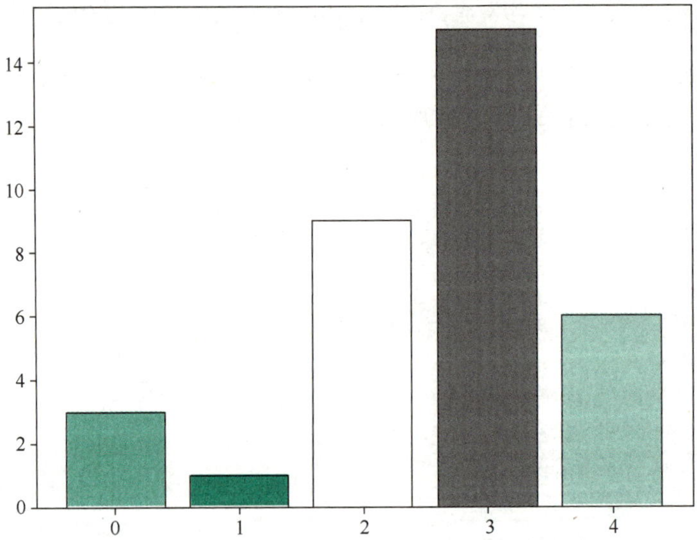

图 8-6　不同颜色的柱状图

8-2　用不同颜色绘制柱状图

本例中如果修改颜色为 color ={"g","b","w","r","pink"}，柱状图的颜色的出现顺序可能会变化。

【例 8-11】 并列显示数据的柱状图。

```
import numpy as np
import matplotlib.pyplot as plt
from matplotlib import font_manager
x = np.arange(5)
y = [3,1,9,15,6]
z = [4,2,10,16,7]
plt.bar(x, y,width=0.4)
plt.bar(x+0.4,z,width=0.4)
plt.title('并列显示柱状图',fontproperties="SimSun")
plt.show()
```

运行结果如图 8-7 所示。

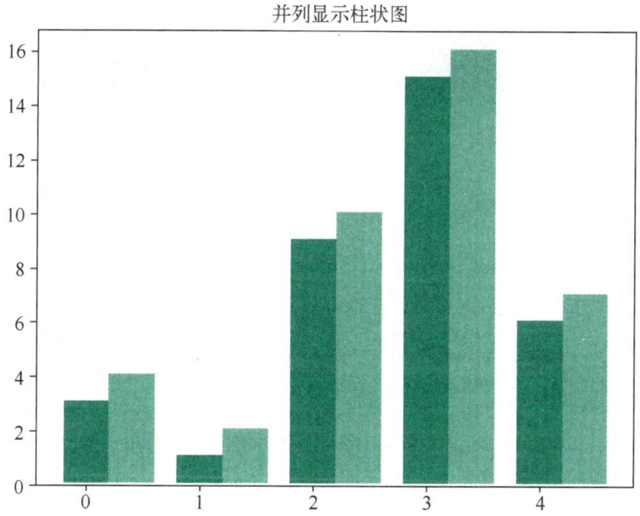

图 8-7　并列显示数据的柱状图

2. 直方图

采用 hist()函数绘制直方图的语法为：

```
pyplot.hist(x, bins=10, density=False, color=None, **kwargs)
```

其中，x 参数是指定每个 bin(箱子)分布的数据，对应 x 轴；bins 指定 bin(箱子)的个数，也就是总共有几条数据块；density 指定密度，也就是每个柱状图的占比，默认为 1。color 指定直方图的颜色。

【例 8-12】 绘制直方图。

```
from matplotlib import pyplot as plt
import numpy as np
a = np.array([22,87,5,43,56,73,55,54,11,20,51,5,79,31,27])
```

```
plt.hist(a, bins = [0,20,40,60,80,100])
plt.title("直方图",fontproperties="SimSun")
plt.show()
```

运行结果如图 8-8 所示。

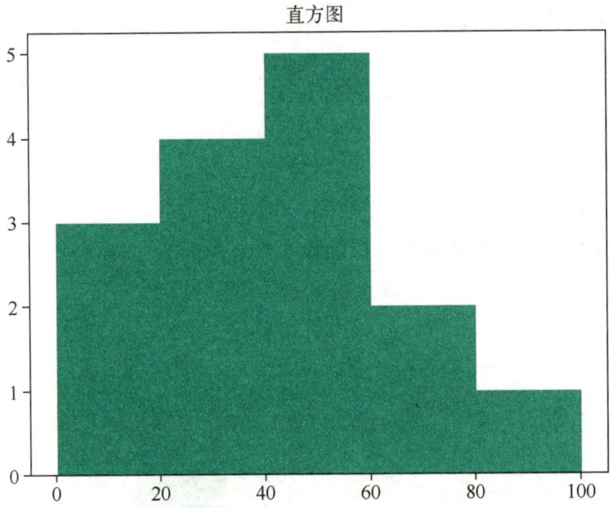

图 8-8　直方图

3. 饼图

采用 pie()函数绘制饼图的语法格式为：

```
pie(x,explode=None,labels=None,colors=None,shadow=False, labeldistance=1.1, startangle=None, autopct=None, pctdistance=0.6, radius=None, counterclock=True, wedgeprops=None, textprops=None,center=(0, 0), frame=False, rotatelabels=False, data=None)
```

其中，x 是饼图中每一块的比例，如果 sum(x)不等于 1 会自动使用 sum(x)归一化；explode 是饼图中的每一块离开中心的距离；labels 是每一块饼图外侧显示的说明文字；shadow 是在饼图下面画一个阴影，默认值 False，即不画阴影；labeldistance 是 label 标记的绘制位置相对于半径的比例，默认值为 1.1，如果<1 则绘制在饼图内侧；startangle 是起始绘制角度，默认从 x 轴正方向逆时针画起，如果设定为 90 则从 y 轴正方向画起；autopct 控制饼图内百分比显示格式，可以使用格式化字符串或者格式化函数，如'%1.1f'用于指定小数点前后的位数(没有用空格补齐)；pctdistance 类似于 labeldistance，指定 autopct 的位置刻度，默认值为 0.6；radius 控制饼图半径，默认值为 1；counterclock 布尔类型，用来指定逆时针方向，默认为 True，即逆时针，如将值改为 False 即可改为顺时针；wedgeprops 字典类型，可选参数，默认值为 None，传递额外的参数给 wedge 对象用来画饼图中的块，如 wedgeprops={'linewidth':3}设置 wedge 线宽为 3；textprops 设置标签（labels）和百分比的文字格式，字典类型，可选参数，默认值为 None；center 浮点类型的列表，可选参数，默认值 (0,0)，表示饼图的中心位置；frame 布尔类型，可选参数，默认值 False，如果是 True，绘制带有坐标轴的框架；rotatelabels 布尔类型，可选参数，默认为 False，如果为 True，旋转每个 label 到指定的角度。

【例 8-13】 绘制家庭开支饼图。

```
import matplotlib.pyplot as plt
plt.rcParams['font.sans-serif']=['SimSun'] #用来正常显示中文标签
labels = ['娱乐','育儿','饮食','房贷','交通','其他']
sizes = [2,22,12,55,2,7]
explode = (0,0,0,0.1,0,0)
plt.pie(sizes,explode=explode,labels=labels,autopct='%1.1f%%',shadow=False,startangle=150)
plt.axis('equal') #该行代码使饼图长宽相等
plt.title("饼图示例（家庭 7 月份支出）")
plt.show()
```

运行结果如图 8-9 所示。

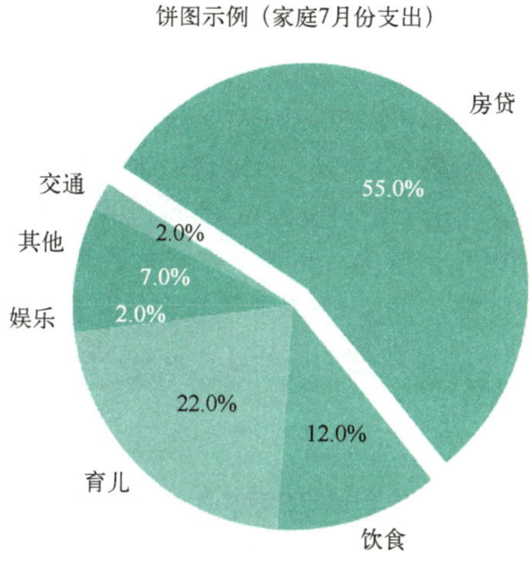

图 8-9　家庭开支饼图

【例 8-14】 绘制不同科目占比的饼图。

```
import matplotlib.pyplot as plt
plt.rcParams['font.sans-serif']=['SimSun'] #用来正常显示中文标签
x = [10, 20, 30, 40, 50]
label = ["科目 1", "科目 2", "科目 3", "科目 4", "科目 5"]
colors_list = ["#97BFB4", "#F5EEDC", "#DD4A48", "#4F091D", "#2E4C6D"]
plt.pie(x, autopct="%.1f%%", colors=colors_list, labels=label, startangle=90, counterclock=False)
plt.show()
```

运行结果如图 8-10 所示。

例中若将 plt.pie() 函数修改为 plt.pie(x, pctdistance=1.35, autopct="%.1f%%", colors=colors_list, labels=label, startangle=90, counterclock=False)，百分比的数值将会出现在饼图外部。

4. 散点图

散点图的实现只画点，不用线条连接，其语法格式为：

```
pyplot.scatter(x, y, s=None, c=None, marker=None, cmap=None, norm=None, vmin=None, vmax=None, alpha=None, linewidths=None, **kwargs)
```

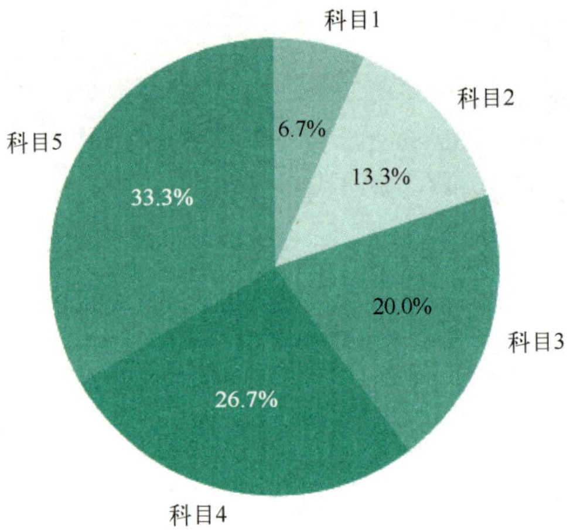

图 8-10　不同科目占比的饼图

其中，x、y 是长度为 n 的数组，表示即将绘制散点图的数据点；s 是一个实数或者是一个长度为 n 的数组，是一个可选的参数；c 表示点的颜色，也是一个可选项，默认是蓝色'b'，其值可以是一个表示颜色的字符，或者是一个长度为 n 的颜色的序列等；marker 表示标记的样式，默认的是'o'。cmap 表示颜色映射表，仅当 c 是一个浮点数数组的时候才使用。norm 将数据亮度转化为 0～1 之间的数，也是只有 c 是一个浮点数数组的时候才使用；vmin,vmax 是实数，当 norm 存在的时候忽略，用来进行亮度数据的归一化；alpha 表示透明度，是实数，介于 0～1 之间；linewidths 是标记点边缘的线宽。

5. 盒须图（箱线图）

boxplot() 函数用于绘制盒须图。如果数据为矩阵，则对矩阵的每一列分别进行绘制。盒须图主要用于表现数据统计信息，由“盒”与“须”组成。其中，“盒”中有一条直线，表示样本的中位数，其上、下边界分别表示 75%和 25%的值。两条“须”为数据主要分布范围内的最大值和最小值。离群的点一般单独绘制，用“+”表示。

boxplot() 函数基本表达形式为：

```
boxplot(x,'name',value)
```

其中 name 属性如表 8-8 所示。

表 8-8　name 属性

属性	数值	含义
Notch	on、off、marker	基本上就这三种形状，on 表示有缺口，off 没有，market 表示在盒子中再加两个三角形
Labels	mu	横坐标的含义，例如'mu = 平均值'，所画出的图横坐标点的注释就会变成平均值
Whisker	数值，例如 1	一般默认为 1.5，这与该函数的实现原理有关，赋予不同的值就会得到不同的最大值和最小值，离群的数量也会改变
PlotStyle	compact	该属性可以改变盒子的风格，具体看下面的效果
Colors	y、m、g、r 等	表示线体的颜色
OutlierSize	数值	表示异常值的标识大小
Widths	数值	表示盒子的宽度
DataLim	[-inf,inf]	表示数据的范围

8.2.3 ax 绘图

1. 两种绘图方式的对比

在 Python 代码里会经常看到，使用 plt.和 ax.两种方式来执行绘图操作。两者是不一样的。下面将展示这两种常见的实现方式。

第一种：

```
import matplotlib.pyplot as plt
fig=plt.figure(num=1,figsize=(4,4))
plt.plot([1,2,3,4],[1,2,3,4])
plt.show()
```

第二种：

```
import matplotlib.pyplot as plt
fig=plt.figure(num=1,figsize=(4,4))
ax=fig.add_subplot(111)
ax.plot([1,2,3,4],[1,2,3,4])
plt.show()
```

两种画图方式可视化结果并无不同，但两者在实现方式上有很大的不同。第一种方式是先生成了一个画布（即 Figure），然后在这个画布上隐式生成一个画图区域来进行画图（plot）；而第二种方式是先生成一个画布（即 Figure），然后在此画布上选定一个子区域（即 Axes）画图（plot）。显然，第一种方式是没有选定子区域的。

关于 Figure 与 Axes 的关系具体如图 8-11 所示。

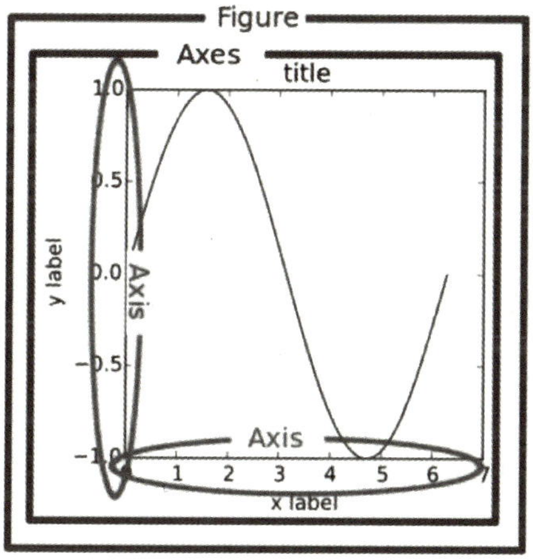

图 8-11　Figure 与 Axes 的关系

2. subplots() 函数和 subplots_adjust() 函数

通过 pyplot.subplots() 函数可以直接生成 plt 和 ax 对象，即该函数返回包含图形和轴对象的元组。它与 pyplot.subplot () 函数的区别在于：plt.subplot()每次操作仅返回一个子图的轴，subplots()则一次制作所有子图，然后将子图的图形和轴（复数轴）作为元组返回。

为了确保所有子图都在合理的显示范围内，需要采用调整函数 subplots_adjust()，其语法格式为：

```
subplots_adjust(self, left=None, bottom=None, right=None, top=None, wspace=None, hspace=None)
```

其中，参数 left、right、bottom、top 为子图所在区域与画布区域的相对位置，当值大于 1.0 的时候子图会超出 figure 的边界从而显示不全，当值不大于 1.0 的时候，子图会自动分布在一个矩形区域，因此要保证 left < right, bottom < top，否则会报错；wspace 和 hspace 是子图间宽度和高度的间距。

3．spines() 函数

ax 绘图中,默认都是将坐标轴置于画布（Figure）的最下侧（x 轴）、最左侧（y 轴），也即将坐标原点置于左下角。在 Matplotlib 的图中，默认有四个轴，即 top、bottom、left 和 right，两个横轴和两个竖轴，可以通过 plt.gca()方法获取。

由于 axes 会获取到四个轴，当某些场合只需要两个轴时，需要采用 ax.spines()函数把另外两个轴隐藏，把顶部和右边轴的颜色设置为 None，将不会显示。具体为：

```
ax.spines['right'].set_color('none')
ax.spines['top'].set_color('none')
```

当然，也可以采用 ax.spines['top'].set_visible(False)语句来达到相同的效果。

如果要移动下面和左边的轴到指定位置，也可以采用 ax.spines()函数，具体为：

```
ax.spines['bottom'].set_position('data', 0)
ax.spines['left'].set_position('data',0)
```

8.3　综合项目编程实例

8.3.1　用 tkinter 窗口来绘制图形

【例 8-15】 用 tkinter 窗口来绘制正弦曲线图。

设计思路：使用 Matplotlib 显示图形时，图形通常显示在 Matplotlib 独有的窗口中，但这里展示如何将其合并到 tkinter 的 GUI 中并显示它。作为一个基本的处理流程，用 Matplotlib 的图形类确保图形的绘制区域，并创建用于绘制图形的轴。指定由 FigureCanvasTkAgg 类创建的图形和放置图形的小部件，并为 Matplotlib 创建一个画布。绘制图形时，为创建的轴绘制图形，最后调用 FigureCanvasTkAgg 类创建的对象的 draw()方法来显示图形。

```
import tkinter as tk
from matplotlib.figure import Figure
from matplotlib.backends.backend_tkagg import FigureCanvasTkAgg, NavigationToolbar2Tk
import numpy as np
class Application(tk.Frame):
    def __init__(self, master=None):
        super().__init__(master)
        self.master = master
        self.master.title('matplotlib 画图')
```

```
            # matplotlib 配置用 Frame
            frame = tk.Frame(self.master)
            fig = Figure()
            # 坐标轴
            self.ax = fig.add_subplot(1, 1, 1)
            # matplotlib 绘图区与 widget（Frame）的关联
            self.fig_canvas = FigureCanvasTkAgg(fig, frame)
            # 为 matplotlib 创建一个工具栏
            self.toolbar = NavigationToolbar2Tk(self.fig_canvas, frame)
            # 将 matplotlib 图放在 Frame 中
            self.fig_canvas.get_tk_widget().pack(fill=tk.BOTH, expand=True)
            # 将框架放在窗口中
            frame.pack()
            # 按钮配置
            button = tk.Button(self.master, text = "画图", command = self.button_click)
            button.pack(side = tk.BOTTOM)
        def button_click(self):
            # 创建要显示的数据
            x = np.arange(-np.pi, np.pi, 0.1)
            y = np.sin(x)
            self.ax.plot(x, y)
            #self.ax.xlabel('X 轴',fontproperties="SimSun")
            #self.ax.ylabel('Y 轴',fontproperties="SimSun")
            self.fig_canvas.draw()
    # tkinter 窗口主处理程序
    root = tk.Tk()
    app = Application(master=root)
    app.mainloop()
    plt.show()
```

运行结果如图 8-12 所示。

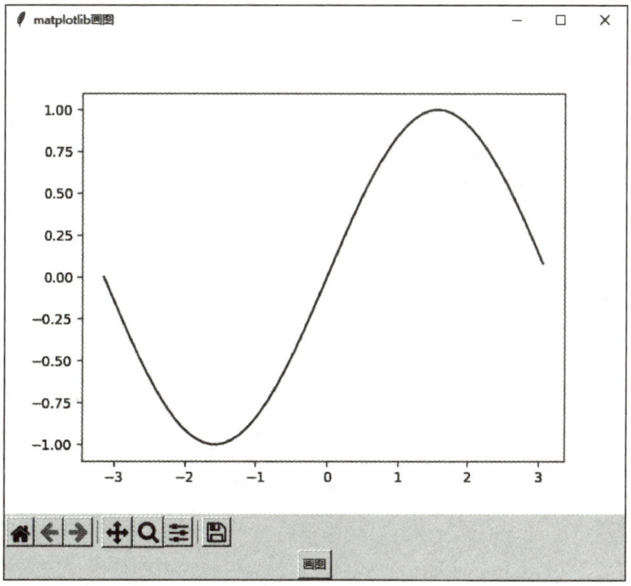

图 8-12　用 tkinter 窗口来绘制正弦曲线图

8.3.2　利用爬虫获得数据后进行绘图

【例 8-16】 从http://www.weather.com.cn/网站爬取北京未来几天的温度情况，并进行绘图。

设计思路：本例要获取相关温度数据，需要将 url = 'http://www.weather.com.cn/weather/101010100.shtml'作为爬取的网页，通过分析得出 <ul class="t clearfix"> 标签下记录了想要的数据，因此只需要解析这个标签即可。本例采用 CSS 查找方式，用 ul_tag = soup.find('ul', 't clearfix') 语句可以取出七天数据。需要注意的是，温度的标签格式不统一，要做容错处理。绘图时，可以在红线（高温）和蓝线（低温）之间填充一些淡淡的蓝色，语句为 plt.fill_between (date, high, low, facecolor='blue', alpha=0.1)。

```
from bs4 import BeautifulSoup
import urllib.request
import matplotlib.pyplot as plt
plt.rcParams['font.sans-serif']=['SimSun']
# 数据地址,从浏览器复制过来
city_name="北京"
url = 'http://www.weather.com.cn/weather/101010100.shtml'
req = urllib.request.urlopen(url)
content = req.read().decode('utf-8')
soup = BeautifulSoup(content, 'html.parser')
# 分析得 <ul class="t clearfix"> 标签下记录了想要的数据,因此只需要解析这个标签即可
ul_tag = soup.find('ul', 't clearfix')  # 利用 CSS 查找
# 取出七天数据
li_tag = ul_tag.findAll('li')
date, high, low = [], [], []
i=0
for tag in li_tag:
    s1=tag.find('h1').string
    date.append(int(s1[:s1.find("日")]))
    #print(date[i])  # 时间
    # 温度的 tag 格式不统一,做容错处理
    try:
        s2=tag.find('p', 'tem').find('span').string
        high.append(int(s2[:s2.find("℃")]))
        #print(high[i])  # 高温
        s3=tag.find('p', 'tem').find('i').string
        low.append(int(s3[:s3.find("℃")]))
        #print(low[i])  # 低温
        i+=1
    except:
        del date[i]
print(date,high,low)
plt.subplots_adjust(bottom=0.2)
plt.plot(date, high, c='red', linewidth=2)
plt.plot(date, low, c='blue', linewidth=2)
# 在红线和蓝线之间填充一些淡淡的蓝色
plt.fill_between(date, high, low, facecolor='blue', alpha=0.1)
```

```
plt.title("未来几天温度变化情况(%s)"%city_name, fontsize=16)
plt.xlabel("日期\n[数据来源:www.weather.com.cn]\n", fontsize=10)
plt.ylabel("最高温度和最低温度(摄氏度)", fontsize=10)
plt.tick_params(axis='both', labelsize=10)
plt.show()
```

运行结果如图 8-13 所示。

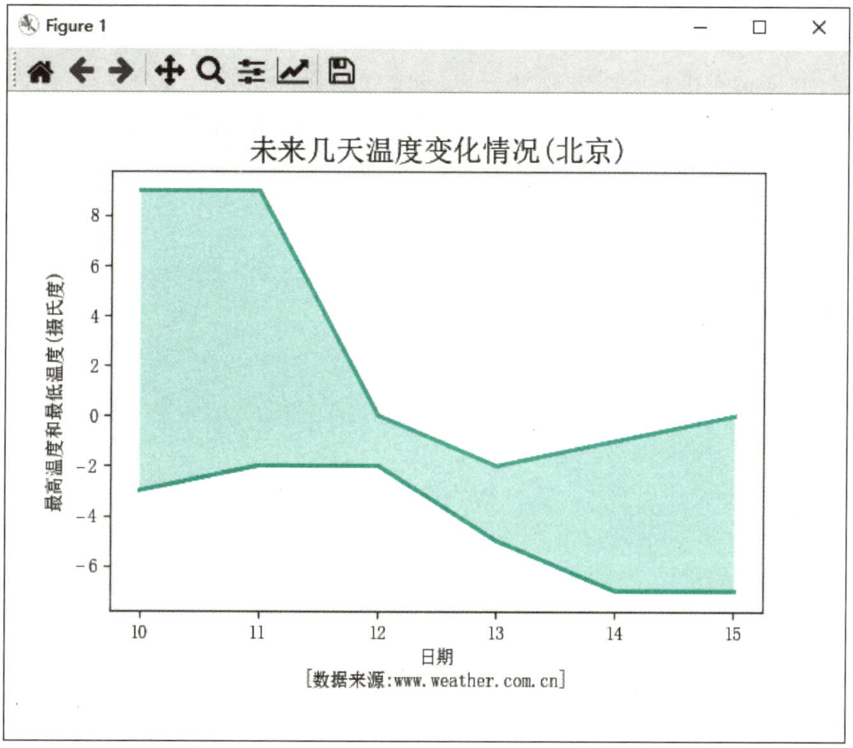

图 8-13　北京未来几天的温度情况

思考与练习

8.1　请阐述 NumPy 常见的基本数据类型。

8.2　请编写程序提取 5～10 之间的所有整数作为一个数组的元素。

8.3　请编写程序将 1～20 的整数按顺序填写入 4 行 5 列的二维数组，然后执行交换第 1 行和第 2 行数据，输出新的二维数组的操作。

8.4　绘制 $y=0.3x^2+5$ 的图像。

8.5　用点加线的方式画出正弦函数在(0,10)区间的图像。

8.6　使用直方图展示一组包含 220 个随机数值的数据项的分布情况。

8.7　用 for 循环创建 6 个子图，并且在图中标识出对应的子图坐标。

8.8　从http://www.weather.com.cn/网站爬取上海未来 10 天的温度情况，并进行绘图。

参 考 文 献

[1] 刘鹏，张燕，李肖俊，等. Python 语言[M]. 北京：清华大学出版社，2019.

[2] 明日科技. Python 数据分析从入门到精通[M]. 2 版. 北京：清华大学出版社，2023.

[3] 麦金尼. 利用 Python 进行数据分析：第 3 版[M]. 陈松，译. 北京：机械工业出版社，2023.

[4] 崔庆才. Python3 网络爬虫开发实战[M]. 2 版. 北京：人民邮电出版社，2021.

[5] 方利国，方曦. Python 实现教程：新工科过程计算与优化[M]. 北京：化学工业出版社，2024.